BuiLearn Access Code

사용설명서

Builearn.untactedu.co.kr

JN485474

- **회원가입 클릭**

- **학생 선택**
- **채널 선택**:
본인 소속 학교 선택 바랍니다.

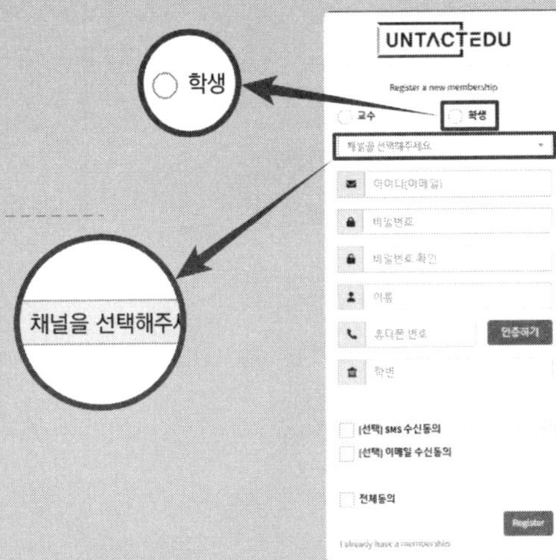

- **Manual**: 사용 매뉴얼 다운로드 가능합니다.

- **Tutorial**: 과제 수행 방법 동영상 및 실습 Tutorial 가능합니다.

- **강의신청**: 강의코드 등 검색 후 강의 신청 가능합니다.

- **Access Code 관리**: BuiLearn Access Code 입력 가능합니다.

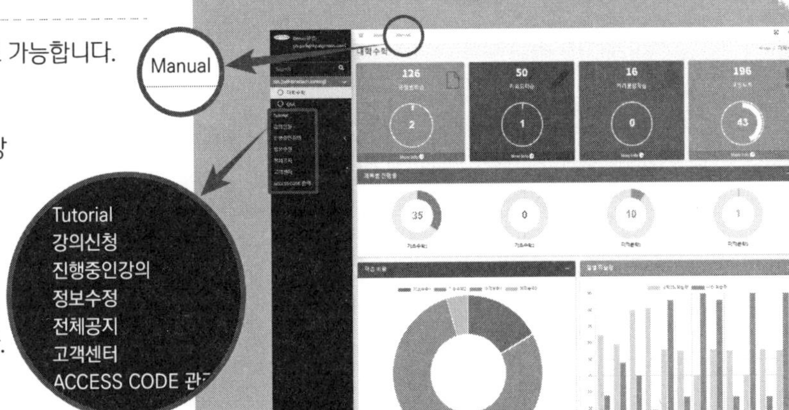

- **코드입력**: BuiLearn Access Code(BAC) 입력이 가능합니다.
- **사용이력**: BAC 사용 이력 확인이 가능합니다.

1-QD9J-27ZT-A15J-R531

생각하는 힘을 키우는

파이썬 심파이 수학

【심파이(sympy)로 배우는 수학 리터러시】

김수환 지음

머리말

먼저, 《파이썬 심파이 수학》을 선택해 주신 여러분께 감사의 인사를 전한다. 《파이썬 심파이 수학》은 프로그래밍 도구를 활용하여 수학적 개념을 이해하고 수학적 문제를 해결하여, 수학과 프로그래밍의 두 분야에 대한 통합된 사고력을 향상하는 데 목적이 있으며, 이는 단순히 수학적 계산 능력을 프로그램으로 해결하는 차원을 넘어서, 문제를 해결하고 논리적으로 사고하며 데이터를 해석하고 분석하는 능력인 수학 리터러시(Mathematical Literacy)를 향상하는 데 목적이 있다.

수학은 논리와 추론의 학문으로서 생각을 구조화하고 문제 해결 능력을 키우는 데 중요한 역할을 한다. 그리고 프로그래밍, 특히 파이썬(Python)은 그 논리적 생각을 실현하고 실제 문제에 적용할 수 있도록 하는 중요한 도구이다. 이 두 분야의 결합은 4차 산업혁명에 필수적인 데이터 분석, 인공지능, 사물인터넷, 로봇공학, 블록체인, 3D 프린팅 등의 기술을 이해하고 활용하는 데 중요한 역할을 한다.

수학은 오랫동안 우리의 일상과 과학, 공학 등의 분야에서 중요한 역할을 해오고 있지만, 또한 많은 사람들이 수학을 어렵고 멀게 느끼기도 한다. 이에 반해 프로그래밍, 특히 파이썬은 상대적으로 쉽고 직관적인 문법 덕분에 많은 사람에게 사랑받고 있다. 이러한 파이썬의 강력한 기능을 활용한다면 수학적 개념을 더 쉽게 이해하고, 생각하는 시간을 늘려서 사고력을 향상 시킬 수 있을 것으로 생각한다.

이 책은, 수학의 실제 문제를 해결할 수 있는 이론 능력과 프로그램을 통하여 수리적 문제를 해결하는 응용능력을 기르는 데 중점을 두고 있다.

각 장은 이론 설명과 함께 실습 예제를 통해 학습한 내용을 직접 확인할 수 있도록 구성하였으며, 또한 실력을 확인할 수 있는 연습 문제를 제공한다, 이 책을 통해 수학적 사고를 기르고, 프로그래밍 기술을 향상 시킬 수 있으며, 더불어, 복잡한 수학적 문제를 파이썬으로 해결하는 성취감도 느낄 수 있다.

책의 구성은 이론과 개념 정립, 실습 등을 적절히 배합하여, 직접 코드를 작성하고 실행해 봄으로써 개념을 확실히 이해할 수 있도록 도와주며, 또한, 각 장의 끝에는 도전 문제와 연습 문제를 제공하며, 그리고 추가적인 학습 내용도 제공한다. 요약하면 다음과 같다.

이 책에서는 다음과 같은 내용을 다룬다:

- 파이썬 기본 문법 및 사용법
- 수학의 기초 개념 및 응용
- 파이썬을 이용한 수학 문제 해결 및 시뮬레이션

이 책은 다음과 같은 특징을 갖고 있다:

- 수학의 개념을 먼저 설계한 후 파이썬의 기본 문법을 활용하여 문제 해결
- 각 장마다 다양한 예제와 실습 문제를 제공하며, 실력을 확인할 수 있는 연습 문제 제공
- 수학 문제를 해결하기 위한 문제의 시각화

이 책을 통해 수학과 프로그래밍의 기초를 탄탄히 다질 뿐만 아니라, 두 분야의 통합적 사고 능력을 키우게 될 것으로 생각하며, 더 나아가 창의적이고 논리적인 문제 해결 능력을 갖춘 인재로 성장할 수 있을 것으로 기대한다.

마지막으로, 수학과 파이썬의 만남이 여러분에게 새로운 영감을 불어넣고, 더 나아가 창의적이고 논리적인 사고를 기르는 데 큰 도움이 되기를 기대하며, 이 여정이 즐겁고 보람차기를 바라며, 여러분의 학습에 작은 등불이 되기를 희망한다.

감사합니다.
저자 김수환

파이썬 프로그램의 설치 및 사용방법

(1) 설치와 실행

이 책에서 파이썬을 실행하는 도구는

아나콘다(https://www.ananconda.com)

를 설치하면 사용할 수 있는 주피터 노트북(Jupyter NoteBook)과 구글에서 제공하는

코랩(CoLab)(https://colab.research.google.com)

이다. 이들은 웹브라우저를 기반으로 구동하며 파이썬 프로그램을 IDLE처럼 간단히 행마다 명령을 주면 실행 후 결과를 바로 확인을 할 수 있는 상호 호환이 가능한 편리한 도구이다. 인터넷 연결이 안된 컴퓨터 실습실에서 강의는 주피터 노트북을 추천하며, 인터넷 인프라가 있는 컴퓨터 실습실에서 강의는 주피터 노트북과 코랩 중 어느 것을 사용해도 좋을 것이다. 하지만 컴퓨터 실습실의 인프라가 갖추어지지 않은 일반 강의실에서의 수업은 개개인의 구글 아이디를 이용하여 스마트폰이나 탭 등을 활용하여 코랩으로 수업 진행하는 것을 강력히 추천한다. 이 책의 내용은 주피터 노트북이나 코랩 등으로 실습할 수 있으며, 특히 이 책은 코랩을 이용하여 만들어졌음을 알린다.

(2) 주피터 노트북

다음에서 아나콘다 설치 및 주피터 노트북을 호출하는 방법을 설명한다.

1. 다음을 클릭하여 아나콘다 최신버전을 다운로드 한다.
   (https://www.anaconda.com/products/individual)
2. 다운로드 받은 파일을 설치하면서 Next-I Afree를 클릭한다.

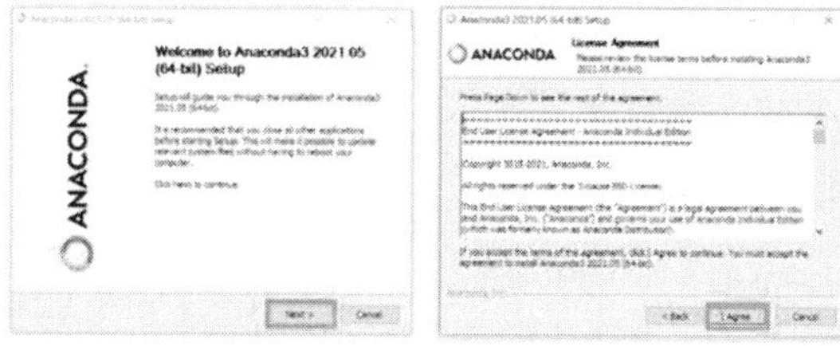

3. Just Me, Next, All Users, Next를 차례로 클릭한다.
4. 주어진 Path환경은 기본으로 설정하고, Install을 시작한다. 다운이 완료되면 Finish를 클릭하면 설치가 완료된다.
5. 윈도우즈 시작화면 Abaconda 폴더를 클릭하고, Jupyter Notebook를 클릭하고, 다음과 같이 실행하면 된다.

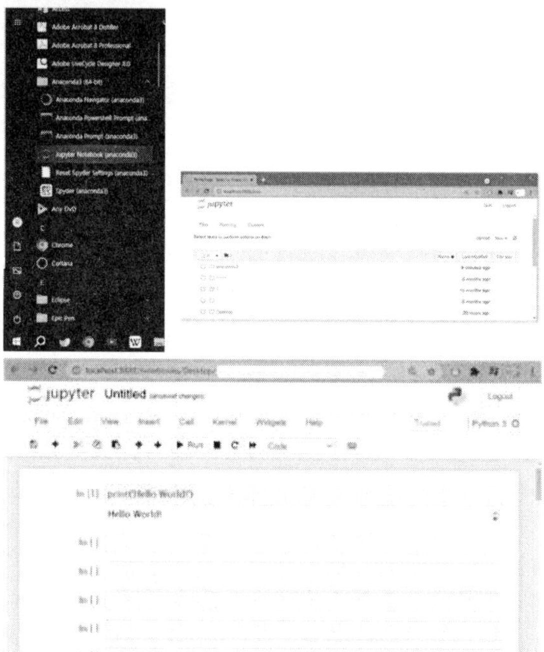

6. 이외에 주피터 노트북의 자세한 사용방법은 인터넷이나 유튜브 검색을 통하여 배울 수 있다.

(3) 구글 코랩

구글이 제공하는 클라우드 기반의 Jupyter Notebook 환경을 구글 코랩(Google Colab)이라고 한다. 클라우드 기반이므로 설치할 프로그램은 없고, 개인 구글 계정만 있으면 접속하여 무료로 사용할 수 있다. 접속 사이트는 다음과 같다: (https://colab.research.google.com/)

다음에서 단계별로 사용하는 방법에 대하여 알아본다.

1. 구글 코랩 사이트를 접속하면 다음처럼 바로 시작할 수가 있다.

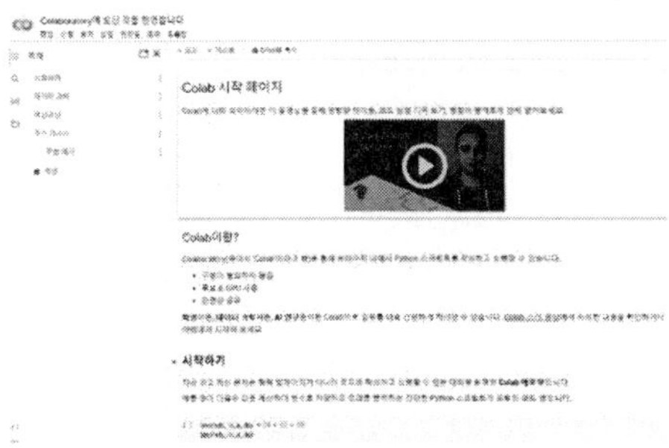

2. 새로운 노트를 실행하고, 파일의 이름을 지정한다. 확장자는 이름.ipynb로 생성된다.

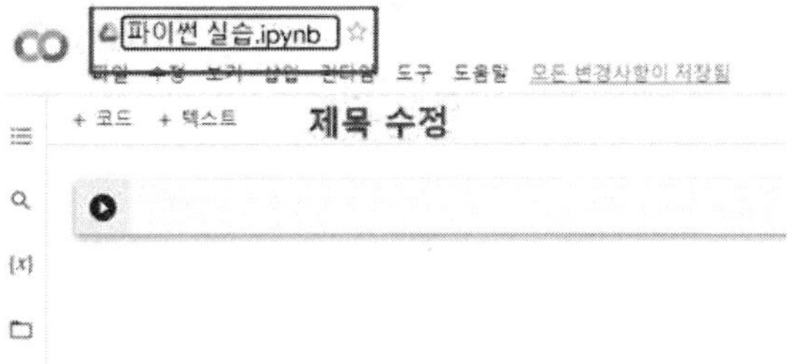

3. 이외에 구글 코랩의 자세한 사용방법은 인터넷이나 유튜브 검색을 통하여 배울 수 있다.

(4) 코드를 입력하고 실행할 때 많이 사용되는 단축키는 다음과 같다.

1. Ctrl + Enter 코드가 있는 셀을 실행하고, 커서는 해당 셀에 둘 때 사용한다. 이는 코드의 결과값만 볼 때 사용한다. 새로운 셀은 생성되지 않는다.
2. Shift + Enter 코드가 있는 셀을 실행하고 커서는 다음 셀로 넘기는 경우에 사용한다. 다음 셀이 비어 있을 때 새로운 셀이 자동으로 생성된다.
3. Alt + Enter 코드가 있는 셀을 실행하고 커서는 새로운 셀로 넘기는 경우에 사용한다.
4. Ctrl + MA 현재 셀에서 위쪽으로 새로운 셀을 생성한다.
5. Ctrl + MB 현재 셀에서 아래쪽으로 새로운 셀을 생성한다.
6. Ctrl + Ma 코드를 만드는 셀을 새롭게 생성한다.
7. Ctrl + MM 현재의 셀을 마크다운 셀로 변환해 준다.

차 례

제 0 장

조건문, 반복문, 함수

0.1 자료형과 연산자

□ print() 함수의 주요 옵션

[1]:
```
print(1, 2, '수학', 'Python')
```

```
1 2 수학 Python
```

[2]:
```
print(1)
print(2)
print('수학', 'Python')
```

```
1
2
수학 Python
```

[3]:
```
print(1, end='//')
print(2, end=',')
print('수학', 'Python')
```

```
1//2,수학 Python
```

[4]:
```
x='창의관'
y=18
print('{}은{}호건물이다.'.format(x,y))
```

```
창의관은 18호 건물이다.
```

□ 자료형의 입력과 연산
(문자 입력)

[5]:
```
# 입력된 문자를 받아서 변수에 할당
x=input('문자 입력')
print('입력된 문자는', x)
```

```
문자 입력 kim
입력된 문자는 kim
```

(1) input() 함수는 사용자가 입력한 값을 문자열 형태로 받습니다.

(2) split() 함수는 문자열을 공백을 기준으로 분리하여 리스트로 변환

(3) 리스트의 각 요소를 각각 x, y, z에 할당

[6]:
```
# 입력된 문자를 받아서 분리하여 변수에 할당
x,y,z=input('3개의 문자 입력').split()
print(x, y, z)
```

```
3개의 문자 입력 kim soo hwan
kim soo hwan
```

[7]:
```
x,y,z=input('3개의 문자 입력').split()
print(x, y, z, end="///")
```

```
3개의 문자 입력 김 수 환
김 수 환///
```

(여러 종류의 수 입력)

[8]:
```
p=int(input("분자 입력:")) # 정수형 자료로 입력
q=int(input("분모 입력:"))
print("나눗셈의 몫=", p//q) # 몫 연산자
print("나눗셈의 나머지=", p%q) # 나머지 연산자
```

```
분자 입력:7
분모 입력:6
나눗셈의 몫= 1
나눗셈의 나머지= 1
```

[9]:
```
b=float(input("직사각형 밑변:")) # 실수형 자료로 입력
h=float(input("직사각형 높이:")) # 실수형 자료로 입력
print("직사각형의 넓이=", b*h)
```

```
직사각형 밑변:3.5
직사각형 높이:2
직사각형의 넓이= 7.0
```

아래는 잘못된 예이다.

.split()는 문자열로 받아야 한다.

[10]:
```
#x,y,z=float(input('3개의 수 입력')).split()
#print(x+y+z)
```

(1) input('3개의 수 입력:'): 사용자로부터 문자열로 입력을 받습니다.

(2) .split(): 입력 받은 문자열을 공백을 기준으로 리스트로 분리합니다.
(예: '1 2 3' → ['1', '2', '3'])

(3) map(float, …): 분리된 리스트의 각 값을 float 타입으로 변환합니다.

(4) 리스트로 변환된 값을 x, y, z 변수에 각각 할당합니다.

[11]:
```
x,y,z=map(float,input("세 수 입력:").split() )
print("평균=", (x+y+z)/3)
```

```
세 수 입력:4.5 6 7
평균= 5.833333333333333
```

[12]:
```
x,y,z=map(int,input("세 수 입력:").split() )
print("평균=", (x+y+z)/3)
```

```
세 수 입력:4 5 6
평균= 5.0
```

(유리수, 무리수 입력)

[13]:
```
x=1/3 # 유리수
x # 유리수가 소수로 표현됨
```

[13]: 0.3333333333333333

[14]:
```
from sympy import *
# Rational(정수, 정수) 사용
Rational(1, 3) # 유리수 모양 유지
```

[14]: $\frac{1}{3}$

[15]:
```
from sympy import *
y=sqrt(2) # 무리수
y
```

[15]: $\sqrt{2}$

[16]:
```
from sympy import *
y=sqrt(2)
y.evalf(10) # 9자리  소수표현
```

[16]: 1.414213562

[17]:
```
p=pi # 무리수  파이
p.evalf(3) # 2자리  소수표현
```

[17]: 3.14

[18]:
```
e=exp(1) # 무리수  e
e.evalf(5) # 4자리  소수표현
```

[18]: 2.7183

(수학변수 선언)

문자가 수학변수로 지정되면 변수들 사이의 연산을 할 수 있다.

[19]:
```
from sympy import *
x,y,z=symbols('x y z')
x+x+y+y+z+z
```

[19]: $2x + 2y + 2z$

0.2 조건문

*if-else*문

if 조건문1: (참이나 거짓으로 계산되는 조건식, 마지막에 콜론(:)붙임)

- 문장1 (조건문1이 참이면 실행되는 문장)

elif 조건문2 :

- 문장2

elif 조건문3 :

- 문장3

elif 조건문4 :

- 문장4

else : (마지막 else :은 생략 가능함)

- 문장5

[참고] if-elif-else들은 같은 세로줄에 위치해야한다.

[참고] elif는 else if를 합친 것이다.

[20]:
```
x=int(input("숫자  입력:"))
if x>1:
  print("x는  1보다  크다.")
```

```
else:
  print("x는 1보다 작거나 같다.")
```

숫자 입력:100
x는 1보다 크다.

[21]:
```
num=int(input("숫자 입력:"))
if num<0:
   print("음수")
elif num>0:        # else if와 같다.
print("양수")

if num%2==0:
print("짝수")
else:
print("홀수")
```

숫자 입력:7
양수
홀수

(윤년 판단)

- 연도가 4로 나누어떨어지고, 100으로는 나누어 떨어지지 않는다.
- 연도가 400으로 나누어 떨어진다.

[22]:
```
year=int(input("연도 입력:"))
if year%4==0 and year%100!=0:
print("윤년")
elif year%400==0:
print("윤년")
else:
print("윤년 아님")
```

연도 입력:2023
윤년 아님

[23]:
```
year2=int(input("연도 입력:"))
if (year2%4==0 and year2%100!=0) or year2%400==0:
print("{}연도는 윤년이다.".format(year2))
 else:
print("{}연도는 윤년 아님".format(year2))
```

```
연도 입력:2023
2023연도는 윤년 아님
```

(중첩 조건문)

[24]:
```
도시=input("섬 or 육지 ")
가격=int(input("상품가격입력"))

if 도시=="육지":
if 가격>=20000:
배송비=0
else:
배송비=3000
else:
if 가격>=50000:
배송비=0
else:
배송비=5000
print("배송비=",배송비)
```

```
섬 or 육지 육지
상품가격입력30000
배송비= 0
```

0.3 반복문

*for*문

for 변수 in 리스트:

- 문장1
- 문장2

for 변수 in range(시작값, 종료값, 공차):

- 문장1
- 문장2

[25]:
```
for i in [1,2,3,4,5]:
print(i)
```

```
1
2
3
4
5
```

[26]:
```
for i in [1,2,3,4,5]:
print(i, end=" ")
```

1 2 3 4 5

[27]:
```
list4=["국어", "영어", "수학", "과학"]
for i in list4:
  print(i)
```

국어
영어
수학
과학

[28]:
```
list4=["국어", "영어", "수학", "과학"]
for i in list4:
  print(i, end=" , ")
```

국어 , 영어 , 수학 , 과학

[29]:
```
list1=[1,2,3,4]
list2=["국어", "영어", "수학", "과학"]

for i,j in zip(list1,list2):
        print( "{}번째 과목은 {}이다".format(i,j) )
```

1번째 과목은 국어이다
2번째 과목은 영어이다
3번째 과목은 수학이다
4번째 과목은 과학이다

[30]:
```
list1=[1,2,3,4]
list2=["국어", "영어", "수학", "과학"]

for i,j in zip(list1,list2):
print( "{}번째 과목은 {}이다".format(i,j), end=" /" )
```

1번째 과목은 국어이다 /2번째 과목은 영어이다 /3번째 과목은 수학이다
/4번째 과목은 과학이다 /

[31]:
```
for i in range(5): # 시작값=0, 끝값=(포함 안됨)
  print(i)
```

```
0
1
2
3
4
```

[32]:
```
for i in range(1,5): # 시작값=1, 끝값=5(포함  안됨)
  print(i)
```

```
1
2
3
4
```

[33]:
```
for i in range(1,10,2)¶p: # 시작값=1, 끝값=10(포함  안됨), 공차=2
  print(i)
```

```
1
3
5
7
9
```

[34]:
```
for i in range(1,10): # 구구단에서  9단
  print( "9*{}={}".format(i,9*i))
```

```
9*1=9
9*2=18
9*3=27
9*4=36
9*5=45
9*6=54
9*7=63
9*8=72
9*9=81
```

(중첩 반복문)

[35]:
```
for x in range(1,5):
  for y in range(1,5):
    print(x,y)
```

```
1 1
1 2
1 3
1 4
2 1
2 2
2 3
2 4
3 1
3 2
3 3
3 4
4 1
4 2
4 3
4 4
```

[36]:
```
for i in range(1,7): # 첫 번째 주사위
  for j in range(1,7): # 두 번째 주사위
    if i+j==7: # 주사위의 두 눈의 합이 7
      print(i,j)
```

```
1 6
2 5
3 4
4 3
5 2
6 1
```

*while*문

while 조건식:

- 문장1
- 문장2

(설명) 조건식이 참이면 아래 문장을 실행하고, 거짓이면 멈춘다.

[37]:
```
i=1
while i<=5:
  print(i)
  i=i+1
```

```
1
2
```

```
3
4
5
```

[38]:
```
i=1
while i<=5:
print(i)
i=i+1
else: # 조건문이 거짓일 때 실행
  print("6번째 반복문 종료")
```

```
1
2
3
4
5
6번째 반복문 종료
```

[39]:
```
dan=int(input("몇 단? "))
i=1
while i<=9:
  print("{}*{}={}".format(dan,i,dan*i))
  i=i+1
```

```
몇 단? 8
8*1=8
8*2=16
8*3=24
8*4=32
8*5=40
8*6=48
8*7=56
8*8=64
8*9=72
```

무한루프문

while True:
if 조건1:

break(반복을 중단하고, 반복을 벗어난 아래 다음 문장 실행)

if 조건2:

continue(위의 반복문으로 다시 반복문 실행)

[40]:
```
number=229 # 판별하고자 하는 정수 입력
divisor=2
prime=True

while divisor < number:  # 소수는 1과 자신만을 약수로 가진다.
if number%divisor==0:
prime=False
break
divisor=divisor+1 # 세로 줄 맞추기 조심

if prime:
print("소수")
else:
print("소수아님")
```

소수

0.4 함수의 그래프와 방정식의 해

□ 함수
def 함수 이름(매개변수1, 매개변수2, 매개변수3, ⋯):
- 문장1
- 문장2

return 반환값

[41]:
```
def f(x):
y=2*x+1
return y
```

[42]:
```
f(2)
```

[42]: 5

[43]:
```
def area(radius):
area=3.14*radius**2
return area
```

[44]:
```
area(3)
```

[44]: 28.26

```
[45]: def factorial(n): # 팩토리얼  함수
      if n==1:
      return(1)
      else:
      return n*factorial(n-1)
```

```
[46]: factorial(1)
```

```
[46]: 1
```

```
[47]: factorial(10)
```

```
[47]: 3628800
```

```
[48]: def g(x,y,z):
        return x+y+z
```

```
[49]: g(1,2,3)
```

```
[49]: 6
```

□ 람다함수, map(), filter()

람다함수(Lambda function) 정의]

lambda a, b: a + b

(1) 람다함수는 익명 함수로, 이름을 가지지 않고 간단하게 정의할 수 있는 함수이며, a와 b는 입력 파라미터임.

(2) a + b는 반환값이며, 람다함수에서 콜론(:) 뒤에 오는 표현식은 함수의 실행 결과로 반환되며, 이 경우 a + b는 두 숫자의 합을 계산하는 연산임.

```
[50]: f=lambda x,y:x+y
      f(1,4)
```

```
[50]: 5
```

```
[51]: g=lambda x,y:x*y
      f(1,4)
```

```
[51]: 5
```

```
[52]: from sympy import *
      x,y=symbols('x y')
      h=lambda x:x**2+2
```

```
h(x)
```

[52]: $x^2 + 2$

[53]:
```
plot(h(x), size=(3,3))
```

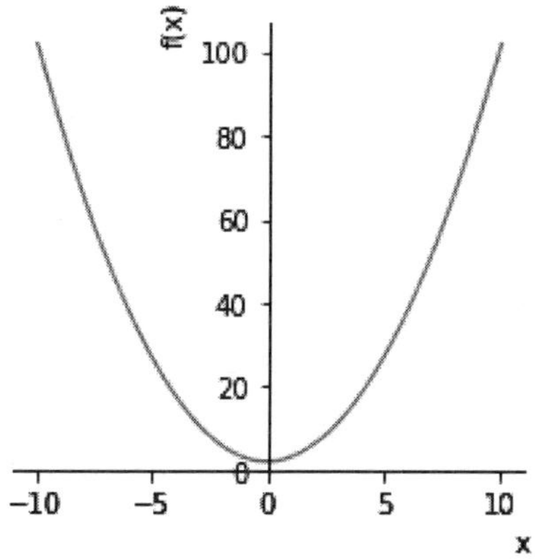

[53]: <sympy.plotting.plot.Plot at 0x2c8391ace20>

함수 map()은 map object를 반환합니다.
다음 중 하나의 결과로 변환해야 합니다.

(1) list()로 변환

(2) tuple()로 변환

[54]:
```
x=[1,2,3,4,5]
map(lambda x:x+2,x)
```

[54]: <map at 0x2c83a2edac0>

[55]:
```
x=[1,2,3,4,5]
list(map(lambda x:x+2, x))
```

[55]: [3, 4, 5, 6, 7]

[56]:
```
x=[1,2,3,4,5]
list(map(lambda t:t+2, x))
```

[56]: [3, 4, 5, 6, 7]

[57]:
```
x=[1,2,3,4,5]
tuple(map(lambda x:x+2,x))
```

[57]: (3, 4, 5, 6, 7)

(람다함수 이외에 일반함수 사용)

[58]:
```
def add(a, b): # 일반함수 정의
    return a + b
x = [1, 2, 3]
y = [4, 5, 6]
# map()에서 함수 사용
result = list(map(add, x, y))
print(result)  # 출력: [5, 7, 9]
```

[5, 7, 9]

함수 map()와 함수 filter()의 차이
map(): 리스트를, 주어진 식으로 변환.
filter(): 리스트 중 조건을 만족하는 식의 요소만 변환.

[59]:
```
nums = [1, 2, 3, 4, 5]
# map(): 각 요소를 제곱
list(map(lambda x: x ** 2,nums)) # [1, 4, 9, 16, 25]
```

[59]: [1, 4, 9, 16, 25]

[60]:
```
nums = [1, 2, 3, 4, 5]
# filter(): 짝수만 선택
list(filter(lambda x: x % 2 == 0, nums))  # [2, 4]
```

[60]: [2, 4]

[61]:
```
x = [1, 2, 3, 4, 5]
y = [1, 2, 3, 4, 5]

# x에서 짝수만 선택, [2,4]
even_x = list(filter(lambda x: x % 2 == 0, x))

# y에서 홀수만 선택,[1,3,5]
odd_y = list(filter(lambda y: y % 2 == 1, y))

# 두 리스트에서 대응되는 값을 더하기
```

```
list(map(lambda a, b: a + b¶p, even_x, odd_y))
```

[61]: [3, 7]

□ 조건부 함수

```
[62]: from sympy import *
      x=symbols('x')
```

```
[63]: f_x=Piecewise( (2*x-1, x<=1), (x**2, x>1) )
```

```
[64]: f_x
```

[64]: $\begin{cases} 2x-1 & \text{for } x \leq 1 \\ x^2 & \text{otherwise} \end{cases}$

```
[65]: f_x.subs(x,-1)
```

[65]: -3

```
[66]: f_x.subs(x,3)
```

[66]: 9

```
[67]: plot(f_x, size=(3,3))
```

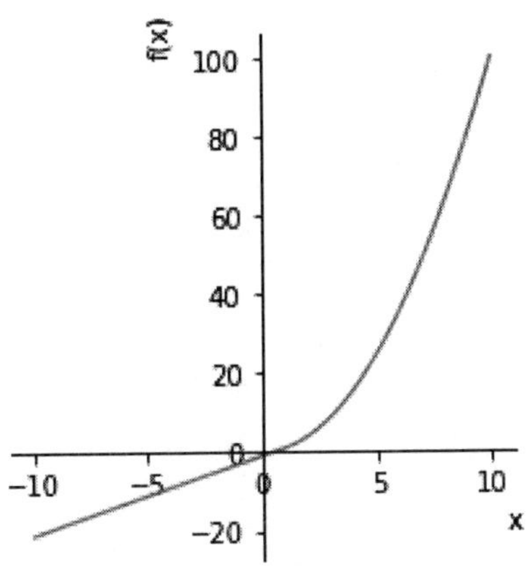

[67]: <sympy.plotting.plot.Plot at 0x2c83aa72a60>

□ 함수나 식을 분리하는 파이썬의 속성들

```
[68]: from sympy import *
      A,B,C=symbols("A B C")
```

```
[69]: (A+B*C).args # 연산으로 이루어진 식을 분리
```

```
[69]: (A, B*C)
```

```
[70]: (B*C*A).args # 연산으로 이루어진 식을 분리
```

```
[70]: (A, B, C)
```

```
[71]: list((B*C*A).args) # 분리된 식을 리스트화
```

```
[71]: [A, B, C]
```

```
[72]: (B/A).as_numer_denom() # 분자와 분모로 분할
```

```
[72]: (B, A)
```

```
[73]: fraction(B/A) # 분자와 분모로 분할
```

```
[73]: (B, A)
```

```
[74]: Eq(A,B) # 방정식 (식 A)= (식 B)
```

[74]: $A = B$

```
[75]: _.lhs # 방정식의 왼쪽항
```

[75]: A

```
[76]: Eq(A,B)
```

[76]: $A = B$

```
[77]: _.rhs # 방정식의 오른쪽항
```

[77]: B

□ 함수의 인수분해 및 전개

expand(), apart(), factor(), together()

```
[78]: from sympy import *
      p,q,x=symbols('p q x')
```

```
[79]: t_pq=(1-x)*(1-x**(p*q))/((1-x**p)*(1-x**q))
```

[80]:
```
t_pq
```

[80]: $$\frac{(1-x)(1-x^{pq})}{(1-x^p)(1-x^q)}$$

[81]:
```
t_85=t_pq.subs({p:8, q:5})
```

[82]:
```
t_85
```

[82]: $$\frac{(1-x)(1-x^{40})}{(1-x^5)(1-x^8)}$$

[83]:
```
simplify(t_85) # 위식을 단순화
```

[83]: $$\frac{(x-1)(x^{40}-1)}{(x^5-1)(x^8-1)}$$

[84]:
```
expand(t_85) # 주로 다항식을 전개
```

[84]: $$\frac{x^{41}}{x^{13}-x^8-x^5+1}-\frac{x^{40}}{x^{13}-x^8-x^5+1}-\frac{x}{x^{13}-x^8-x^5+1}+\frac{1}{x^{13}-x^8-x^5+1}$$

[85]:
```
apart(t_85) # 분수식을 분리하여 다항식으로 전개
```

[85]: $$x^{28}-x^{27}+x^{23}-x^{22}+x^{20}-x^{19}+x^{18}-x^{17}+x^{15}-x^{14}+x^{13}-x^{11}+x^{10}-x^9+x^8-x^6+x^5-x+1$$

[86]:
```
factor(apart(t_85)) # 다항식을 인수분해
```

[86]: $$(x^4-x^3+x^2-x+1)(x^8-x^6+x^4-x^2+1)(x^{16}-x^{12}+x^8-x^4+1)$$

[87]:
```
factor(x**2+5*x+6)
```

[87]: $$(x+2)(x+3)$$

[88]:
```
together(x**2+5*x+6) # 분수식을 통분할 때 사용
```

[88]: $$x^2+5x+6$$

[89]:
```
expr = 1/(x + 1) + 1/(x - 1)
# together() 사용
result = together(expr)
result
```

[89]: $$\frac{2x}{(x-1)(x+1)}$$

□ 함수의 그래프

변수 분리형 함수: $y = f(x)$

- 변수분리형 함수의 그래프 : plot( )

패키지 경로: from sympy.plotting import plot

(1) line_color

그래프의 선 색상을 지정합니다.
값: 문자열, 함수 또는 색상 코드
예: 'red' , 'blue' , 또는 lambda x: x (동적으로 색상 지정)

(2) xlabel

x축에 표시될 레이블을 설정합니다.
값: 문자열
예: 'x-axis'

(3) ylabel

y축에 표시될 레이블을 설정합니다.
값: 문자열
예: 'y-axis'

(4) xlim

x축의 범위를 설정합니다.
값: 튜플 (xmin, xmax)
예: (-5, 5)

(5) ylim

y축의 범위를 설정합니다.
값: 튜플 (ymin, ymax)
예: (-10, 10)

(6) legend

범례(legend)를 표시할지 여부를 설정합니다.
값: True 또는 False
예: True

(7) show

그래프를 표시할지 여부를 설정합니다.
값: True 또는 False
예: True

(8) title

그래프의 제목을 설정합니다.
값: 문자열
예: 'My Plot'

(9) aspect_ratio

그래프의 가로와 세로 비율을 설정합니다.
값: 숫자 또는 튜플 (width, height)
예: 1 (정사각형 비율), (2, 1) (가로가 세로보다 2배)

(10) axis_center

축의 중심 위치를 설정합니다.
값: 문자열, 숫자 또는 튜플
예: 'center' , (0, 0) (원점에서 교차)

(11) size

그래프의 크기를 설정합니다.
값: 튜플 (width, height)
예: (10, 5)

(12) adaptive

적응형 샘플링을 사용할지 여부를 설정합니다.
값: True 또는 False
예: True (복잡한 부분을 더 세밀하게 그리기)

(13) n

샘플링할 점의 개수를 설정합니다.
값: 정수
예: 100 (100개의 점)

(14) backend

그래프를 렌더링할 백엔드를 설정합니다.
값: 'matplotlib' 또는 'text' 등
예: 'matplotlib'

(15) annotations

그래프에 추가할 주석을 설정합니다.
값: 리스트 (위치와 텍스트 지정)
예: [(1, 1, 'Point A')]

(16) xscale / yscale

축의 스케일(예: 선형, 로그)을 설정합니다.
값: 'linear' , 'log'
예: 'log'

- (x, -5, 5) 용도:

그래프를 그릴 때 사용할 변수의 범위(정의역)를 지정합니다.
x는 독립변수(입력값)로 사용되며, 이 범위 내에서 함수 값을 계산합니다.
3D 그래프의 경우(정의역이 2개) (x, -5, 5)와 (y, -5, 5)를 통해 두 축의 계산 범위를 각각 설정합니다.
(x, -5, 5) 영향: 계산 범위가 축의 범위뿐 아니라 그래프 모양에도 영향을 줍니다. 예를 들어, 지정된 범위 밖의 데이터는 아예 계산되지 않습니다.

- xlim=(-5, 5)과 ylim=(-5,5) 용도:

그래프의 표시 영역을 설정합니다.
이미 계산된 데이터를 기준으로, 표시할 축의 범위를 조정합니다. 범위를 좁혀 특정 부분만 확대하거나, 더 넓은 영역을 표시할 때 유용합니다.
xlim=(-5, 5)과 ylim=(-5,5) 용도 영향: 계산된 데이터 자체는 변경되지 않으며, 그래프에서 보이는 부분만 달라집니다.

[90]:
```
from sympy import *
x = symbols('x')
plot(sin(x), cos(x), (x,-5,5), size=(3,3),
line_color='red',
xlabel='x-axis',
ylabel='y-axis',
title='Sine and Cosine',
legend=True,
show=True)
```

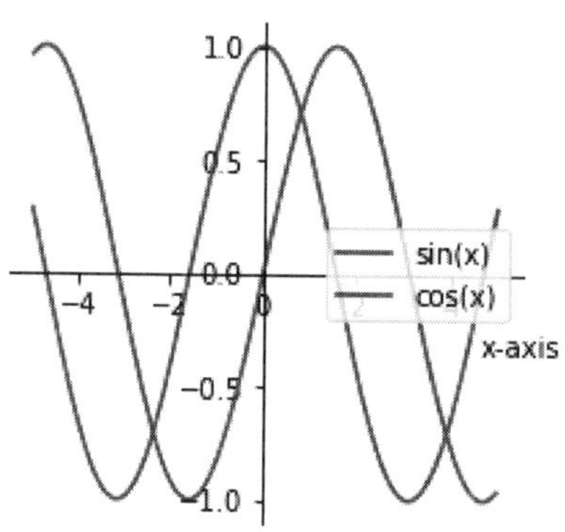

[90]: <sympy.plotting.plot.Plot at 0x2c83bae6970>

[91]:
```
from sympy import *
x = symbols('x')
plot(sin(x), cos(x), xlim=(-5,5), ylim=(-5,5), size=(3,3),
line_color='red',
xlabel='x-axis',
ylabel='y-axis',
title='Sine and Cosine',
legend=True,
show=True)
```

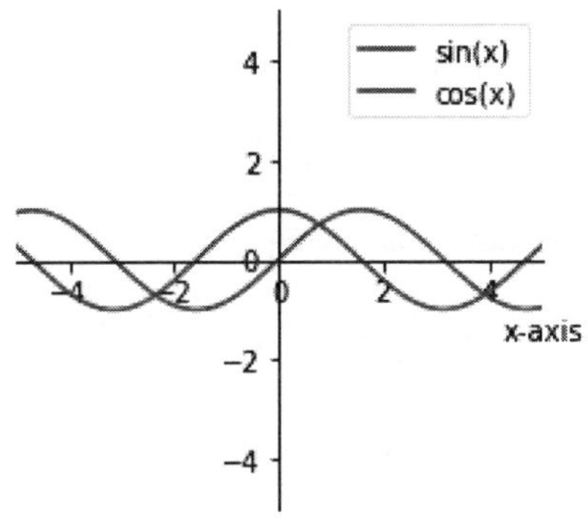

[91]: <sympy.plotting.plot.Plot at 0x2c83babaf40>

(간단히 표현)

[92]:
```
from sympy import *
x = symbols('x')
# 정의역 사용
plot(sin(x), cos(x), (x,-5,5), size=(3,3))
```

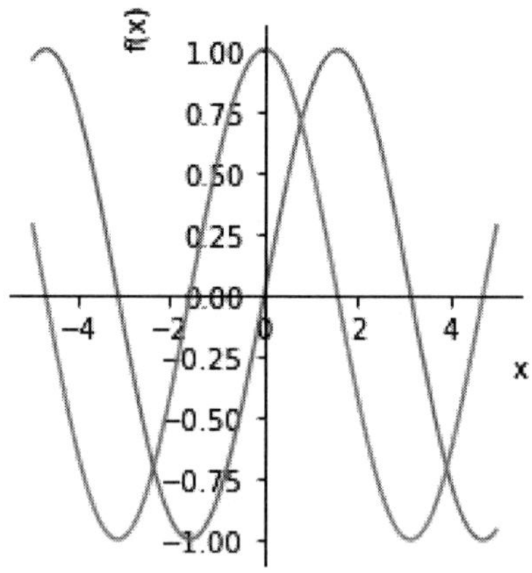


```
[92]: <sympy.plotting.plot.Plot at 0x2c83bb7ba60>
```

```
[93]: from sympy import *
      x = symbols('x')
      plot(sin(x), cos(x), xlim=(-5,5), ylim=(-5,5), size=(3,3))
```

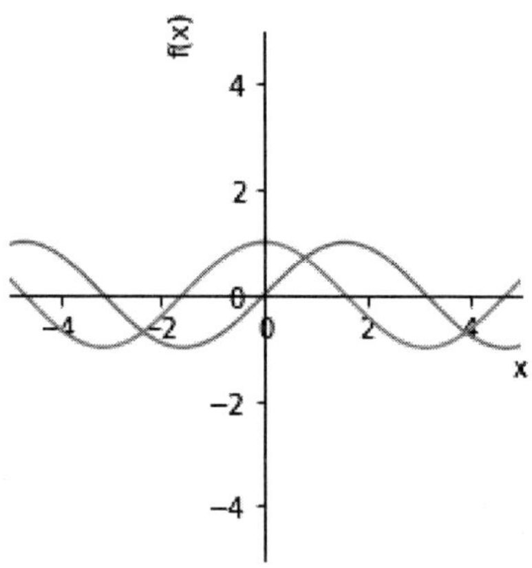


```
[93]: <sympy.plotting.plot.Plot at 0x2c83bc32df0>
```

```
[94]: from sympy import *
      x = symbols('x')
      # 아래 size=(3,3)도 생략 가능
      plot(sin(x), cos(x), size=(3,3))
```

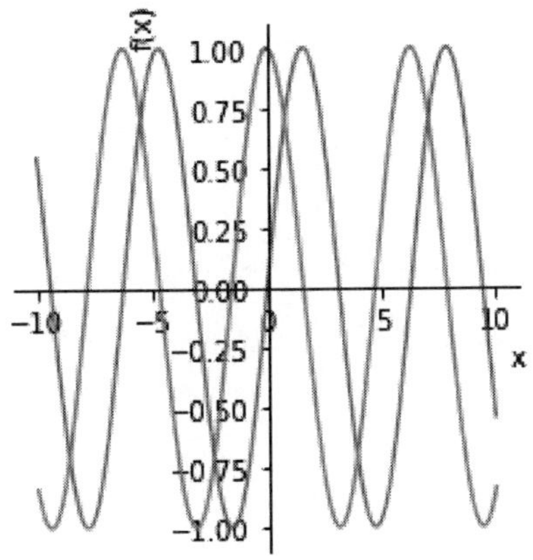

[94]: <sympy.plotting.plot.Plot at 0x2c836b47e80>

음함수: $f(x, y) = c$ 또는 $f(x, y) > 0$

- **변수분리형 함수의 그래프** : plot_implicit( )

패키지 경로: from sympy.plotting import plot_implicit

[95]:
```
from sympy import *
x,y=symbols('x y')
```

[96]:
```
plot_implicit(
Eq(x**2 + y**2, 1),   # 단위 원 방정식
(x, -2, 2),           # x 범위
(y, -2, 2),           # y 범위
adaptive=True,         # 적응형 메쉬 사용
depth=0,               # 깊이 설정, 수가 클수록 복잡한 그래프(정밀도 높은)
line_color='red',      # 빨간색 그래프
xlabel='X-axis',       # x축 레이블
ylabel='Y-axis',      # y축 레이블
title='Circle Graph', # 그래프 제목
size=(3,3),            # 크기 조정
show=True # 생략 가능
)
```

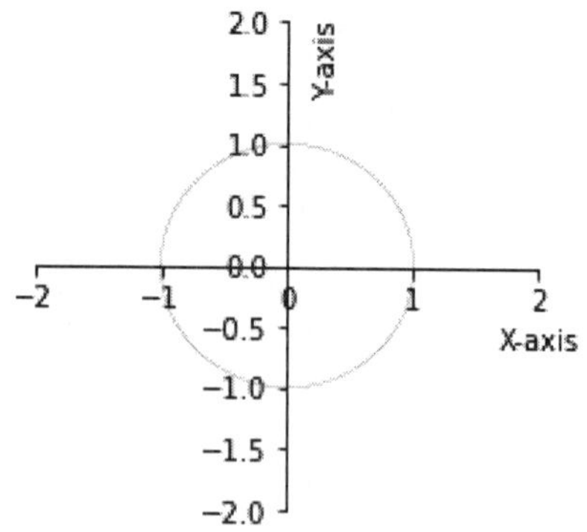


```
[96]: <sympy.plotting.plot.Plot at 0x2c83bcfd820>
```

(간단히 표현)

```
[97]: plot_implicit(Eq(x**2 + y**2, 1), (x, -2, 2), (y, -2, 2),size=(3,3))
```

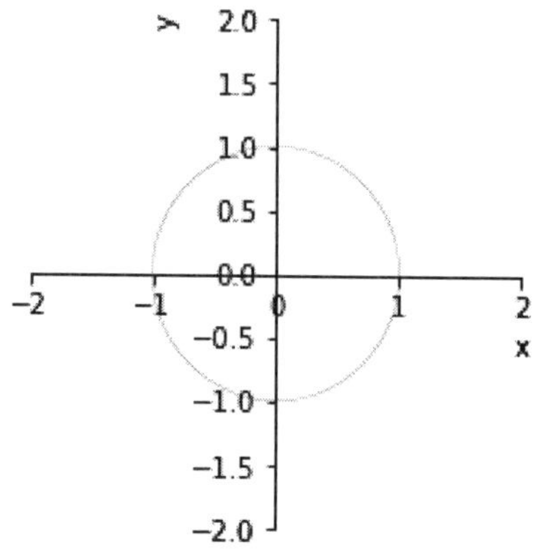


```
[97]: <sympy.plotting.plot.Plot at 0x2c83bca35b0>
```

(여러 음함수를 동시에 표현)

```
[98]: eq1=Eq(x**2+y**2,1)
      eq2=Eq(y,sin(x))
      eq3=Eq(y,cos(x))
      eq4=Eq(x,1)
```

```
eq5=Eq(x,3)
eq6=Eq(y,1)
eq7=Eq(y,1.25)
```

[99]:
```
plot_implicit(Or(eq1,eq2,eq3,eq4,eq5,eq6,eq7),(x, -1,5), (y,-1,2), size=(3,3))
```

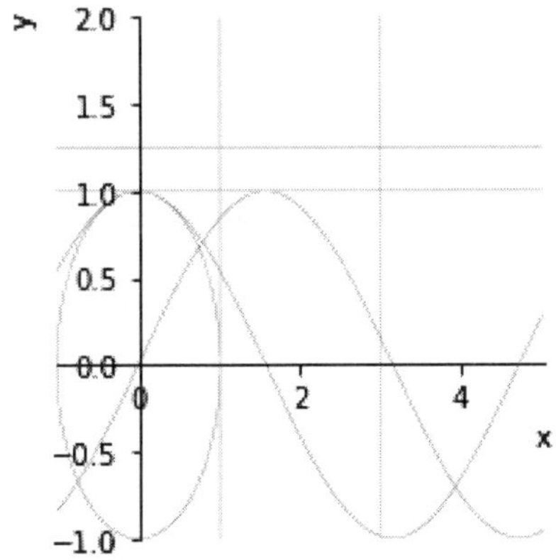

[99]: <sympy.plotting.plot.Plot at 0x2c83bdc0c70>

(그래프에 한글 사용)

[100]:
```
# matplotlib 한국어 표시, 한글 폰트 표시
!pip install koreanize-matplotlib
import koreanize_matplotlib
```

```
Collecting koreanize-matplotlib
  Downloading koreanize_matplotlib-0.1.1-py3-none-any.whl (7.9 MB)
Requirement already satisfied: matplotlib in c:\users\soo hwan
kim\anaconda3\lib\site-packages (from koreanize-matplotlib) (3.4.3)
Requirement already satisfied: pyparsing>=2.2.1 in c:\users\soo hwan
kim\anaconda3\lib\site-packages (from matplotlib->koreanize-matplotlib) (3.0.4)
Requirement already satisfied: pillow>=6.2.0 in c:\users\soo hwan
kim\anaconda3\lib\site-packages (from matplotlib->koreanize-matplotlib) (8.4.0)
Requirement already satisfied: kiwisolver>=1.0.1 in c:\users\soo hwan
kim\anaconda3\lib\site-packages (from matplotlib->koreanize-matplotlib) (1.3.1)
Requirement already satisfied: python-dateutil>=2.7 in c:\users\soo hwan
kim\anaconda3\lib\site-packages (from matplotlib->koreanize-matplotlib) (2.8.2)
Requirement already satisfied: cycler>=0.10 in c:\users\soo hwan
```

```
kim\anaconda3\lib\site-packages (from matplotlib->koreanize-matplotlib) (0.10.0)
Requirement already satisfied: numpy>=1.16 in c:\users\soo hwan
kim\anaconda3\lib\site-packages (from matplotlib->koreanize-matplotlib) (1.20.3)
Requirement already satisfied: six in c:\users\soo hwan kim\anaconda3\lib\site-
packages (from cycler>=0.10->matplotlib->koreanize-matplotlib) (1.16.0)
Installing collected packages: koreanize-matplotlib
Successfully installed koreanize-matplotlib-0.1.1
```

[101]:
```
from sympy import *
x = symbols('x')
plot(sin(x), cos(x), xlim=(-5,5), ylim=(-5,5), size=(3,3),
      line_color='red',
      xlabel='x-축',
      ylabel='y-축',
      title='사인과 코사인',
      legend=True,
      show=True # 생략 가능
      )
```

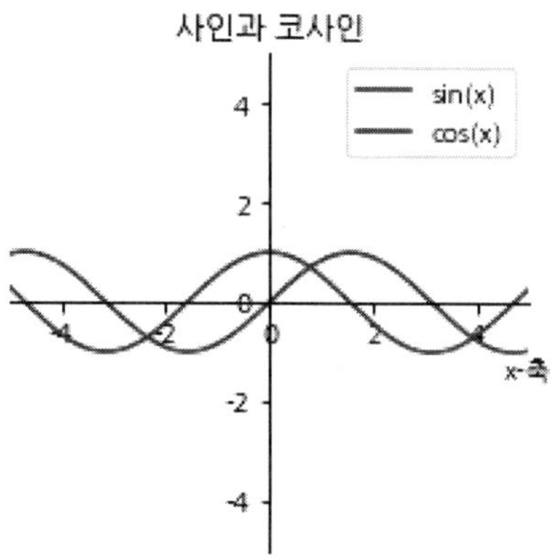

[101]: <sympy.plotting.plot.Plot at 0x2c83be40ee0>

[102]:
```
plot_implicit(
      Eq(x**2 + y**2, 1      ),   # 단위 원 방정식
      (x, -2, 2),             # x 범위
      (y, -2, 2),             # y 범위
      adaptive=True,           # 적응형 메쉬 사용
      depth=0,              # 깊이 설정, 수가 클수록 복잡한 그래프(정밀도 높은)
```

```
    line_color='red',       #빨간색 그래프
    xlabel='X-축',          # x축 레이블
    ylabel='Y-축',          # y축 레이블
    title='원의 그래프', # 그래프 제목
    size=(3,3),             # 크기 조정
    show=True # 생략 가능
)
```

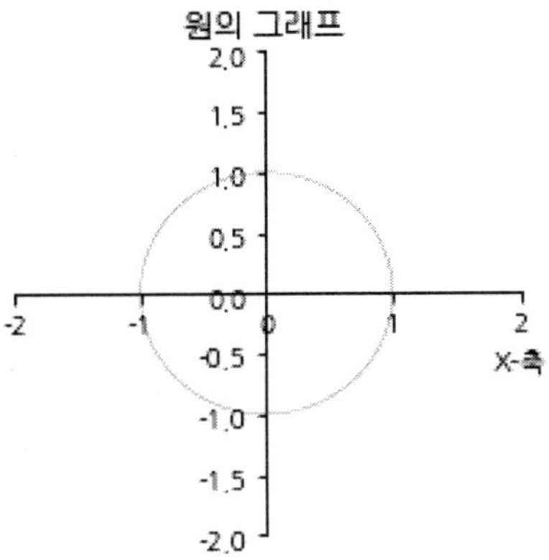

[102]: <sympy.plotting.plot.Plot at 0x2c83bf1dd90>

□ 방정식의 해 구하기

[103]:
```
from sympy import *
x,y,a,b,c=symbols('x y a b c') # 수학변수 지정
```

[104]:
```
eq=Eq(x**2+5*x+6,0)
eq
```

[104]: $x^2+5x+6=0$

[105]:
```
solve(eq,x) # 리스트로 해 표시
```

[105]: [-3, -2]

[106]:
```
solveset(eq,x) # 집합으로 해 표시
```

[106]: $\{-3,-2\}$

[107]:
```
solveset(eq,x,domain=S.Reals) # 실수영역의 해
```

[107]: $\{-3, -2\}$

[108]:
```
solveset(eq,x,Interval(-2.5, 0))# 해의 구간을 지정
```

[108]: $\{-2\}$

(3개 방정식의 해 구하기)

[109]:
```
eq1=Eq(a+b+c,5)
eq2=Eq(a-b+c,5)
eq3=Eq(a+b-c,5)
solve((eq1,eq2,eq3),(a,b,c))
```

[109]:
```
{a: 5, b: 0, c: 0}
```

◀ 0장 내용 끝

0.5 연습문제

문제1] 15세 이상만 볼 수 있는 영화가 있다고할 때 나이를 입력하면 시청여부를 출력하는 프로그램을 만드시오.

[ ]:

문제2] 평면의 두 점을 입력 받아서, 원 $x^2 + y^2 = 5^2$이 내부점인지, 외부점인지, 경계점인지를 판별하시오.

[ ]:

문제3] 문자열 "I love python Programming"에서 모음을 제외한 문자열을 만드시오.

[ ]:

문제4] 구구단 전체를 출력하는 프로그램을 만드시오.

[ ]:

문제5] 이차함수 방정식 $ax^2 + bx + c = 0$의 해를 구하는 프로그램을 만드시오.

[ ]:

문제6] 정수의 시작값과 끝값을 입력하면 그들의 합을 구하는 프로그램을 만드시오.

[ ]:

문제7] 피보나치 수열의 n번째 항을 구하는 프로그램을 작성하시오.

```
[ ]:
```

문제8] 임의의 두 수를 입력 받아서, 크기순으로 출력하는 프로그램을 만드시오.

```
[ ]:
```

문제9] 임의의 세 수를 입력 받아서, 그들의 평균을 구하는 함수를 만드시오.

```
[ ]:
```

문제10] 연도를 입력하면 12지지와 10간지로 표현하는 프로그램을 만드시오. (예, 1592년은 임진년입니다.)

```
[ ]:
```

제 1 장
자료형과 연산

1.1 리스트, 튜플, 딕셔너리, 집합

(1) 리스트

- 리스트(List)는 인덱스(Index)로 순서가 정해진, 중복 가능한 모임으로 추가 및 삭제를 할 수 있으며, 인덱스 순서의 시작은 0이다.
- 기호는 괄호 [ ]를 사용하고, 원소는, (콤마)로 구분한다.
- 리스트는 패키지 호출없이 사용하는 파이썬 표준 데이터 형식입니다.

```
[1]: [2,4,6,8,8]  # 리스트 만들기
```

```
[1]: [2, 4, 6, 8, 8]
```

```
[2]: 4 in [2,4,6]
```

```
[2]: True
```

```
[3]: 5 in [2,4,6]
```

```
[3]: False
```

```
[4]: a=[2,4,6,8] # 리스트를 변수에 대치
     a
```

```
[4]: [2, 4, 6, 8]
```

```
[5]: type(a) # 자료의 형식을 확인
```

```
[5]: list
```

```
[6]: a[0] # 인덱스 0번째(첫 번째) 원소
```

```
[6]: 2
```

```
[7]: a[3] # 인덱스 3번째 원소
```

```
[7]: 8
```

```
[8]: a[1:3] # 인덱스 1에서 2까지 원소
```

```
[8]: [4, 6]
```

```
[9]: a[1:4] #인덱스 1에서 3까지 원소
```

```
[9]: [4, 6, 8]
```

```
[10]: a[2:] # 인덱스 2에서 끝까지 원소
```

```
[10]: [6, 8]
```

□ 원소를 추가

```
[11]: b=[1,3,5,7,9]
      b.append('a')  # 리스트의 마지막에 하나의 원소(숫자 또는 문자)를 추가
      b
```

```
[11]: [1, 3, 5, 7, 9, 'a']
```

```
[12]: b.insert(5,'b')  # 인덱스 5번의 바로 앞에 하나의 원소(숫자 또는 문자)를 추가
      b
```

```
[12]: [1, 3, 5, 7, 9, 'b', 'a']
```

```
[13]: c=[1,2,3,4]
      c.extend([4,5,6]) # 기존의 리스트 다음에 새로운 리스트를 추가
      c
```

```
[13]: [1, 2, 3, 4, 4, 5, 6]
```

```
[14]: c.extend(['a','b','c'])
      c
```

```
[14]: [1, 2, 3, 4, 4, 5, 6, 'a', 'b', 'c']
```

□ 원소를 삭제

[15]:
```
d=[1,2,3,4,5,6,'a','b','c']
d
```

[15]: [1, 2, 3, 4, 5, 6, 'a', 'b', 'c']

[16]:
```
del(d[1])
d
```

[16]: [1, 3, 4, 5, 6, 'a', 'b', 'c']

[17]:
```
type(d)
```

[17]: list

[18]:
```
d.remove('a')
d
```

[18]: [1, 3, 4, 5, 6, 'b', 'c']

□ 원소 정렬

[19]:
```
e=[1,7,10,5,2,8,7,3]
e
```

[19]: [1, 7, 10, 5, 2, 8, 7, 3]

[20]:
```
e.sort()
e
```

[20]: [1, 2, 3, 5, 7, 7, 8, 10]

□ 원소 순서 바꾸기

[21]:
```
f=[1,2,3,4,5,'a','b','c','d']
f
```

[21]: [1, 2, 3, 4, 5, 'a', 'b', 'c', 'd']

[22]:
```
f.reverse()
f
```

[22]: ['d', 'c', 'b', 'a', 5, 4, 3, 2, 1]

□ 원소 위치 확인

```
[23]: g=[1,2,3,4,5,'a','d','o','z']
      g
```

```
[23]: [1, 2, 3, 4, 5, 'a', 'd', 'o', 'z']
```

```
[24]: g.index('o')
```

```
[24]: 7
```

□ 리스트에서 특정원소의 개수

```
[25]: h=[1,1,1,2,2,2,3,3,3,4,5,6,7]
      h
```

```
[25]: [1, 1, 1, 2, 2, 2, 3, 3, 3, 4, 5, 6, 7]
```

```
[26]: h.count(1)
```

```
[26]: 3
```

```
[27]: h.count(4)
```

```
[27]: 1
```

□ 리스트의 연산

```
[28]: a1=[1,2,3]
      a2=['a','b','c']
```

```
[29]: a1+a2 # 두 리스트의 내용을 순서대로 합한다.
```

```
[29]: [1, 2, 3, 'a', 'b', 'c']
```

```
[30]: a1*2 # 각각의 원소에 2를 곱하는 것이 아니라, 리스트의 내용을 2개 복사해 준
      다.
```

```
[30]: [1, 2, 3, 1, 2, 3]
```

```
[31]: a2*3 # 리스트의 내용을 3개 복사해 준다.
```

```
[31]: ['a', 'b', 'c', 'a', 'b', 'c', 'a', 'b', 'c']
```

[참고] 기타 나누기 등의 연산은 안되며, 이외에 리스트의 평균, 분산등은 전문 패키지를 호출하여 사용한다. 이러한 단점을 보완하기 위하여 나중에 언급될 배열을 사용한다.

[보충] 특별한 리스트 만들기: 등차수열 만들기: range(start, stop, step)를 이용하여 리스트화 한다.

```
[32]: list(range(0,10,2)) # 공차가 2인 등차수열
```

```
[32]: [0, 2, 4, 6, 8]
```

(2) 튜플

- 튜플 자료형은 ( )안에 원소를 쉼표(,)로 구분하여 순서대로 나열한 자료이고,
- 리스트와 달리 튜플의 원소는 변경할 수 없다.
- 프로그램이 실행되는 동안 데이터의 값을 고정하고 싶을 때 사용하면 편리하다.
- 그리고 튜플은 적은 메모리를 사용하므로 속도가 빠르다.

```
[33]: t1=()  # 빈 튜플
      t1
```

```
[33]: ()
```

```
[34]: type(t1)
```

```
[34]: tuple
```

```
[35]: t2=(1)  # 쉼표가 없기 때문에 튜플이 아니다.
      t2
```

```
[35]: 1
```

```
[36]: type(t2)
```

```
[36]: int
```

```
[37]: t3=(1,) # 하나의 원소를 가지는 튜플, 반드시 쉼표 필요
      t3
```

```
[37]: (1,)
```

```
[38]: type(t3)
```

```
[38]: tuple
```

```
[39]: t4=1,2,3,4  # 괄호를 생략해도 튜플이다.
      t4
```

```
[39]: (1, 2, 3, 4)
```

```
[40]: 3 in t4
```

[40]: True

[41]:
```
t5=(1,2,3,1,2,3,4,4,4,'a','b','c')
t5
```

[41]: (1, 2, 3, 1, 2, 3, 4, 4, 4, 'a', 'b', 'c')

[42]:
```
t5[0]
```

[42]: 1

[43]:
```
t5[6]
```

[43]: 4

[44]:
```
t5[0:4]
```

[44]: (1, 2, 3, 1)

[45]:
```
t5[-1]
```

[45]: 'c'

[46]:
```
t6=(1,2,3)
t6
```

[46]: (1, 2, 3)

[47]:
```
t7=('a','b','c')
t7
```

[47]: ('a', 'b', 'c')

[48]:
```
t6+t7
```

[48]: (1, 2, 3, 'a', 'b', 'c')

[49]:
```
len(_)  # 바로 앞 튜플의 원소의 개수 구하기
```

[49]: 6

[50]:
```
t6*2
```

[50]: (1, 2, 3, 1, 2, 3)

[참고] 따라서, 튜플은 원소를 변경할 수 없다는 것을 제외하면, 리스트와 용도가 같다. 즉 지우기, 추가하기 등을 사용할 수 없다. 즉 sort, insert, remove, pop같은 함수가 없다.

(3) 딕셔너리

- 딕셔너리 자료는 { }안에 key:value처럼 쌍으로 이루어진 원소를 가지는 자료이다.
- 원소는 순서를 가지지 않으므로 인덱스가 없고, 대신에 key를 사용하여 원소를 지정한다.

[51]:
```
dic1={1:'a', 2:'b', 3:'c'}
dic1
```

[51]: `{1: 'a', 2: 'b', 3: 'c'}`

[52]:
```
2 in dic1  # 2가 튜플 dic1에 있는 key인지 확인
```

[52]: `True`

[53]:
```
dic2={1:[1,2,3], 2:(1,2,3), 3:'hi'}
dic2
```

[53]: `{1: [1, 2, 3], 2: (1, 2, 3), 3: 'hi'}`

□ 딕셔너리 쌍 추가

[54]:
```
dic2[4]=['g','h']
dic2
```

[54]: `{1: [1, 2, 3], 2: (1, 2, 3), 3: 'hi', 4: ['g', 'h']}`

[55]:
```
dic2['kim']='soo'
dic2
```

[55]: `{1: [1, 2, 3], 2: (1, 2, 3), 3: 'hi', 4: ['g', 'h'], 'kim': 'soo'}`

□ 딕셔너리 쌍 삭제

[56]:
```
del dic2[3]
```

[57]:
```
dic2
```

[57]: `{1: [1, 2, 3], 2: (1, 2, 3), 4: ['g', 'h'], 'kim': 'soo'}`

□ key를 사용하여 value 불러오기

[58]:
```
dic2[4]
```

[58]: ['g', 'h']

```
[59]: dic2['kim']
```

[59]: 'soo'

□ key를 리스트로 만들기

```
[60]: dic2.keys()
```

[60]: dict_keys([1, 2, 4, 'kim'])

```
[61]: list(dic2.keys())
```

[61]: [1, 2, 4, 'kim']

```
[62]: _[3]
```

[62]: 'kim'

□ value를 리스트로 만들기

```
[63]: dic2.values()
```

[63]: dict_values([[1, 2, 3], (1, 2, 3), ['g', 'h'], 'soo'])

```
[64]: list(dic2.values())
```

[64]: [[1, 2, 3], (1, 2, 3), ['g', 'h'], 'soo']

```
[65]: _[3]
```

[65]: 'soo'

□ 모든 key:value 쌍 지우기

```
[66]: d1={1:'pp', 2:'bb'}
      d1
```

[66]: {1: 'pp', 2: 'bb'}

```
[67]: d1.clear()
      d1
```

[67]: {}

(4) 집합

- 집합은 { } 안에 원소를 쉼표(,)로 구분하며, 중복없고 순서를 가지지 않는 즉 인덱스를 사용할 수 없다.
- 특히 리스트나 문자열에 set()함수를 사용하여 집합으로 만들 수 있다.
- 중복을 허락하지 않기 때문에 자료에서 중복된 원소를 제거할 때 사용하면 편리하다.

```
[68]: s1={1,2,3,3,'a','b','c', 'c'} # 집합 만들기
      s1
```

```
[68]: {1, 2, 3, 'a', 'b', 'c'}
```

```
[69]: 'a' in s1
```

```
[69]: True
```

```
[70]: 5 in s1
```

```
[70]: False
```

```
[71]: s2=set([1,2,3])  # 리스트로부터 집합 만들기
      s2
```

```
[71]: {1, 2, 3}
```

```
[72]: s3=set('kim Soo Hwan') # 문자열로부터 집합 만들기
      s3
```

```
[72]: {' ', 'H', 'S', 'a', 'i', 'k', 'm', 'n', 'o', 'w'}
```

```
[73]: s0=set() # 공집합
      s0
```

```
[73]: set()
```

□ 집합으로부터 리스트나 튜플 만들기(인덱스 사용하기 위해)

```
[74]: s4={1,2,3,4,5}
      s4
```

```
[74]: {1, 2, 3, 4, 5}
```

```
[75]: li4=list(s4)
      li4
```

[75]: [1, 2, 3, 4, 5]

[76]:
```
tu4=tuple(s4)
tu4
```

[76]: (1, 2, 3, 4, 5)

□ 집합의 연산: 교집합, 합집합, 차집합

[77]:
```
s5={1,2,3,4,5}
s5
```

[77]: {1, 2, 3, 4, 5}

[78]:
```
s6={'a','b','c','d'}
s6
```

[78]: {'a', 'b', 'c', 'd'}

[79]:
```
s7={3,4, 5,'c','d'}
s7
```

[79]: {3, 4, 5, 'c', 'd'}

[80]:
```
s5 & s7 # 교집합
```

[80]: {3, 4, 5}

[81]:
```
s5.intersection(s7) #교집합
```

[81]: {3, 4, 5}

[82]:
```
s5 | s6    # 합집합
```

[82]: {1, 2, 3, 4, 5, 'a', 'b', 'c', 'd'}

[83]:
```
s5.union(s6)  # 합집합
```

[83]: {1, 2, 3, 4, 5, 'a', 'b', 'c', 'd'}

[84]:
```
s7-s6  # 차집합
```

[84]: {3, 4, 5}

[85]:
```
s7-s5
```

[85]: {'c', 'd'}

```
[86]: s7.difference(s6)  # 차집합
```

[86]: {3, 4, 5}

```
[87]: s7.difference(s5)
```

[87]: {'c', 'd'}

□ 집합에 원소 한 개 추가

```
[88]: s8={1,2,3}
      s8
```

[88]: {1, 2, 3}

```
[89]: s8.add(9)
      s8
```

[89]: {1, 2, 3, 9}

□ 집합에 여러 원소 추가하기

```
[90]: s9={1,2,3}
      s9
```

[90]: {1, 2, 3}

```
[91]: s9.update([6,7,8])
      s9
```

[91]: {1, 2, 3, 6, 7, 8}

□ 집합의 특정 원소 제거하기

```
[92]: s10={1,2,3,4,5,6,7}
      s10
```

[92]: {1, 2, 3, 4, 5, 6, 7}

```
[93]: s10.remove(4)
      s10
```

[93]: {1, 2, 3, 5, 6, 7}

총정리

1. 순서가 있는 즉 인덱스 사용가능한 자료는 문자열, 리스트, 튜플 이고,
2. 인덱스 사용 불가능은 딕셔너리, 집합이다.
3. 자료의 원소를 바꿀 수 있는 것은 리스트, 딕셔너리, 집합이고,
4. 자료의 원소를 바꿀 수 없는 것은 문자열, 튜플이다.

1.2 배열

- 배열은 파이썬 표준 데이터가 아니기 때문에 선언되어야 한다. 즉 패키지 numpy나 sympy를 호출하여 그 안에 있는 함수 array()를 사용하여 선언된다.
- 배열은 원소별 직접적인 연산이 가능하고, 수학적 또는 통계학적인 자료분석에 편리하다.

□ 패키지 numpy, sympy안에 있는 클래스 array를 사용하여 배열을 만들고, 리스트와의 차이점을 알아본다.

[94]:
```
from numpy import *
```

[95]:
```
a1=array([1,2,3,4])
a1
```

[95]:
```
array([1, 2, 3, 4])
```

[96]:
```
a2=array([6,7,8,9])
a2
```

[96]:
```
array([6, 7, 8, 9])
```

[97]:
```
# 하나의 배열에 동일한 데이터형이어야 한다.
# 문자와 숫자가 배열에 입력되면 모두 문자열로 취급됨
a1+a2
```

[97]:
```
array([ 7,  9, 11, 13])
```

[98]:
```
a1*2
```

[98]:
```
array([2, 4, 6, 8])
```

[99]:
```
a2/2
```

[99]:
```
array([3. , 3.5, 4. , 4.5])
```

[100]:
```
a1+2
```

[100]: array([3, 4, 5, 6])

[101]:
```
from sympy import *
```

[102]:
```
b1=Array([1,2,3,4])
b1
```

[102]: $\begin{bmatrix}1 & 2 & 3 & 4\end{bmatrix}$

[103]:
```
b2=Array([6,7,8,9])
b2
```

[103]: $\begin{bmatrix}6 & 7 & 8 & 9\end{bmatrix}$

[104]:
```
b1+b2
```

[104]: $\begin{bmatrix}7 & 9 & 11 & 13\end{bmatrix}$

[105]:
```
b1*2
```

[105]: $\begin{bmatrix}2 & 4 & 6 & 8\end{bmatrix}$

[106]:
```
b2/3
```

[106]: $\begin{bmatrix}2 & \frac{7}{3} & \frac{8}{3} & 3\end{bmatrix}$

[참고] 패키지 numpy는 데이터를 다루는 데 유용하며, 특히 통계 및 빅데이터 분석에 자주 사용된다.
[참고] 패키지 pandas는 데이터 관리 즉 데이터 프레임을 다룰 때 자주 사용된다.
[패키지 심파이(sympy)]

- SymPy는 파이썬에서 사용할 수 있는 무료 오픈 소스 기호 수학 라이브러리입니다.
- 기호 수학은 수식, 기호, 대수적 연산 등을 다루는 수학의 한 분야를 의미합니다.
- SymPy는 이러한 수학적 개념을 파이썬 코드로 표현하고 조작하는 데 도움을 주는 강력한 도구입니다.

SymPy의 주요 기능 및 특징은 다음과 같다:

1. 기호 수식 표현: SymPy를 사용하면 기호 수식을 파이썬 코드로 표현할 수 있습니다. 이를 통해 수식을 계산하고 조작할 수 있습니다.
2. 대수적 연산: SymPy를 사용하여 대수적 연산(덧셈, 뺄셈, 곱셈, 나눗셈 등)을 수행할 수 있습니다. 이를 통해 수학적 표현을 다루거나 단순화할 수 있습니다.
3. 방정식 풀이: SymPy는 방정식의 해를 찾는 기능을 제공합니다. 다항식 및 비선형 방정식을 풀 수 있으며, 심지어 방정식의 시스템을 풀 수도 있습니다.
4. 미적분: SymPy를 사용하여 미분 및 적분 작업을 수행할 수 있습니다. 심볼릭 미적분을 통해 함수의 도함수 및 부정적분을 계산할 수 있습니다.

5. 행렬 및 선형 대수: SymPy는 행렬과 선형 대수 연산을 지원합니다. 행렬 곱셈, 역행렬 계산, 고윳값 및 고유벡터 등을 다룰 수 있습니다.

6. 수식 단순화: SymPy를 사용하여 수식을 단순화하거나 복잡한 수식을 간소화할 수 있습니다.

7. 플로팅: SymPy는 기호 수식의 그래프를 생성하는 데 사용될 수 있는 간단한 플로팅 기능을 제공합니다.

1.3 구간

- 구간 [,]는 a와 b사이의 모든 값을 포함하는 연속적인 범위를 의미합니다.

□ 구간의 연산

[107]:
```
from sympy import *
```

[108]:
```
I=Interval(1,2)
```

[109]:
```
I
```

[109]: $[1,2]$

[110]:
```
I.end
```

[110]: 2

[111]:
```
I.start
```

[111]: 1

[112]:
```
Interval(1,2, left_open=True, right_open=True)
```

[112]: $(1,2)$

[113]:
```
Interval(1,2).union(Interval(3,4))
```

[113]: $[1,2] \cup [3,4]$

[114]:
```
_.args # 구간들의 표현을 연산자 기준으로 분해한다.
```

[114]: (Interval(1, 2), Interval(3, 4))

[115]:
```
Interval(1,6).intersect(Interval(2,7))
```

[115]: $[2,6]$

[116]:
```
Interval(1,2).complement(S.Reals)
```

[116]: $(-\infty, 1) \cup (2, \infty)$

[117]:
```
Interval(1,2).contains(1/2)
```

[117]: False

[118]:
```
Interval(1,2).contains(3/2)
```

[118]: True

[119]:
```
Interval(1,2).is_subset(Interval(0,3))
```

[119]: True

[120]:
```
Interval(2,4).is_subset(Interval(3,5))
```

[120]: False

[121]:
```
Interval(4,7).is_superset(Interval(3,6))
```

[121]: False

[122]:
```
Interval(7,9).is_superset(Interval(3,6))
```

[122]: False

[123]:
```
Interval(2,7).is_superset(Interval(3,6))
```

[123]: True

[124]:
```
Interval(3,9)-Interval(4,4)-Interval(7,7)
```

[124]: $[3, 4) \cup (4, 7) \cup (7, 9]$

[125]:
```
parti=_.args
```

[126]:
```
parti
```

[126]: (Interval.Ropen(3, 4), Interval.open(4, 7), Interval.Lopen(7, 9))

[127]:
```
parti[0]
```

[127]: $[3, 4)$

[128]:
```
parti[1]
```

[128]: $(4, 7)$

[129]:
```
parti[2]
```

[129]: $(7, 9]$

□ 유한집합의 생성

[130]:
```
from sympy import *
```

[131]:
```
FiniteSet(1,2,3,7,'사과') # 유한집합의  생성
```

[131]: $\{1, 2, 3, 7, \}$

[132]:
```
A={1,2,3,4}
```

[133]:
```
B={3,4,5,6,7}
```

[134]:
```
Intersection(A,B) # A ^ B
```

[134]: $\{3, 4\}$

[135]:
```
Union(A,B) # A U B
```

[135]: $\{1, 2, 3, 4, 5, 6, 7\}$

[136]:
```
Complement(A,B) # A-B
```

[136]: $\{1, 2\}$

[137]:
```
S.Reals # 실수집합
```

[137]: $\mathbb{R}$

[138]:
```
S.Integers # 정수집합
```

[138]: $\mathbb{Z}$

[139]:
```
S.Naturals # 자연수집합
```

[139]: $\mathbb{N}$

[140]:
```
S.EmptySet # 공집합
```

[140]: $\emptyset$

□ 구간의 응용

[141]:
```
A=Interval(3,7)
```

[142]:
```
A
```

[142]: $[3,7]$

[143]:
```
A.measure
```

[143]: 4

[144]:
```
A.closure
```

[144]: $[3,7]$

[145]:
```
A.boundary
```

[145]: $\{3,7\}$

1.4 리스트 함축

[수식 for 변수 in 리스트 if 조건]

[146]:
```
[x*x for x in range(10)]
```

[146]: [0, 1, 4, 9, 16, 25, 36, 49, 64, 81]

[147]:
```
[x*x for x in range(10) if x%2==0]
```

[147]: [0, 4, 16, 36, 64]

[148]:
```
price=[100,200,300,400,500]
[x*2 for x in price]
```

[148]: [200, 400, 600, 800, 1000]

[149]:
```
price=[100,-200,300,-400,500]
matrices=[x if x>0 else 0 for x in price]
matrices
```

[149]: [100, 0, 300, 0, 500]

[150]:
```
[x+y for x in ['A','B','C'] for y in ['1','2','3'] ]
```

[150]: ['A1', 'A2', 'A3', 'B1', 'B2', 'B3', 'C1', 'C2', 'C3']

[151]:
```
# 2의 배수이면서 동시에 3의 배수인 리스트
[x for x in range(100) if x%2==0 and x%3==0 ]
```

[151]: [0, 6, 12, 18, 24, 30, 36, 42, 48, 54, 60, 66, 72, 78, 84, 90, 96]

◀ 1장 내용 끝

1.5 연습문제

문제1] 수들로 이루어진 하나의 리스트를 만들고, 리스트의 최댓값과 최솟값을 출력하는 프로그램을 만드시오.

```
[ ]:
```

문제2] 공백 리스트에 5과목의 성적을 입력하고, 그것의 평균, 최대점수, 최소점수, 80점 이상의 과목수를 출력하는 프로그램을 만드시오.

```
[ ]:
```

문제3] 리스트 [1,2,3,4,15,99]에서 두 번째로 큰 수를 출력하는 프로그램을 만드시오.

```
[ ]:
```

문제4] 김,이,최의 국어, 영어, 수학 점수가 각각 [99,83,95], [68,45,78], [25,56,69]이었다. 딕셔너리를 사용하여 학생들의 평균을 구하는 프로그램을 만드시오.

```
[ ]:
```

문제5] 문자열을 입력하면 숫자의 개수, 공백의 개수, 문자의 개수를 출력하는 프로그램을 만드시오.

```
[ ]: 문장=input('문장을 입력하세요:')
table={"digit":0,"space":0,"alpha":0}

for x in 문장:
    if x.isdigit():
        table["digit"]+=1
    elif x.isspace():
        table["space"]+=1
    else:
        table["alpha"]+=1
print(table)
```

```
[ ]:
```

제 2 장
벡터와 공간

2.1 벡터

□ 점, 선, 거리, 면적

[ ]:
```
from sympy import *
import matplotlib.pyplot as p # 좌표를 만들고, 그림을 그리는 데 필요
```

(1) 점의 표시

[ ]:
```
a=Point(1,2)
```

[ ]:
```
a
```

[ ]:
```
a[0]
```

[ ]:
```
a[1]
```

[ ]:
```
a.x
```

[ ]:
```
a.y
```

[ ]:
```
b=Point(1,2,3)
```

[ ]:
```
b
```

[ ]:
```
b[0]
```

[ ]:
```
b[1]
```

[ ]:
```
b[2]
```

```
[ ]: b.x
```

```
[ ]: b.y
```

```
[ ]: b.z
```

```
[ ]: b.args # 점을 튜플로 생성
```

```
[ ]: b.args[0]
```

```
[ ]: b.args[1]
```

```
[ ]: b.args[2]
```

```
[ ]: from sympy import *
     import matplotlib.pyplot as p # 좌표를 만들고, 그림을 그리는 데 필요
     a=Point(1,2)
     p.plot(a.args[0], a.args[1],'ro')  # 'ro'는 빨간색 원을 의미, 'rx' 등 사용가능
     p.grid(True)
```

```
[ ]: b=Point(3,4)
```

```
[ ]: b.args
```

```
[ ]: from sympy import *
     import matplotlib.pyplot as p # 좌표를 만들고, 그림을 그리는 데 필요
     b=Point(3,4)
     p.plot(b.args[0],b.args[1],'bo') # bo는 파랑색 원
     p.grid(True)
```

```
[ ]: from sympy import *
     import matplotlib.pyplot as p # 좌표를 만들고, 그림을 그리는 데 필요
     a=Point(1,2)
     b=Point(3,4)
     p.plot(a.args[0], a.args[1], 'ro')
     p.plot(b.args[0],b.args[1],'bo')
     p.grid(True)
```

```
[ ]: from sympy import *
     import matplotlib.pyplot as p # 좌표를 만들고, 그림을 그리는 데 필요
     a=Point(1,2)
     b=Point(3,4)
```

```
c=Point(3,3)

p.plot(a.args[0], a.args[1], 'ro')
p.plot(b.args[0],b.args[1],'bo')
p.plot(c.args[0],c.args[1],'yo')
p.grid(True)
```

[ ]:
```
import matplotlib.pyplot as p # 좌표를 만들고, 그림을 그리는 데 필요
p.plot(1,2, 'ro')
p.plot(3,4,'bo')
p.plot(3,3,'yo')
p.grid(True)
```

(공간상의 점 표시)

[ ]:
```
import matplotlib.pyplot as p
# 점을 그리기
fig = p.figure()
ax = fig.add_subplot(1,1,1, projection='3d')
ax.scatter(3, 4, 5, color='r', marker='o')
# 축 레이블 추가
ax.set_xlabel('X')
ax.set_ylabel('Y')
ax.set_zlabel('Z')
```

[ ]:
```
import matplotlib.pyplot as p
# 점을 그리기
fig = p.figure()
ax = fig.add_subplot(111, projection='3d')
ax.scatter(3, 4, 5, color='r', marker='o')
# 축 레이블 추가
ax.set_xlabel('X')
ax.set_ylabel('Y')
ax.set_zlabel('Z')
```

[ ]:
```
import matplotlib.pyplot as p
# 점의 좌표
x = 3
y = 4
z = 5
# 점을 그리기
```

```
fig = p.figure()
ax = fig.add_subplot(111, projection='3d')
ax.scatter(x, y, z, color='r', marker='o')
# 축 레이블 추가
ax.set_xlabel('X')
ax.set_ylabel('Y')
ax.set_zlabel('Z')
```

[ ]:
```
import matplotlib.pyplot as plt
from mpl_toolkits.mplot3d import Axes3D

# Figure 객체 생성
fig = plt.figure()

# 3D 서브플롯 추가
ax = fig.add_subplot(111, projection='3d')

# 샘플 데이터 추가 (점 하나)
ax.scatter(3, 4, 5, color='r', marker='o')

# 축 레이블 설정
ax.set_xlabel('X Label')
ax.set_ylabel('Y Label')
ax.set_zlabel('Z Label')

# 플롯 표시
plt.show()
```

[ ]:
```
import matplotlib.pyplot as plt
import numpy as np

# Figure 객체 생성
fig = plt.figure()

# 3D 서브플롯 추가
ax = fig.add_subplot(111, projection='3d')

# 샘플 데이터 생성
x = np.linspace(-5, 5, 4)
y = np.linspace(-5, 5, 4)
```

```
X, Y = np.meshgrid(x, y)        # 4 x 4 =16개의 2D격자 생성함수
Z = np.sin(np.sqrt(X**2 + Y**2))

# 3D 표면 플롯 생성
ax.scatter(X, Y, Z, color='r', marker='o')
# 플롯 표시
plt.show()
```

[ ]:
```
import matplotlib.pyplot as plt
#from mpl_toolkits.mplot3d import Axes3D
import numpy as np

# Figure 객체 생성
fig = plt.figure()

# 3D 서브플롯 추가
ax = fig.add_subplot(111, projection='3d')

# 샘플 데이터 생성
x = np.linspace(-5, 5, 100)
y = np.linspace(-5, 5, 100)
X, Y = np.meshgrid(x, y)
Z = np.sin(np.sqrt(X**2 + Y**2))

# 3D 표면 플롯 생성
ax.plot_surface(X, Y, Z, cmap='viridis')
# 플롯 표시
plt.show()
```

(2) 선의 표시

[ ]:
```
import matplotlib.pyplot as p

p.plot([1,2],[3,4], 'r-') # y-, b-는 노랑선, 파랑선을 표시
p.grid(True)
# 축 레이블 설정 (선택사항)
plt.xlabel('X-axis')
plt.ylabel('Y-axis')
```

```
[ ]: import matplotlib.pyplot as p

     p.plot([1,3],[2,4], 'r-') # r-은 빨간선 표시,점 (1, 2)에서 (3, 4)로 빨간색 선
     p.plot([3,4],[4,1], 'b-') # b-는 파란선을 표시,점 (3, 4)에서 (4, 1)로 파란색␣
       ↪선
     p.plot([4,1],[1,2], 'y-') # y-는 노란선을 표시,점 (4, 1)에서 (1, 2)로 노란색␣
       ↪선
     p.grid(True)
     # 축 레이블 설정 (선택사항)
     plt.xlabel('X-axis')
     plt.ylabel('Y-axis')
```

(3) 삼각형의 넓이

```
[ ]: from sympy import *
     import matplotlib.pyplot as p
```

```
[ ]: a=Point(0,0)
     b=Point(1,2)
     c=Point(4,0)
```

```
[ ]: p.plot(a.args[0],a.args[1], 'ro')
     p.plot(b.args[0],b.args[1],'bo')
     p.plot(c.args[0],c.args[1],'yo')
     p.grid(True)
```

```
[ ]: Triangle(a,b,c)
```

```
[ ]: _.area
```

(4) 원의 넓이

```
[ ]: from sympy import *
```

```
[ ]: Circle((0,0),5) # 중심이 (0,0)이고, 반지름이 r=5인 원
```

```
[ ]: _.area
```

```
[ ]: x,y=symbols('x y') # 수학변수 선언
     eq1=Eq(x**2+y**2,5**2)
     plot_implicit(eq1, size=(3,3))
```

(5) 거리, 직선 및 기울기

```
[ ]: from sympy import *
```

```
[ ]: a=Point(0,0)
     b=Point(1,2)
     c=Point(4,0)
```

```
[ ]: a.distance(b) # 두 점 사이의 거리
```

```
[ ]: L=Line(a,b) # 두 점을 연결하는 직선
```

```
[ ]: L
```

```
[ ]: L2=Line(b,c) # 두 점을 연결하는 직선
```

```
[ ]: L2
```

```
[ ]: intersection(L,L2) # 두 직선의 교점
```

```
[ ]: L.angle_between(L2) # 두 직선 사이의 각
```

```
[ ]: L.slope # 직선 L의 기울기
```

```
[ ]: L2.slope
```

```
[ ]: L.equation() # 두 점 a,b를 지나는 직선의 방정식
```

```
[ ]: L2.equation() # 두 점 b,c를 지나는 직선의 방정식
```

```
[ ]: s1=Segment(a,b) # 두 점을 연결하는 선분
```

```
[ ]: s1
```

```
[ ]: s2=Segment(a,c) # 두 점을 연결하는 선분
```

```
[ ]: s2
```

```
[ ]: s1.length # 선분의 길이
```

```
[ ]: s2.length # 선분의 길이
```

```
[ ]: s1.slope # 선분의 기울기
```

```
[ ]: s2.slope # 선분의 기울기
```

□ 벡터

(1) 벡터 만들기

```
[ ]: from sympy import *
     x,y,z=symbols('x y z')
```

```
[ ]: v2=Matrix([x,y]) # 2차원 벡터 표시
```

```
[ ]: v2
```

```
[ ]: v3=Matrix([x,y,z]) # 3차원 벡터 표시
```

```
[ ]: v3
```

```
[ ]: from sympy import *
     from sympy.vector import * # 기준(i,j,k)좌표의 3차원 벡터 생성에 필요
     x,y,z=symbols('x y z')
     N=CoordSys3D('N') # 3차원 기준 좌표계 생성
```

```
[ ]: N3=x*N.i+y*N.j+z*N.k # 기준 좌표로 벡터 표시
```

```
[ ]: N3    # 기준 좌표로 벡터가 표시됨
```

(2) 두 점을 연결하는 벡터

```
[ ]: from sympy import *
     x1,y1,x2,y2=symbols('x1 y1 x2  y2')
```

```
[ ]: A=Point(x1,y1)
```

```
[ ]: A
```

```
[ ]: A[0]
```

```
[ ]: B=Point(x2,y2)
```

```
[ ]: B
```

```
[ ]: AB_v=Matrix([B[0]-A[0],B[1]-A[1]]) # 두 점을 연결하는 벡터
```

```
[ ]: AB_v
```

(3) 벡터 그리기

```
[ ]: from sympy import *
     import matplotlib.pyplot as p
```

```
start_point = (0, 0)
end_point = (2, 3)
# matplotlib를 사용하여 그래픽 생성
p.figure()
# 벡터의 화살표 그리기
p.arrow(*start_point, *(end_point[0]-start_point[0],␣
↪end_point[1]-start_point[1]),
          head_width=0.1, head_length=0.2, color='b')

p.grid(True)
# 축 레이블과 타이틀 설정(생략가능)
# p.xlabel('X')
# p.ylabel('Y')
# p.title('Vector Visualization')
# p.axis('equal')
# p.show()
```

[ ]:
```
from sympy import *
import matplotlib.pyplot as p

start_point = (0, 0)
end_point = (2, 3)
p.grid(True)
# 벡터의 화살표 그리기
p.arrow(*start_point, *(end_point[0]-start_point[0],␣
↪end_point[1]-start_point[1]),
          head_width=0.1, head_length=0.2, color='b')
```

(2개의 벡터 그리기)

[ ]:
```
from sympy import *
import matplotlib.pyplot as p

vector1 = ((0, 0), (1, 2)) #시점과 종점의 벡터
vector2 = ((0, 0), (3, 1))

# matplotlib를 사용하여 그래픽 생성
p.figure()
```

```
# 화살표로 벡터 그리기
p.arrow(*vector1[0], *(vector1[1][0]-vector1[0][0], vector1[1][1]-vector1[0][1]),
          head_width=0.1, head_length=0.2, color='b', label='Vector 1')
p.arrow(*vector2[0], *(vector2[1][0]-vector2[0][0], vector2[1][1]-vector2[0][1]),
          head_width=0.1, head_length=0.2, color='r', label='Vector 2')

p.grid(True)
# 축 레이블과 타이틀 설정(생략가능)
# p.xlabel('X')
# p.ylabel('Y')
# p.title('Vector Visualization')
# p.legend() # 좌표에 범례 사용
# p.axis('equal')
# p.show()
```

[ ]:
```
from sympy import *
import matplotlib.pyplot as p

vector1 = ((0, 0), (1, 2))
vector2 = ((0, 0), (3, 1))
# matplotlib를 사용하여 그래픽 생성
p.figure()
# 화살표로 벡터 그리기
p.arrow(*vector1[0], *(vector1[1][0]-vector1[0][0], vector1[1][1]-vector1[0][1]),
          head_width=0.1, head_length=0.2, color='b', label='Vector 1')
p.arrow(*vector2[0], *(vector2[1][0]-vector2[0][0], vector2[1][1]-vector2[0][1]),
          head_width=0.1, head_length=0.2, color='r', label='Vector 2')
# 좌표와 범례
p.legend() # 범례 사용
p.grid(True)
```

(4) 벡터의 연산(내적과 외적은 별도)

[ ]:
```
from sympy import *
x1,y1,z1=symbols('x1 y1 z1')
x2,y2,z2=symbols('x2 y2 z2')
```

[ ]:
```
v1=Matrix([x1,y1,z1])
```

[ ]:
```
v1
```

```
[ ]: v2=Matrix([x2,y2,z2])
```

```
[ ]: v2
```

```
[ ]: v1+v2 # 벡터의 덧셈
```

```
[ ]: v1-v2 # 벡터의 뺄셈
```

```
[ ]: v1*2 # 벡터의 스칼라 곱
```

예제 2.1]다음 벡터들의 연산을 간단히 하시오.

```
[ ]: from sympy import *
     v,w=symbols('v w')
```

(a)

```
[ ]: 3*(v+2*w)-2*v
```

(b)

```
[ ]: 2*(v+w)-3*(v-3*w)
```

예제 2.2] 3개의 벡터 $m = 2v + w,\ n = 4v + w,\ l = -v + tw$에 대하여 $(m + n)$과 $(n + l)$이 서로 평행하다면 이때 실수 t를 구하시오.

```
[ ]: from sympy import *
     v,w=symbols('v w')
     m,n,l,t,k=symbols('m n l t k')
```

```
[ ]: m=2*v+w
```

```
[ ]: m
```

```
[ ]: n=4*v+w
```

```
[ ]: l=-v+t*w
```

```
[ ]: mn=m+n
```

```
[ ]: mn
```

```
[ ]: nl=n+l
```

```
[ ]: nl
```

```
[ ]: factor(nl,w) # w로 묶어라
```

```
[ ]: Eq(mn-k*nl,0) #(m+n)와 (n+l)이 서로 평행
```

```
[ ]: factor(_,[v,w]) # v,w로 묶어라
```

```
[ ]: eq1=Eq(3*k-6,0) # v의 계수가 0
     eq2=Eq(k*t+k-2,0) # w의 계수가 0
     solve((eq1,eq2),(k,t)) # 연립방정식의 해
```

2.2 공간좌표

예제 2.3] 공간좌표 $p(2,3,7)$과 $p(0,3,7)$을 나타내시오.

```
[ ]: import matplotlib.pyplot as p
     from mpl_toolkits.mplot3d import Axes3D # 생략가능

     # 점을 그리기
     fig = p.figure()
     ax = fig.add_subplot(111, projection='3d')
     ax.scatter(2, 3, 7, color='r', marker='o')
     ax.scatter(0, 3, 7, color='b', marker='o')

     # 축 레이블 추가(생략가능)
     ax.set_xlabel('X')
     ax.set_ylabel('Y')
     ax.set_zlabel('Z')
```

```
[ ]: import matplotlib.pyplot as p
     # 점을 그리기
     fig = p.figure()
     ax = fig.add_subplot(111, projection='3d')
     ax.scatter(2, 3, 7, color='r', marker='o')
     ax.scatter(0, 3, 7, color='b', marker='o')
```

정리 2.1] 두 점 $p(x_1, y_1, z_1), q(x_2, y_2, z_2)$ 사이의 거리는 다음과 같다.
$|pq| = \sqrt{(x_2 - x_1)^2 + (y_2 - y_1)^2 + (z_2 - z_1)^2}$

```
[ ]: from sympy import *
     x1,y1,z1=symbols('x1 y1 z1') # 수학변수 선언
     x2,y2,z2=symbols('x2 y2 z2') # 수학변수 선언
```

```
[ ]: p=Point(x1,y1,z1) # 공간의 점을 생성
```

```
[ ]: p
```

```
[ ]: q=Point(x2,y2,z2)
```

```
[ ]: q
```

```
[ ]: p.distance(q) # 두 점 사이의 거리
```

```
[ ]: se=Segment(p,q) # 두 점을 연결하는 선분
```

```
[ ]: se.length # 선분의 길이
```

예제 2.4] 두 점 $p(2,1,5)$, $q(1,-2,1)$로부터 같은 거리에 있는 y축 위의 점 $r(0,y,0)$을 구하시오.

```
[ ]: from sympy import *
     x,y,z=symbols('x y z')
```

```
[ ]: p=Point(2,1,5)
```

```
[ ]: q=Point(1,-2,1)
```

```
[ ]: r=Point(0,y,0)
```

```
[ ]: pr=p.distance(r)
```

```
[ ]: pr
```

```
[ ]: expand(_) # 위 식을 전개
```

```
[ ]: qr=q.distance(r)
```

```
[ ]: qr
```

```
[ ]: expand(_)
```

```
[ ]: equ=Eq(pr**2,qr**2) # 방정식: pr식을 제곱=qr식을 제곱
```

```
[ ]: equ
```

```
[ ]: solve(equ,y) # 위의 방정식을 변수 y에 대하여 풀어라
```

```
[ ]: r.subs(y,4) # 구하는 답
```

□ 구의 방정식

정리 2.2] 구의 방정식

중심이 $c(a,b,c)$이고, 반지름이 r인 구의 방정식은 다음과 같다.

$$(x-a)^2+(y-b)^2+(z-c)^2=r^2$$

예제 2.5] 다음 구의 방정식을 구하시오.

(a) 중심 $C(1,3,4), r=5$

(b) 두 점: $p(3,2,0), q(1,-2,4)$을 지름의 끝점으로 하는 구

(a)

```
[ ]: from sympy import *
     x,y,z=symbols('x y z')
     a,b,c,r=symbols('a b c r')
```

```
[ ]: Eq((x-a)**2+(y-b)**2+(z-c)**2,r**2) # 구의 일반방정식
```

```
[ ]: _.subs({a:1,b:3, c:4, r:5}) # 위 식에 중심과 반지름을 대입
```

(b)

```
[ ]: p=Point(3,2,0)
     q=Point(1,-2,4)
```

```
[ ]: d=(p+q)/2 # 중심점을 구함
```

```
[ ]: d
```

```
[ ]: r=p.distance(q)/2 # 반지름을 구함
```

```
[ ]: r
```

```
[ ]: # 구의 일반식에 중심과 반지름을 대입
     Eq((x - a)**2+(y - b)**2+(z - c)**2,r**2).subs({a:2,b:0,c:2,r:3})
```

2.3 벡터의 내적과 외적

□ 벡터의 성분

예제 2.6] 두 벡터 $v=(p+1,3),\ w=(4,-q+5)$가 서로 같을 때 실수 $p,\ q$를 구하시오.

```
[ ]: from sympy import *
     v,w,p,q=symbols('v w p q')
```

```
[ ]: v=Matrix([p+1, 3])
```

```
[ ]: v
```

```
[ ]: w=Matrix([4,-q+5])
```

```
[ ]: w
```

```
[ ]: Eq(v,w) # 두 벡터가 같음
```

```
[ ]: solve(_,(p,q)) # 위 식 연립방정식의 해
```

```
[ ]: solve(__,[p,q]) # 위 식 연립방정식의 해
```

예제 2.7] 세 벡터 $v=(1,3,4),\ w=(-2,2,-1),\ u=(7,5,14)$에 대하여 $u=mv+nw\ (m,n\in R)$가 성립할 때, $m+n$을 구하시오.

```
[ ]: from sympy import *
     v,w,u,m,n=symbols('v w u m n')
```

```
[ ]: v=Matrix([1,3,4])
     w=Matrix([-2,2,-1])
     u=Matrix([7,5,14])
```

```
[ ]: Eq(u,m*v+n*w) # 주어진 문제로부터 얻어진 방정식
```

```
[ ]: solve(_,[m,n]) # 위 식의 해를 구함, 딕셔너리 자료형
```

```
[ ]: _[m]+_[n] # m=3, n=-2, m+n=1을 구함
```

□ 벡터의 크기(norm)

벡터 v 의 크기를 norm(놈)이라 부르며, $||v||$로 표시한다.

```
[ ]: from sympy import *
     x,y,z=symbols('x y z')
```

```
[ ]: v=Matrix([x,y,z])
```

```
[ ]: v
```

```
[ ]: v.norm()
```

```
[ ]: w=Matrix([1,2,3])
```

[ ]:
```
w.norm()
```

□ 벡터의 내적

정의 2.3] 영이 아닌 두 벡터 v, w에 대하여 두 벡터의 내적은 다음과 같이 정의한다.

$$v \cdot w = |v|\ |w| \cos\theta\ (0 \le \theta \le \pi)$$

만약에 두 벡터가 성분으로 주어지면 두 벡터의 내적은 다음과 같다.

$$v = (v_1, v_2, v_3),\ w = (w_1, w_2, w_3) \to\ v \cdot w = v_1 w_1 + v_2 w_2 + v_3 w_3$$

예제 2.8] 두 벡터의 크기가 $|v| = 4,\ |w| = 5$이고, 사이의 각이 $\frac{\pi}{3}$일 때 두 벡터의 내적 $v \cdot w$을 구하시오.

[ ]:
```
from sympy import * # 위 공식을 이용함
4*5*cos(pi/3)
```

예제 2.9] 다음 두 벡터의 내적을 구하시오.

$(a)\ v = (1, 2),\ w = (3, 4)\quad (b)\ v = (1, 3, 4),\ w = (0, 2, -3)$

[ ]:
```
from sympy import *
v,w=symbols('v w')
```

(a)

[ ]:
```
v=Matrix([1,2])
w=Matrix([3,4])
```

[ ]:
```
v.dot(w)
```

(b)

[ ]:
```
v=Matrix([1,3,4])
w=Matrix([0,2,-3])
```

[ ]:
```
v.dot(w)
```

□ 두 벡터가 이루는 각

정리 2.4] 0이 아닌 두 벡터 $v = (v_1, v_2, v_3),\ w = (w_1, w_2, w_3)$이 이루는 각은 다음과 같다.

$$\cos\theta = \frac{v \cdot w}{|v|\ |w|} = \frac{v_1 w_1 + v_2 w_2 + v_3 w_3}{\sqrt{v_1^2 + v_2^2 + v_3^2}\ \sqrt{w_1^2 + w_2^2 + w_3^2}}$$

예제 2.10] 다음 두 벡터가 이루는 각을 구하시오.

$v = (4, 1, 1),\ w = (-2, 1, -2)$

[ ]:
```
from sympy import *
```

[ ]:
```
v=Matrix([4,1,1])
w=Matrix([-2,1,-2])
```

[ ]:
```
v.norm()
```

[ ]:
```
w.norm()
```

[ ]:
```
v.dot(w)
```

[ ]:
```
cos_theta=(v.dot(w)/(v.norm()*w.norm()) )
```

[ ]:
```
cos_theta
```

[ ]:
```
acos(cos_theta) # 사이의 각
```

예제 2.11] 다음 두 벡터가 수직이 되도록 실수 k값을 구하시오.
$v=(2,-1,1),\ w=(1,k,5)$

[ ]:
```
from sympy import *
k=symbols('k')
```

[ ]:
```
v=Matrix([2,-1,1])
w=Matrix([1,k,5])
```

[ ]:
```
v.dot(w)
```

[ ]:
```
Eq(7-k,0)
```

[ ]:
```
solve(Eq(7-k,0),k)
```

□ 벡터의 외적

정의 2.5] 두 벡터 $v=(v_1,v_2,v_3),\ w=(w_1,w_2,w_3)$의 외적 $v\times w$은 다음과 같다.

$$v\times w=(v_2w_3=v_3w_2, v_3w_1-v_1w_3, v_1w_2-v_2w_1)$$

정리 2.5] 외적의 기하학적 의미

(1) $(v\times w)\cdot v=0$ (2) $(v\times w)\cdot w=0$

정리 2.6] 외적의 크기

$|v\times w|=|v|\,|w|\,\sin\theta\ (0\le\theta\le\pi)$

(의미) 두 벡터로 이루어진 평행사변형의 면적

예제 2.12] 다음 외적을 계산하시오.

$v = (4,3,1),\ w = (-5,2,1)$

```
[ ]: from sympy import *
```

```
[ ]: v=Matrix([4,3,1])
     w=Matrix([-5,2,1])
```

```
[ ]: v.cross(w)
```

예제 2.13] 다음 세 점을 지나는 평면에 수직인 벡터를 구하시오.

$p(1,-1,1),\ q(1,3,6),\ r(2,-5,3)$

```
[ ]: from sympy import *
```

```
[ ]: p=Point(1,-1,1)
     q=Point(1,3,6)
     r=Point(2,-5,3)
```

```
[ ]: pq=Matrix([q[0]-p[0], q[1]-p[1],q[2]-p[2]]) # 두 점 p,q를 지나는 벡터
```

```
[ ]: pq
```

```
[ ]: pr=Matrix([r[0]-p[0],r[1]-p[1],r[2]-p[2]]) # 두 점 p, r을 지나는 벡터
```

```
[ ]: pr
```

```
[ ]: pq.cross(pr) # 두 벡터 pq와 pr의 외적
```

[참고] 두 벡터 pq와 pr의 외적은 세 점을 포함하는 평면에 수직이다.

예제 2.14] 다음을 꼭짓점으로 하는 삼각형의 면적을 구하시오.

$p(1,-1,1),\ q(1,3,6),\ r(2,-5,3)$

```
[ ]: import matplotlib.pyplot as p
     # 점을 그리기
     fig = p.figure()
     ax = fig.add_subplot(111, projection='3d')
     ax.scatter(1, -1, 1, color='r', marker='o')
     ax.scatter(1, 3, 6, color='b', marker='o')
     ax.scatter(2, -5, 3, color='g', marker='o')
     # 축 레이블 추가(생략가능)
     ax.set_xlabel('X')
     ax.set_ylabel('Y')
```

```
ax.set_zlabel('Z')
```

(생각) 외적의 크기가 평행사변형의 면적이므로 삼각형의 면적은 그것의 반이므로 즉, 외적의 크기의 반을 구하면 된다.

```
[ ]: p=Point(1,-1,1)
     q=Point(1,3,6)
     r=Point(2,-5,3)
     #
     pq=Matrix([q[0]-p[0], q[1]-p[1],q[2]-p[2]]) # 두 점 p,q를 지나는 벡터
     #
     pr=Matrix([r[0]-p[0],r[1]-p[1],r[2]-p[2]]) # 두 점 p, r을 지나는 벡터
```

```
[ ]: 1/2*(pq.cross(pr).norm()) # 외적의 크기의 반
```

```
[ ]: # 유리수로 값을 얻기 위하여 Rantiona(1,2)를 사용함
     Rational(1,2)*(pq.cross(pr).norm())
```

2.4 직선의 방정식과 평면의 방정식

□ 직선의 방정식

정리 2.7] 한 점 $p(x_0, y_0, z_0)$을 지나고 벡터 $v = (a, b, c)$에 평행한 직선의 방정식은 다음과 같다.

$$\frac{x - x_0}{a} = \frac{y - y_0}{b} = \frac{z_0 - z_0}{c} \ (abc \neq 0)$$

예제 2.15] 다음을 만족하는 직선의 방정식을 구하시오.

$p(1, 2, 3), \ v = (2, -3, 1)$

```
[ ]: from sympy import *
     x,y,z=symbols('x y z')
     eq1=Eq((x-1)/2, (y-2)/-3)
     eq2=Eq((y-2)/-3, (z-3)/1)
     Eq(eq1,eq2)
```

예제 2.16] 다음을 구하시오.

두 점 $p(4, 1, 2)$, $q(8, 4, 7)$를 지나는 직선의 방정식

```
[ ]: from sympy import *
     x,y,z=symbols('x y z')
     eq1=Eq((x-4)/(8-4), (y-1)/(4-1))
     eq2=Eq((y-1)/(4-1), (z-2)/(7-2))
     Eq(eq1,eq2)
```

예제 6.23] 다음 두 직선이 이루는 각을 구하시오.

$$l_1 : \frac{x+2}{=1} = \frac{y-3}{2} = \frac{z+4}{3} \; l_2 : \frac{x-3}{2} = \frac{y+4}{3} = \frac{z-3}{1}$$

[ ]:
```
from sympy import *
v=Matrix([-1,2,3]) # 직선 엘1의 방향벡터
w=Matrix([2,3,1])  # 직선 엘2의 방향벡터
```

[ ]:
```
cos_theta=(v.dot(w))/(v.norm()*w.norm()) #두 벡터가 이루는 각
```

[ ]:
```
acos(cos_theta) # 두 직선이 이루는 각
```

(두 점을 그림으로 살펴보자.)

[ ]:
```
import numpy as np
import matplotlib.pyplot as plt
    #from mpl_toolkits.mplot3d import Axes3D

# 두 점
P1 = np.array([4,1,2])
P2 = np.array([8,4,7])

# 방향벡터 계산
direction_vector = P2 - P1

# 직선의 방정식을 정의하는 함수
def line_equation(t):
    return P1 + t * direction_vector

# t값 범위 설정
t_values = np.linspace(0, 1, 100)

# 직선 위의 점 계산
line_points = [line_equation(t) for t in t_values]

# 그래프 그리기
fig = plt.figure()
ax = fig.add_subplot(111, projection='3d')

# 직선 그리기
ax.plot(*zip(*line_points), color='r')
```

```
# 두 점 표시
ax.scatter(*zip(P1, P2), color='b')

##########################################
# 축 레이블 설정(생략가능)
ax.set_xlabel('X')
ax.set_ylabel('Y')
ax.set_zlabel('Z')
# 그래프 보여주기(생략가능)
plt.show()
```

□ **평면의 방정식**

정의 2.8] 한 점 $p(x_0, y_0, z_0)$을 지나고, 벡터 $n = (a, b, c)$에 수직(즉,법선벡터)인 평면의 방정식은 다음과 같다.

$$a(x - x_0) + b(y - y_0) + c(z - z_0) = 0$$

예제 2.17] 한 점 $p(1, 2, 4)$을 지나고, 벡터 $(-2, 4, 1)$에 수직인 평면의 방정식을 구하시오.

[ ]:
```
from sympy import *
x, y, z = symbols('x y z')

point = Point3D(1,2,4) # 평면 속 한 점
# 평면 속 한 점을 지나는 평면 속 벡터
plan_vector=Matrix([(x-point.x),(y-point.y),(z-point.z)])
normal_vector=Matrix([-2,4,1]) # 예시로 임의의 법선벡터 [-2,4,1]을 사용합니
다.
# 평면의 방정식 구성
plan_vector.dot(normal_vector) # 평면 속 벡터와 법선벡터의 내적은 0이다.
Eq(plan_vector.dot(normal_vector),0)
```

[ ]:
```
import numpy as np
import matplotlib.pyplot as plt
import sympy as sp
        #from mpl_toolkits.mplot3d import Axes3D

# 평면의 방정식: ax + by + cz = d
# 여기서 a, b, c, d는 임의의 상수
# 임의의 상수 설정
a = -2
```

```
b = 4
c = 1
d = 10

# 평면의 방정식을 나타내는 변수 설정
x, y = sp.symbols('x y')

# 평면의 방정식
plane_eq = sp.Eq(a*x + b*y, d)

# 방정식을 표현하는 함수 생성
f = sp.lambdify((x, y), plane_eq.lhs)

# 평면을 표현하는 점의 범위 설정
x_range = np.linspace(-10, 10, 100)
y_range = np.linspace(-10, 10, 100)
X, Y = np.meshgrid(x_range, y_range)
Z = f(X, Y)

# 그래프 그리기
fig = plt.figure()
ax = fig.add_subplot(111, projection='3d')
ax.plot_surface(X, Y, Z, alpha=0.5)

##########################################
# 그래프 축 설정(생략가능)
ax.set_xlabel('X')
ax.set_ylabel('Y')
ax.set_zlabel('Z')
# 그래프 보여주기(생략가능)
plt.show()
```

예제 2.18] 세 점 $p(1,-1,1)$, $q(1,3,6)$, $r(2,-5,3)$을 지나는 평면의 방정식을 구하시오.

[ ]:
```
from sympy import *
x, y, z = symbols('x y z')
pq=Matrix([0, 4, 5])  # 두 점 p,q를 지나는 벡터
pr=Matrix([1,-4, 2 ]) # 두 점 p, r을 지나는 벡터
xyz=Matrix([x-1,y+1, z-1]) #(x,y,z)와 (1,-1,1)를 지나는 벡터
n=pq.cross(pr) # 평면의 법선벡터
```

```
Eq(n.dot(xyz),0) # 평면의 방정식
```

예제 2.19] (두 평면이 이루는 각)
다음의 두 평면이 이루는 예각의 크기를 구하시오.

$$x+3y+2z-4=0,\ 3x+2y-z+3=0$$

```
[ ]: from sympy import *
     v=Matrix([1,3,2]) # 평면 엘1의 법선벡터
     w=Matrix([3,2,-1]) # 평면 엘2의 법선벡터
     acos((v.dot(w))/(v.norm()*w.norm())) # 두 평면이 이루는 각
```

□ 점과 평면 사이의 거리
정리 2.9] 한 점 $p(x_0, y_0, z_0)$과 평면 $ax+by+cz+d=0$까지의 거리는 다음과 같다.

$$d=\frac{|ax_0+by_0+cz_0+d|}{\sqrt{a^2+b^2+c^2}}$$

예제 2.20] 다음을 구하시오.
점 $p(1,2,3)$, 평면 $2x+y+2z-7=0$사이의 거리

```
[ ]: from sympy import *
     x, y, z = symbols('x y z')
     eq=Eq(2*x+y+2*z-7,0) # 평면의 방정식
     # lhs=방정식의 왼쪽식, rhs=방정식의 오른쪽식
     abs(eq.lhs.subs({x:1,y:2,z:3}))/sqrt(2**2+1**2+2**2)
```

(단계별 분석)

```
[ ]: eq
```

```
[ ]: eq.lhs # 방정식의 왼쪽식
```

```
[ ]: eq.lhs.subs({x:1,y:2,z:3}) # 왼쪽식의 값 x=1, y=2 z=3을 대입함
```

```
[ ]: abs(eq.lhs.subs({x:1,y:2,z:3})) # 대입한 값의 절댓값을 구함
```

◀ 2장 내용 끝

2.5 연습문제

문제 1] 두 벡터 $v=(1,2), w=(4,3)$이 1차독립임을 보이시오.

```
[ ]:
```

문제2] 다음 3개의 벡터들이 1차독립인지, 1차종속인지를 판별하시오.
$u = (1, 3, -1), v = (1, 0, 1), w = (-1, 1, 0)$

[ ]:

문제3] 공간벡터 $x = (1, 4, -1)$를 다음 3개 벡터의 1차결합으로 나타내시오.
$u = (0, 1, 1), v = (1, 0, 1), w = (1, 1, 0)$

[ ]:

문제4] 다음 3개의 벡터에 대하여 $2u - v + x = 3w$을 만족하는 x를 구하시오.
$u = (1, -2, 3), v = (3, 1, -2), w = (2, 3, 4)$

[ ]:

문제5] 다음 두 벡터에 동시에 수직이고, 크기가 1인 단위벡터를 구하시오.
$v = (1, 2, 0), w = (2, 0, 3)$

[ ]:

문제6] 다음 3개의 벡터로 이루어진 평행육면체의 부피를 구하시오.
$u = (3, -2, -4), v = (-1, 3, 5), w = (2, 1, 4)$

[ ]:

문제7] 다음 3개의 벡터에 대하여 $(u \times v) \times w$를 구하시오.
$u = (3, -2, -4), v = (-1, 3, 5), w = (2, 1, 4)$

[ ]:

문제8] 점 $(-2, 3)$을 지나고 직선 $2x - 3y + 6 = 0$에 수직인 직선의 방정식을 구하시오.

[ ]:

문제9] 직선 $8x + 15y - 24 = 0$에서 점 $(-2, -3)$사이의 거리를 구하시오.

[ ]:

문제10] 직선 $12x - 5y - 15 = 0$에 평행하고, 그것으로부터 거리가 4인 직선의 방정식을 구하시오.

[ ]:

제 3 장
행렬과 행렬식

3.1 행렬과 기본연산

정의 3.1] 성분이 x_{ij} $(1 \leq i \leq m,\ 1 \leq j \leq n)$로 이루어진 $m \times n$행렬 X는 다음과 같이 표현한다.

$$X = \begin{pmatrix} x_{11} & x_{12} & \cdots \\ x_{21} & x_{22} & \cdots \\ \vdots & \vdots & \ddots \end{pmatrix} = (x_{ij})_{m \times n}$$

특별히, 3×3 행렬 A는 다음과 같다.

$$A = \begin{pmatrix} a_{11} & a_{12} & a_{13} \\ a_{21} & a_{22} & a_{23} \\ a_{31} & a_{32} & a_{33} \end{pmatrix}$$

□ 예제

예제 3.1] 성분이 $a_{ij} = i + 2j - 4$ $(1 \leq i, j \leq 3)$로 이루어진 행렬 $A = (a_{ij})_{3 \times 3}$을 구하시오.

[1]:
```
from sympy import *
# 행렬의 차원 정의
rows = 3 # 행의 개수
cols = 3 # 열의 개수
# 행렬 성분을 계산하여 행렬 생성
matrix_elements = [ [i + 2*j - 4 for j in range(1, cols+1)] for i
                    in range(1, rows+1)]
matrix = Matrix(matrix_elements)
```

[2]:
```
matrix
```

[2]:

$$\begin{bmatrix} -1 & 1 & 3 \\ 0 & 2 & 4 \\ 1 & 3 & 5 \end{bmatrix}$$

예제 3.2] **다음 두 행렬을 이용하여** $A+B,\ A-\frac{1}{2}B,\ 5A$**를 구하시오.**

$$A=\begin{pmatrix} 1 & -4 \\ -4 & 1 \end{pmatrix}\ A=\begin{pmatrix} 1 & -4 \\ -4 & 1 \end{pmatrix}$$

$$B=\begin{pmatrix} 2 & -8 \\ -8 & 2 \end{pmatrix}$$

[3]:
```
A=Matrix([[1,-4],[-4,1]])
```

[4]:
```
A
```

[4]: $\begin{bmatrix} 1 & -4 \\ -4 & 1 \end{bmatrix}$

[5]:
```
B=Matrix([[2,-8],[-8,2]])
```

[6]:
```
B
```

[6]: $\begin{bmatrix} 2 & -8 \\ -8 & 2 \end{bmatrix}$

[7]:
```
A+B
```

[7]: $\begin{bmatrix} 3 & -12 \\ -12 & 3 \end{bmatrix}$

[8]:
```
A-1/2*B
```

[8]: $\begin{bmatrix} 0 & 0 \\ 0 & 0 \end{bmatrix}$

위를 영행렬이라고 한다.

[9]:
```
5*A
```

[9]: $\begin{bmatrix} 5 & -20 \\ -20 & 5 \end{bmatrix}$

(영행렬 만들기)

[10]:
```
from sympy import *
```

[11]:
```
zeros(4)
```

[11]: $\begin{bmatrix} 0 & 0 & 0 & 0 \\ 0 & 0 & 0 & 0 \\ 0 & 0 & 0 & 0 \\ 0 & 0 & 0 & 0 \end{bmatrix}$

예제 3.3] **다음 행렬** A, B**의 곱셈을 구하시오.**

[12]:
```
from sympy import *
```

[13]:
```
A=Matrix([[2,3,1],[4,5,1]])
```

[14]:
```
A
```

[14]: $\begin{bmatrix} 2 & 3 & 1 \\ 4 & 5 & 1 \end{bmatrix}$

[15]:
```
B=Matrix([[-1,2],[4,-2],[3,6]])
```

[16]:
```
B
```

[16]: $\begin{bmatrix} -1 & 2 \\ 4 & -2 \\ 3 & 6 \end{bmatrix}$

[17]:
```
A*B
```

[17]: $\begin{bmatrix} 13 & 4 \\ 19 & 4 \end{bmatrix}$

[18]:
```
B*A
```

[18]: $\begin{bmatrix} 6 & 7 & 1 \\ 0 & 2 & 2 \\ 30 & 39 & 9 \end{bmatrix}$

따라서 행렬의 곱셈에서 교환법칙이 성립하지 않는다.

예제 3.4] **다음의 두 행렬** A, I**의 곱을 구하시오.**

[19]:
```
from sympy import *
```

[20]:
```
A=Matrix([[1,3],[2,-1]])
```

[21]:
```
A
```

[21]: $\begin{bmatrix} 1 & 3 \\ 2 & -1 \end{bmatrix}$

[22]:
```
I=Matrix([[1,0],[0,1]])
```

[23]:
```
I
```

[23]: $\begin{bmatrix} 1 & 0 \\ 0 & 1 \end{bmatrix}$

위를 항등행렬이라고 한다.

[24]:
```
A*I
```

[24]: $\begin{bmatrix} 1 & 3 \\ 2 & -1 \end{bmatrix}$

[25]:
```
I*A
```

[25]: $\begin{bmatrix} 1 & 3 \\ 2 & -1 \end{bmatrix}$

(항등행렬 만들기)

[26]:
```
from sympy import *
```

[27]:
```
eye(4)
```

[27]: $\begin{bmatrix} 1 & 0 & 0 & 0 \\ 0 & 1 & 0 & 0 \\ 0 & 0 & 1 & 0 \\ 0 & 0 & 0 & 1 \end{bmatrix}$

[참고] 성분이 1인 행렬 만들기

[28]:
```
ones(4)
```

[28]: $\begin{bmatrix} 1 & 1 & 1 & 1 \\ 1 & 1 & 1 & 1 \\ 1 & 1 & 1 & 1 \\ 1 & 1 & 1 & 1 \end{bmatrix}$

3.2 행렬식과 역행렬

□ 행렬식

정의 3.2] 3×3 행렬 A의 행렬식 $det(A)$은 다음과 같다.

$$det(A) = \begin{bmatrix} a_{11} & a_{12} & a_{13} \\ a_{21} & a_{22} & a_{23} \\ a_{31} & a_{32} & a_{33} \end{bmatrix}$$

이것의 계산은 다음과 같다.

[29]:
```
from sympy import *
a11,a12,a13=symbols('a11 a12 a13')
a21,a22,a23=symbols('a21 a22 a23')
a31,a32,a33=symbols('a31 a32 a33')
```

[30]:
```
A=Matrix([ [a11,a12,a13], [a21,a22,a23], [a31,a32,a33]])
```

[31]:
```
A
```

[31]: $\begin{bmatrix} a_{11} & a_{12} & a_{13} \\ a_{21} & a_{22} & a_{23} \\ a_{31} & a_{32} & a_{33} \end{bmatrix}$

[32]:
```
Determinant(A) # 행렬식 표현 후 계산하기
```

[32]: $\begin{vmatrix} a_{11} & a_{12} & a_{13} \\ a_{21} & a_{22} & a_{23} \\ a_{31} & a_{32} & a_{33} \end{vmatrix}$

[33]:
```
_.doit() # 행렬식 계산
```

[33]: $a_{11}a_{22}a_{33} - a_{11}a_{23}a_{32} - a_{12}a_{21}a_{33} + a_{12}a_{23}a_{31} + a_{13}a_{21}a_{32} - a_{13}a_{22}a_{31}$

[34]:
```
A.det() # 행렬식 바로 계산
```

[34]: $a_{11}a_{22}a_{33} - a_{11}a_{23}a_{32} - a_{12}a_{21}a_{33} + a_{12}a_{23}a_{31} + a_{13}a_{21}a_{32} - a_{13}a_{22}a_{31}$

[35]:
```
det(A) # 행렬식 바로 계산
```

[35]: $a_{11}a_{22}a_{33} - a_{11}a_{23}a_{32} - a_{12}a_{21}a_{33} + a_{12}a_{23}a_{31} + a_{13}a_{21}a_{32} - a_{13}a_{22}a_{31}$

예제 3.5] 다음 행렬 B의 행렬식을 구하시오.

[36]:
```
B=Matrix([[8,1,6],[3,5,7],[4,9,2]])
```

[37]:
```
B
```

[37]: $\begin{bmatrix} 8 & 1 & 6 \\ 3 & 5 & 7 \\ 4 & 9 & 2 \end{bmatrix}$

[38]:
```
Determinant(B)
```

[38]: $\begin{vmatrix} 8 & 1 & 6 \\ 3 & 5 & 7 \\ 4 & 9 & 2 \end{vmatrix}$

[39]:
```
_.doit()
```

[39]: -360

[40]:
```
B.det()
```

[40]: -360

[41]:
```
det(B)
```

[41]: -360

예제 3.6] 다음 행렬 C의 행렬식을 구하시오.

[42]:
```
C=Matrix([[3,-1,0,0],[-1,4,0,-1],[-1,0,4,-1],[0,-1,-1,3]])
```

[43]:
```
C
```

[43]:
$$\begin{bmatrix} 3 & -1 & 0 & 0 \\ -1 & 4 & 0 & -1 \\ -1 & 0 & 4 & -1 \\ 0 & -1 & -1 & 3 \end{bmatrix}$$

[44]:
```
Determinant(C)
```

[44]:
$$\begin{vmatrix} 3 & -1 & 0 & 0 \\ -1 & 4 & 0 & -1 \\ -1 & 0 & 4 & -1 \\ 0 & -1 & -1 & 3 \end{vmatrix}$$

[45]:
```
_.doit()
```

[45]: 108

[46]:
```
C.det()
```

[46]: 108

[47]:
```
det(C)
```

[47]: 108

□ 역행렬

정의 3.3] 정사각인 $n \times n$ 행렬 A에 대하여 $AB = BA = I$(항등행렬)를 만족하는 B를 A의 역행렬이라고 하고, $B = A^{-1}$로 표시한다.

$n = 3$인 경우의 계산 방식은 다음과 같다.

[48]:
```
from sympy import *
a11,a12,a13=symbols('a11 a12 a13')
a21,a22,a23=symbols('a21 a22 a23')
a31,a32,a33=symbols('a31 a32 a33')
```

[49]:
```
A=Matrix([ [a11,a12,a13], [a21,a22,a23], [a31,a32,a33]])
```

[50]:
```
A
```

[50]:

$$\begin{bmatrix} a_{11} & a_{12} & a_{13} \\ a_{21} & a_{22} & a_{23} \\ a_{31} & a_{32} & a_{33} \end{bmatrix}$$

[51]:
```
Inverse(A) # A의 역행렬 표시 후 계산
```

[51]:

$$\begin{bmatrix} a_{11} & a_{12} & a_{13} \\ a_{21} & a_{22} & a_{23} \\ a_{31} & a_{32} & a_{33} \end{bmatrix}^{-1}$$

[52]:
```
_.doit() # 역행렬 계산
```

[52]:

$$\begin{bmatrix} \frac{a_{22}a_{33}-a_{23}a_{32}}{a_{11}a_{22}a_{33}-a_{11}a_{23}a_{32}-a_{12}a_{21}a_{33}+a_{12}a_{23}a_{31}+a_{13}a_{21}a_{32}-a_{13}a_{22}a_{31}} & \frac{-a_{12}a_{33}+a_{13}a_{32}}{a_{11}a_{22}a_{33}-a_{11}a_{23}a_{32}-a_{12}a_{21}a_{33}+a_{12}a_{23}a_{31}+a_{13}a_{21}a_{32}-a_{13}a_{22}a_{31}} & \frac{a_{12}a_{23}-a_{13}a_{22}}{a_{11}a_{22}a_{33}-a_{11}a_{23}a_{32}-a_{12}a_{21}a_{33}+a_{12}a_{23}a_{31}+a_{13}a_{21}a_{32}-a_{13}a_{22}a_{31}} \\ \frac{-a_{21}a_{33}+a_{23}a_{31}}{a_{11}a_{22}a_{33}-a_{11}a_{23}a_{32}-a_{12}a_{21}a_{33}+a_{12}a_{23}a_{31}+a_{13}a_{21}a_{32}-a_{13}a_{22}a_{31}} & \frac{a_{11}a_{33}-a_{13}a_{31}}{a_{11}a_{22}a_{33}-a_{11}a_{23}a_{32}-a_{12}a_{21}a_{33}+a_{12}a_{23}a_{31}+a_{13}a_{21}a_{32}-a_{13}a_{22}a_{31}} & \frac{-a_{11}a_{23}+a_{13}a_{21}}{a_{11}a_{22}a_{33}-a_{11}a_{23}a_{32}-a_{12}a_{21}a_{33}+a_{12}a_{23}a_{31}+a_{13}a_{21}a_{32}-a_{13}a_{22}a_{31}} \\ \frac{a_{21}a_{32}-a_{22}a_{31}}{a_{11}a_{22}a_{33}-a_{11}a_{23}a_{32}-a_{12}a_{21}a_{33}+a_{12}a_{23}a_{31}+a_{13}a_{21}a_{32}-a_{13}a_{22}a_{31}} & \frac{-a_{11}a_{32}+a_{12}a_{31}}{a_{11}a_{22}a_{33}-a_{11}a_{23}a_{32}-a_{12}a_{21}a_{33}+a_{12}a_{23}a_{31}+a_{13}a_{21}a_{32}-a_{13}a_{22}a_{31}} & \frac{a_{11}a_{22}-a_{12}a_{21}}{a_{11}a_{22}a_{33}-a_{11}a_{23}a_{32}-a_{12}a_{21}a_{33}+a_{12}a_{23}a_{31}+a_{13}a_{21}a_{32}-a_{13}a_{22}a_{31}} \end{bmatrix}$$

[53]:
```
A.inv() # 역행렬 바로 계산, inv(A)는 안된다.
```

[53]:

$$\begin{bmatrix} \frac{a_{22}a_{33}-a_{23}a_{32}}{a_{11}a_{22}a_{33}-a_{11}a_{23}a_{32}-a_{12}a_{21}a_{33}+a_{12}a_{23}a_{31}+a_{13}a_{21}a_{32}-a_{13}a_{22}a_{31}} & \frac{-a_{12}a_{33}+a_{13}a_{32}}{a_{11}a_{22}a_{33}-a_{11}a_{23}a_{32}-a_{12}a_{21}a_{33}+a_{12}a_{23}a_{31}+a_{13}a_{21}a_{32}-a_{13}a_{22}a_{31}} & \frac{a_{12}a_{23}-a_{13}a_{22}}{a_{11}a_{22}a_{33}-a_{11}a_{23}a_{32}-a_{12}a_{21}a_{33}+a_{12}a_{23}a_{31}+a_{13}a_{21}a_{32}-a_{13}a_{22}a_{31}} \\ \frac{-a_{21}a_{33}+a_{23}a_{31}}{a_{11}a_{22}a_{33}-a_{11}a_{23}a_{32}-a_{12}a_{21}a_{33}+a_{12}a_{23}a_{31}+a_{13}a_{21}a_{32}-a_{13}a_{22}a_{31}} & \frac{a_{11}a_{33}-a_{13}a_{31}}{a_{11}a_{22}a_{33}-a_{11}a_{23}a_{32}-a_{12}a_{21}a_{33}+a_{12}a_{23}a_{31}+a_{13}a_{21}a_{32}-a_{13}a_{22}a_{31}} & \frac{-a_{11}a_{23}+a_{13}a_{21}}{a_{11}a_{22}a_{33}-a_{11}a_{23}a_{32}-a_{12}a_{21}a_{33}+a_{12}a_{23}a_{31}+a_{13}a_{21}a_{32}-a_{13}a_{22}a_{31}} \\ \frac{a_{21}a_{32}-a_{22}a_{31}}{a_{11}a_{22}a_{33}-a_{11}a_{23}a_{32}-a_{12}a_{21}a_{33}+a_{12}a_{23}a_{31}+a_{13}a_{21}a_{32}-a_{13}a_{22}a_{31}} & \frac{-a_{11}a_{32}+a_{12}a_{31}}{a_{11}a_{22}a_{33}-a_{11}a_{23}a_{32}-a_{12}a_{21}a_{33}+a_{12}a_{23}a_{31}+a_{13}a_{21}a_{32}-a_{13}a_{22}a_{31}} & \frac{a_{11}a_{22}-a_{12}a_{21}}{a_{11}a_{22}a_{33}-a_{11}a_{23}a_{32}-a_{12}a_{21}a_{33}+a_{12}a_{23}a_{31}+a_{13}a_{21}a_{32}-a_{13}a_{22}a_{31}} \end{bmatrix}$$

[54]:
```
from sympy import *
a11,a12=symbols('a11 a12')
a21,a22=symbols('a21 a22')
```

[55]:
```
B=Matrix([ [a11,a12], [a21,a22]])
```

[56]:
```
B
```

[56]:

$$\begin{bmatrix} a_{11} & a_{12} \\ a_{21} & a_{22} \end{bmatrix}$$

[57]:
```
Inverse(B).doit()
```

[57]:

$$\begin{bmatrix} \frac{a_{22}}{a_{11}a_{22}-a_{12}a_{21}} & -\frac{a_{12}}{a_{11}a_{22}-a_{12}a_{21}} \\ -\frac{a_{21}}{a_{11}a_{22}-a_{12}a_{21}} & \frac{a_{11}}{a_{11}a_{22}-a_{12}a_{21}} \end{bmatrix}$$

정리 3.4] 정사각행렬 A가 역행렬이 존재 $\Leftrightarrow det(A) \neq 0$

예제 3.7] 다음 두 행렬 A, B가 서로 역행렬임을 보이시오.

[58]:
```
from sympy import *
```

[59]:
```
A=Matrix([[5,2],[7,4]])
```

[60]:
```
A
```

[60]: $\begin{bmatrix} 5 & 2 \\ 7 & 4 \end{bmatrix}$

[61]:
```
B=Rational(1,6)*Matrix([[4,-2],[-7,5]])
```

[62]:
```
B
```

[62]: $\begin{bmatrix} \frac{2}{3} & -\frac{1}{3} \\ -\frac{7}{6} & \frac{5}{6} \end{bmatrix}$

[63]:
```
A.inv() # =B이다.
```

[63]: $\begin{bmatrix} \frac{2}{3} & -\frac{1}{3} \\ -\frac{7}{6} & \frac{5}{6} \end{bmatrix}$

[64]:
```
B.inv() # =A이다.
```

[64]: $\begin{bmatrix} 5 & 2 \\ 7 & 4 \end{bmatrix}$

예제 3.8] 다음 두 행렬 A, B의 역행렬을 구하시오.

[65]:
```
from sympy import *
```

[66]:
```
A=Matrix([[1,3],[5,7]])
B=Matrix([[4,-6],[-8,12]])
```

[67]:
```
if det(A) !=0:
    equ=Eq(Inverse(A),A.inv())
    print("A의 역행렬은{}이다.".format(equ))
else:
    print('역행렬 존재 않음')
```

```
A의 역행렬은 Eq(Matrix([
[1, 3],
[5, 7]])**(-1), Matrix([
```

```
[-7/8,  3/8],
[ 5/8, -1/8]]))이다.
```

[68]:
```python
equ
```

[68]: $\begin{bmatrix}1 & 3\\5 & 7\end{bmatrix}^{-1} = \begin{bmatrix}-\frac{7}{8} & \frac{3}{8}\\ \frac{5}{8} & -\frac{1}{8}\end{bmatrix}$

[69]:
```python
if det(B) !=0:
   Eq(Inverse(B),B.inv())
else:
  print('B의 역행렬 존재 않음')
```

```
B의 역행렬 존재 않음
```

정리 3.5] 역행렬의 성질

역행렬이 존재하는 정사각행렬 A, B에 대하여 다음이 성립한다.

(1) $(A^{-1})^{-1} = A$

(2) $(AB)^{-1} = B^{-1}A^{-1}$

(3) $(cA)^{-1} - \frac{1}{c}A^{-1}(c \neq 0,$ 실수$)$

(4) $(A^k)^{-1} = (A^{-1})^k(k \geq 0,$ 정수$)$

예제 3.9] 다음의 역행렬을 구하시오.

$A = \begin{pmatrix} a & b \\ c & d \end{pmatrix}$

[70]:
```python
from sympy import *
a,b,c,d=symbols('a b c d')
```

[71]:
```python
A=Matrix([[a,b],[c,d]])
```

[72]:
```python
Eq(Inverse(A), A.inv())
```

[72]: $\begin{bmatrix}a & b\\c & d\end{bmatrix}^{-1} = \begin{bmatrix}\frac{d}{ad-bc} & -\frac{b}{ad-bc}\\ -\frac{c}{ad-bc} & \frac{a}{ad-bc}\end{bmatrix}$

예제 3.10] 다음 행렬 B의 역행렬을 구하시오.

[73]:
```python
B=Matrix([[0,1,4],[1,2,3],[5,6,0]])
```

[74]:
```python
det(B) # 역행렬이 존재한다.
```

[74]: -1

[75]:
```python
Eq(Inverse(B), B.inv())
```

[75]: $\begin{bmatrix} 0 & 1 & 4 \\ 1 & 2 & 3 \\ 5 & 6 & 0 \end{bmatrix}^{-1} = \begin{bmatrix} 18 & -24 & 5 \\ -15 & 20 & -4 \\ 4 & -5 & 1 \end{bmatrix}$

3.3 선형연립방정식

정의 3.6] 선형연립방정식과 행렬

$$\begin{cases} a_{11}x_1 + a_{12}x_2 + a_{13}x_3 = b_1 \\ a_{21}x_1 + a_{22}x_2 + a_{23}x_3 = b_2 \\ a_{31}x_1 + a_{32}x_2 + a_{33}x_3 = b_3 \end{cases} \Leftrightarrow \begin{pmatrix} a_{11} & a_{12} & a_{13} \\ a_{21} & a_{22} & a_{23} \\ a_{31} & a_{32} & a_{33} \end{pmatrix} \begin{pmatrix} x_1 \\ x_2 \\ x_3 \end{pmatrix} = \begin{pmatrix} b_1 \\ b_2 \\ b_3 \end{pmatrix}$$

$\Leftrightarrow AX = B \ (det(A) \neq 0)$

$\Leftrightarrow X = A^{-1}B$ (연립방정식의 해)

□ 설명예제

$\begin{cases} 1x + 2y + 4z = 1 \\ 4x + 5y + 6z = 2 \\ 7x + 8y + 9z = 3 \end{cases}$ 의 해를 구하시오.

[76]:
```
        from sympy import *
        x,y,z=symbols('x y z')
```

(방법 1): 일반풀이

[77]:
```
eq1=Eq(x+2*y+4*z-1,0)
eq2=Eq(4*x+5*y+6*z-2,0)
eq3=Eq(7*x+8*y+9*z-3,0)
```

[78]:
```
solve((eq1, eq2, eq3), (x, y, z))
```

[78]: {x: -1/3, y: 2/3, z: 0}

(방법2): 역행렬 이용

[79]:
```
A=Matrix([[1,2,4],[4,5,6],[7,8,9]])
```

[80]:
```
det(A)
```

[80]: -3

[81]:
```
A
```

[81]: $\begin{bmatrix} 1 & 2 & 4 \\ 4 & 5 & 6 \\ 7 & 8 & 9 \end{bmatrix}$

[82]:
```
B=Matrix([1,2,3])        # Matrix([[1],[2],[3]])이 아님, 주의
```

[83]:
```
B
```

[83]: $\begin{bmatrix}1\\2\\3\end{bmatrix}$

[84]:
```
X=Matrix([x,y,z])
```

[85]:
```
X
```

[85]: $\begin{bmatrix}x\\y\\z\end{bmatrix}$

[86]:
```
Eq(X,Inverse(A)*B)
```

[86]: $\begin{bmatrix}x\\y\\z\end{bmatrix} = \begin{bmatrix}-\frac{1}{3}\\\frac{2}{3}\\0\end{bmatrix}$

(방법3): 확장행렬 이용

[87]:
```
A=Matrix([[1,2,4],[4,5,6],[7,8,9]])
B=Matrix([1,2,3])
```

[88]:
```
D=Matrix( ((1,2,4,1),(4,5,6,2),(7,8,9,3)) ) # 확장행렬
```

[89]:
```
D
```

[89]: $\begin{bmatrix}1 & 2 & 4 & 1\\4 & 5 & 6 & 2\\7 & 8 & 9 & 3\end{bmatrix}$

[90]:
```
solve_linear_system(D,x,y,z)
```

[90]: {x: -1/3, y: 2/3, z: 0}

예제 3.11] 다음 연립방정식의 해를 구하시오.

$(a)\begin{cases} 3x+2y=5 \\ 2x+y=4 \end{cases} \quad (b)\begin{cases} 0x+1y+4z=2 \\ 1x+2y+3z=-3 \\ 5x+6y+0z=5 \end{cases}$

[91]:
```
from sympy import *
```

[92]:
```
D=Matrix( ((3,2,5),(2,1,4)) )
```

[93]:
```
D
```

[93]: $\begin{bmatrix} 3 & 2 & 5 \\ 2 & 1 & 4 \end{bmatrix}$

[94]:
```
solve_linear_system(D,x,y)
```

[94]: {x: 3, y: -2}

(b)

[95]:
```
D=Matrix( ( (0,1,4,2),(1,2,3,-3),(5,6,0,5)) )
```

[96]:
```
D
```

[96]: $\begin{bmatrix} 0 & 1 & 4 & 2 \\ 1 & 2 & 3 & -3 \\ 5 & 6 & 0 & 5 \end{bmatrix}$

[97]:
```
solve_linear_system(D,x,y,z)
```

[97]: {x: 133, y: -110, z: 28}

예제 3.12] 다음을 구하시오.

$(a)\begin{cases} 2x - 3y = 1 \\ 4x - 6y = 2 \end{cases} \quad (b)\begin{cases} 1x + 2y = 1 \\ -2x - 4y = -3 \end{cases}$

(a)

[98]:
```
from sympy import *
x,y=symbols('x y')
```

[99]:
```
A=Matrix([[2,-3],[4,-6]])
```

[100]:
```
A
```

[100]: $\begin{bmatrix} 2 & -3 \\ 4 & -6 \end{bmatrix}$

[101]:
```
B=Matrix([1,2])
```

[102]:
```
B
```

[102]: $\begin{bmatrix} 1 \\ 2 \end{bmatrix}$

[103]:
```
det(A) # 역행렬이 존재하지 않는다.
```

[103]: 0

(확장행렬)

[104]:
```
D=Matrix( ( (2,-3,1),(4,-6,2)))
```

[105]:
```
D
```

[105]: $\begin{bmatrix} 2 & -3 & 1 \\ 4 & -6 & 2 \end{bmatrix}$

[106]:
```
solve_linear_system(D,x,y) # 해는 무수히 많다.
```

[106]:
```
{x: 3*y/2 + 1/2}
```

[107]:
```
eq1=Eq(2*x-3*y,1)
eq2=Eq(4*x-6*y,2)
plot_implicit(Or(eq1,eq2), size=(4,4)) # 중복된 겹치는 그래프
```

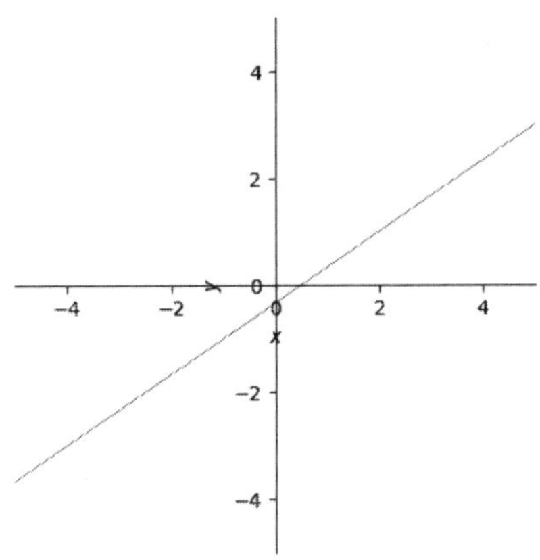

[107]:
```
<sympy.plotting.plot.Plot at 0x25a4e542b10>
```

(일반풀이)

[108]:
```
from sympy import *
x,y=symbols('x y')

eq1=Eq(2*x-3*y-1,0)
eq2=Eq(4*x-6*y-2,0)

solve((eq1,eq2),(x,y))
```

[108]: {x: 3*y/2 + 1/2}

(b)

[109]:
```
from sympy import *
x,y=symbols('x y')
```

[110]:
```
D=Matrix(((1,2,1),(-2,-4,-3)))
```

[111]:
```
D
```

[111]: $\begin{bmatrix} 1 & 2 & 1 \\ -2 & -4 & -3 \end{bmatrix}$

[112]:
```
solve_linear_system(D,x,y) # 해가 없다.
```

[113]:
```
eq1=Eq(x+2*y,1)
eq2=Eq(-2*x-4*y,-3)
plot_implicit(Or(eq1,eq2), size=(4,4)) # 교점이 없는 그래프
```

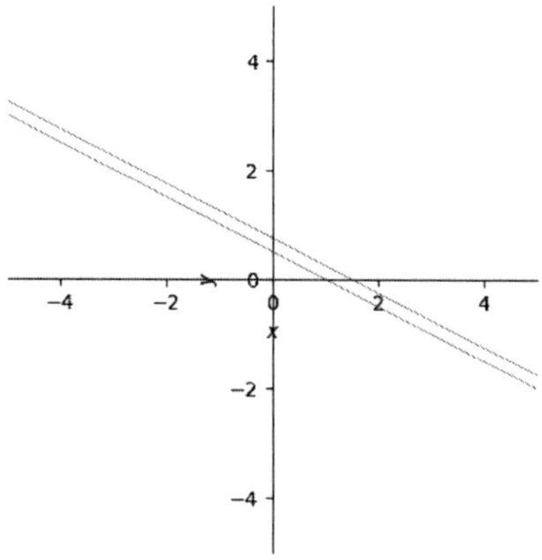

[113]: <sympy.plotting.plot.Plot at 0x25a5074a710>

예제 3.13]

$$\begin{pmatrix} k-3 & 6 \\ 1 & k-2 \end{pmatrix} \begin{pmatrix} x_1 \\ x_2 \end{pmatrix} = \begin{pmatrix} 0 \\ 0 \end{pmatrix}$$

(a) 위 식을 만족하는 근이 하나뿐일 때 실수 k를 구하시오.

(b) $x_1 = x_2 = 0$ 이외의 근을 가질 실수 k를 구하시오.

(a)

[114]:
```
from sympy import *
k=symbols('k')
```

[115]:
```
A=Matrix([[k-3,6],[1,k-2]])
```

[116]:
```
A
```

[116]: $\begin{bmatrix} k-3 & 6 \\ 1 & k-2 \end{bmatrix}$

[117]:
```
Not(Eq(det(A),0)) # 역행렬을 가질 필요충분조건이 det(A)!=0이다.
```

[117]: $k^2 - 5k \neq 0$

[118]:
```
solve(_) # 유일한 해를 가진다.
```

[118]: $(-\infty < k \wedge k < 0) \vee (0 < k \wedge k < 5) \vee (5 < k \wedge k < \infty)$

[119]:
```
Eq(Inverse(A),A.inv()) # 역함수를 이용해서 해를 구하면 다음과 같다.
```

[119]: $\begin{bmatrix} k-3 & 6 \\ 1 & k-2 \end{bmatrix}^{-1} = \begin{bmatrix} \frac{k-2}{k^2-5k} & \frac{6}{-k^2+5k} \\ \frac{1}{-k^2+5k} & \frac{k-3}{k^2-5k} \end{bmatrix}$

[120]:
```
# 위 식의 오른쪽식 즉 역행렬을 이용하면 유일한 해 x1 = x2 = 0를 가진다.
_.rhs*Matrix([0,0])
```

[120]: $\begin{bmatrix} 0 \\ 0 \end{bmatrix}$

(b)

[121]:
```
Eq(det(A),0) # 역행렬이 존재하지 않으면 된다.
```

[121]: $k^2 - 5k = 0$

[122]:
```
factor(_)
```

[122]: $k(k-5) = 0$

[123]:
```
solve(_,k)
```

[123]: [0, 5]

3.4 고윳값과 고유벡터, 그리고 LU분해

정의 3.7] 정방행렬 A와 단위행렬 I에 대하여

$$Ax = \lambda x \Leftrightarrow (A - \lambda I) = 0$$

을 만족할 때

(1) 실수 λ를 고윳값이라고 하고,

(2) 고윳값에 해당하는 비자명한 해를 고유벡터라 한다.

(3) $det(A - \lambda I) = 0$를 행렬 A의 특성방정식이라 한다.

특성방정식을 풀어서 고윳값을 구하고, 다시 고윳값을 정의에 대입하여 동차방정식의 비자명한 해 즉 고유벡터를 구한다.

□ 고윳값과 고유벡터

예제] 다음 행렬의 고윳값과 고유벡터를 구하시오.

$$A = \begin{pmatrix} 1 & 2 & -1 \\ 1 & 0 & 1 \\ 4 & -4 & 5 \end{pmatrix}$$

[124]:
```
from sympy import *
```

[125]:
```
A=Matrix([[1,2,-1],[1,0,1],[4,-4,5]])
```

[126]:
```
A
```

[126]:
$$\begin{bmatrix} 1 & 2 & -1 \\ 1 & 0 & 1 \\ 4 & -4 & 5 \end{bmatrix}$$

[127]:
```
A.eigenvals() # 중복도가 1인 3개의 고윳값
```

[127]:
```
{3: 1, 2: 1, 1: 1}
```

[128]:
```
A.eigenvects() # 각 고윳값에 해당하는 3개의 고유벡터
```

[128]:
```
[(1,
  1,
  [Matrix([
   [-1/2],
   [ 1/2],
   [   1]])]),
 (2,
```

```
 1,
 [Matrix([
  [-1/2],
  [ 1/4],
  [    1]])]),
(3,
 1,
 [Matrix([
  [-1/4],
  [ 1/4],
  [    1]])])]
```

□ 행렬의 대각화

정의 3.8] 정방행렬 A의 대긱화

D: 대각행렬(행렬 A의 고윳값으로 이루어진 대각행렬)

P: 가역행렬(행렬 A의 고유벡터를 열로 가지는 행렬)

$$A = PDP^{-1} \Leftrightarrow P^{-1}AP = D$$

일 때, A는 대각화 가능이라고 말하고, P는 A를 대각화한다고 한다.

(대각화 판별)

행렬 A가 n개의 서로 다른 고윳값을 갖는다면 이 고유벡터들로 이루어진 가역행렬 P는 행렬 A를 대각화 할 수 있다.

예제 3.14] 다음 행렬이 대각화 가능인지 판별하고, P와 D를 구하시오.

$$A = \begin{pmatrix} 1 & 2 & -1 \\ 1 & 0 & 1 \\ 4 & -4 & 5 \end{pmatrix}$$

[129]:
```
from sympy import *
```

[130]:
```
A=Matrix([[1,2,-1],[1,0,1],[4,-4,5]])
```

[131]:
```
A.is_diagonalizable() # 대각화 가능 여부 판별
```

[131]: True

[132]:
```
P,D=A.diagonalize() # 가역행렬과 대각행렬을 호출
```

[133]:
```
P
```

[133]:

$$\begin{bmatrix} -1 & -2 & -1 \\ 1 & 1 & 1 \\ 2 & 4 & 4 \end{bmatrix}$$

[134]:
```
D
```

[134]:

$$\begin{bmatrix} 1 & 0 & 0 \\ 0 & 2 & 0 \\ 0 & 0 & 3 \end{bmatrix}$$

[135]:
```
P*D*P.inv() # P D P^{-1}=A 임을 알 수 있다.
```

[135]:

$$\begin{bmatrix} 1 & 2 & -1 \\ 1 & 0 & 1 \\ 4 & -4 & 5 \end{bmatrix}$$

예제 3.15] 다음 행렬의 대각화를 판별하시오.

[136]:
```
B=Matrix([[-3,2],[-2,1]])
```

[137]:
```
B
```

[137]:

$$\begin{bmatrix} -3 & 2 \\ -2 & 1 \end{bmatrix}$$

[138]:
```
B.is_diagonalizable()
```

[138]:
```
False
```

[139]:
```
B.eigenvals()
```

[139]:
```
{-1: 2}
```

[140]:
```
B.eigenvects() # 한 개의 고유벡터가 존재하기 때문에 대각화 불가능
```

[140]:
```
[(-1,
  2,
  [Matrix([
   [1],
   [1]])])]
```

예제 3.16] 다음 행렬의 대각화를 판별하고, 가능하다면 P, D를 구하시오.

[141]:
```
from sympy import *
```

[142]:
```
A=Matrix([[-2,2,-3],[2,1,-6],[-1,-2,0]])
```

[143]:
```
A
```

[143]:

$$\begin{bmatrix} -2 & 2 & -3 \\ 2 & 1 & -6 \\ -1 & -2 & 0 \end{bmatrix}$$

[144]:
```
A.is_diagonalizable()
```

[144]: True

(방법1)

[145]:
```
P,D=A.diagonalize()
```

[146]:
```
P
```

[146]: $$\begin{bmatrix} -2 & 3 & -1 \\ 1 & 0 & -2 \\ 0 & 1 & 1 \end{bmatrix}$$

[147]:
```
D
```

[147]: $$\begin{bmatrix} -3 & 0 & 0 \\ 0 & -3 & 0 \\ 0 & 0 & 5 \end{bmatrix}$$

[148]:
```
P*D*P.inv()
```

[148]: $$\begin{bmatrix} -2 & 2 & -3 \\ 2 & 1 & -6 \\ -1 & -2 & 0 \end{bmatrix}$$

(방법2)

[149]:
```
A.eigenvals()
```

[149]: {5: 1, -3: 2}

[150]:
```
A.eigenvects()
```

[150]:
```
[(-3,
  2,
  [Matrix([
   [-2],
   [ 1],
   [ 0]]),
   Matrix([
   [3],
```

```
    [0],
    [1]])]),
  (5,
   1,
   [Matrix([
    [-1],
    [-2],
    [ 1]])])]
```

□ 행렬의 LU 분해

예제 3.17] 다음에 주어진 행렬을 LU 분해하시오.

```
[151]: from sympy import *
```

```
[152]: A = Matrix([[2, -1, -2],
                   [4,  2,  0],
                   [6,  3,  4]])
```

```
[153]: A
```

[153]: $\begin{bmatrix} 2 & -1 & -2 \\ 4 & 2 & 0 \\ 6 & 3 & 4 \end{bmatrix}$

```
[154]: L,U,_= A.LUdecomposition()
```

```
[155]: L
```

[155]: $\begin{bmatrix} 1 & 0 & 0 \\ 2 & 1 & 0 \\ 3 & \frac{3}{2} & 1 \end{bmatrix}$

```
[156]: U
```

[156]: $\begin{bmatrix} 2 & -1 & -2 \\ 0 & 4 & 4 \\ 0 & 0 & 4 \end{bmatrix}$

```
[157]: L*U
```

[157]: $\begin{bmatrix} 2 & -1 & -2 \\ 4 & 2 & 0 \\ 6 & 3 & 4 \end{bmatrix}$

예제 3.18] 다음 행렬을 LU 분해 하시오.

[158]:
```
B=Matrix([[-1,1,-4],[2,2,0],[3,3,2]])
```

[159]:
```
B
```

[159]: $\begin{bmatrix} -1 & 1 & -4 \\ 2 & 2 & 0 \\ 3 & 3 & 2 \end{bmatrix}$

[160]:
```
L,U,_=B.LUdecomposition()
```

[161]:
```
L
```

[161]: $\begin{bmatrix} 1 & 0 & 0 \\ -2 & 1 & 0 \\ -3 & \frac{3}{2} & 1 \end{bmatrix}$

[162]:
```
U
```

[162]: $\begin{bmatrix} -1 & 1 & -4 \\ 0 & 4 & -8 \\ 0 & 0 & 2 \end{bmatrix}$

[163]:
```
L*U
```

[163]: $\begin{bmatrix} -1 & 1 & -4 \\ 2 & 2 & 0 \\ 3 & 3 & 2 \end{bmatrix}$

3.5 선형변환

변환 $f : R^{\,n} \to R^{\,n}$ 이 벡터 v, w와 실수 r에 대하여 다음을 만족할 때 변환 f를 선형변환이라고 한다.

(1) $f(v+w) = f(v) + f(w)$, (2) $f(rv) = rf(v)$

여기에서는 $R^{\,2}$인 경우에 대하여 다룬다.

[참고 1] 모든 선형변환은 원점을 고정한다. 즉 다음이 성립한다.

$f(0) = 0$ (여기서 0은 영벡터이다.)

[참고 2] 임의의 선형변환 $f : (x,y) \mapsto (x',y')$는 다음과 같이 표현가능하다.

$$\begin{pmatrix} a & b \\ c & d \end{pmatrix} \begin{pmatrix} x \\ y \end{pmatrix} = \begin{pmatrix} x' \\ y' \end{pmatrix}$$

그리고 행렬 $\begin{pmatrix} a & b \\ c & d \end{pmatrix}$를 선형변환 f의 행렬표현이라고 한다.

[참고 3] 선형변환이 $f(1,0) = (a,c), f(0,1) = (b,d)$라 가정하면 이것의 행렬표현 A는 다음과 같다.

$A = \begin{pmatrix} a & b \\ c & d \end{pmatrix}$

다시 말해, 선형변환의 행렬표현을 알고 싶다면, 두 벡터 $(1,0),(0,1)$에 대응하는 벡터를 알면 된다.

[참고 4] 위의 [참고 3]으로부터 닮음변환은 다음과 같다.

$\begin{pmatrix} k & 0 \\ 0 & k \end{pmatrix}$

[참고 5] 직선 $y = (\tan\theta)x$에 대한 대칭변환은 다음과 같다.

여기서 $\tan\theta = m$은 직선의 기울기이다.

$\begin{pmatrix} \cos 2\theta & \sin 2\theta \\ \sin 2\theta & -\cos 2\theta \end{pmatrix}$

[참고 6] 회전변환은 다음과 같다.

$\begin{pmatrix} \cos\theta & -\sin\theta \\ \sin\theta & \cos\theta \end{pmatrix}$

□ 닮음변환

[164]:
```
from sympy import *
```

[165]:
```
S=Matrix([[5,0],[0,5]])
```

[166]:
```
S
```

[166]: $\begin{bmatrix} 5 & 0 \\ 0 & 5 \end{bmatrix}$

[167]:
```
v=Matrix([1,2])
```

[168]:
```
v
```

[168]: $\begin{bmatrix} 1 \\ 2 \end{bmatrix}$

[169]:
```
S*v
```

[169]: $\begin{bmatrix} 5 \\ 10 \end{bmatrix}$

행렬 S는 닮음비가 5인 닮음변환이다.

□ 대칭변환

(x축 대칭변환 : $\theta = 0$)

[170]:
```
X=Matrix([[1,0],[0,-1]])
```

[171]:
```
X
```

[171]: $\begin{bmatrix} 1 & 0 \\ 0 & -1 \end{bmatrix}$

[172]:
```
v=Matrix([1,2])
```

[173]:
```
v
```

[173]: $\begin{bmatrix} 1 \\ 2 \end{bmatrix}$

[174]:
```
X*v
```

[174]: $\begin{bmatrix} 1 \\ -2 \end{bmatrix}$

(y축 대칭 : $\theta = \pi/2$)

[175]:
```
Y=Matrix([[-1,0],[0,1]])
```

[176]:
```
Y
```

[176]: $\begin{bmatrix} -1 & 0 \\ 0 & 1 \end{bmatrix}$

[177]:
```
v=Matrix([1,2])
```

[178]:
```
v
```

[178]: $\begin{bmatrix} 1 \\ 2 \end{bmatrix}$

[179]:
```
Y*v
```

[179]: $\begin{bmatrix} -1 \\ 2 \end{bmatrix}$

(원점 대칭)

[180]:
```
O=Matrix([[-1,0],[0,-1]])
```

[181]:
```
O
```

[181]: $\begin{bmatrix} -1 & 0 \\ 0 & -1 \end{bmatrix}$

[182]:
```
v=Matrix([1,2])
```

[183]:
```
v
```

[183]: $\begin{bmatrix} 1 \\ 2 \end{bmatrix}$

[184]:
```
O*v
```

[184]: $\begin{bmatrix} -1 \\ -2 \end{bmatrix}$

□ 회전변환

[185]:
```
from sympy import *
x=symbols('x')
```

(1) $\pi/3$ 회전변환

[186]:
```
R = Matrix([
    [cos(x), -sin(x)],
    [sin(x), cos(x)]
])
```

[187]:
```
R
```

[187]: $\begin{bmatrix} \cos(x) & -\sin(x) \\ \sin(x) & \cos(x) \end{bmatrix}$

[188]:
```
v=Matrix([3,4])
```

[189]:
```
v
```

[189]: $\begin{bmatrix} 3 \\ 4 \end{bmatrix}$

[190]:
```
R.subs(x, pi/3)*v
```

[190]: $\begin{bmatrix} \frac{3}{2} - 2\sqrt{3} \\ 2 + \frac{3\sqrt{3}}{2} \end{bmatrix}$

(2) $\pi/4$ 회전변환

[191]:
```
v=Matrix([1,-5])
```

[192]:
```
v
```

[192]: $\begin{bmatrix} 1 \\ -5 \end{bmatrix}$

[193]:
```
R.subs(x,pi/4)*v
```

[193]:

$$\begin{bmatrix} 3\sqrt{2} \\ -2\sqrt{2} \end{bmatrix}$$

◀ 3장 내용 끝

3.6 연습문제

문제1] 다음 행렬의 행렬식을 구하시오.

$$A = \begin{pmatrix} 2 & 1 & -1 & 1 \\ -1 & 2 & 3 & -1 \\ 3 & -1 & 1 & -2 \\ -4 & 3 & -2 & 1 \end{pmatrix}$$

[ ]:
```

```

문제2] 다음 행렬의 역행렬을 구하시오.

$$B = \begin{pmatrix} -3 & 6 & -11 \\ 3 & -4 & 6 \\ 4 & -8 & 13 \end{pmatrix}$$

[ ]:
```

```

문제3] 회전각이 $\theta = \pi/4$ 인 회전변환에서 직선 $y = 2x + 1$ 의 변환식을 구하시오.

[ ]:
```

```

문제4] 다음의 두 행렬에 대하여 $(AB)^{-1} = B^{-1}A^{-1}$ 임을 보이시오.

$$A = \begin{pmatrix} 1 & 2 \\ 1 & 3 \end{pmatrix} \sim B = \begin{pmatrix} 3 & 2 \\ 2 & 2 \end{pmatrix}$$

[ ]:
```

```

문제5] 다음 선형1차연립방정식에 대하여 역행렬을 이용하여 해를 구하시오.

$$\begin{cases} 1x + 2y + 3z = 1 \\ 1x + 3y + 6z = 3 \\ 2x + 6y + 13z = 5 \end{cases}$$

[ ]:
```

```

문제6] 다음 행렬의 LU 분해를 구하시오.

$$B = \begin{pmatrix} 1 & 2 & 1 \\ 2 & 3 & 3 \\ -3 & -10 & 2 \end{pmatrix}$$

[ ]:

문제7] 다음 선형1차연립방정식의 해를 LU 분해를 이용하여 구하시오.

$$\begin{cases} 1x + 1y + 1z = 7 \\ 1x + 2y + 2z = 7 \\ 1x + 2y + 3z = 5 \end{cases}$$

[ ]:

문제8] 다음 행렬의 고윳값과 고유벡터를 구하시오.

$$B = \begin{pmatrix} 3 & -1 & -1 \\ -12 & 0 & 5 \\ 4 & -2 & -1 \end{pmatrix}$$

[ ]:

문제9] 행렬 A와 벡터 u, v가 다음과 같다면 u, v가 행렬 A의 고유벡터임을 판정하시오.

$$A = \begin{pmatrix} 1 & 6 \\ 5 & 2 \end{pmatrix} \quad u = \begin{pmatrix} 6 \\ -5 \end{pmatrix} \quad v = \begin{pmatrix} 3 \\ -2 \end{pmatrix}$$

[ ]:

문제10] 다음 3개의 벡터가 R^3 공간의 기저(basis)가 됨을 보이시오.

[ ]:

제 4 장
함수

4.1 함수

□ 함수를 정의해 보자.

정의 4.1] 함수 A에 속하는 각 원소 x를 집합 B에 속하는 오직 하나의 원소 y에 대응시키는 규칙을 함수라고 한다. 기호로는, $f : A \to B$로 표기하고, x에 대응하는 y를 $y = f(x)$라 한다.

★정의역, 공역, 치역 개념 알기

정의 4.2] 함수 f가 집합 A를 정의역으로 갖는 함수라 하자. 이때 함수 f의 그래프는 다음과 같다.

$$\{(x,\ f(x)) \mid x \in A\}$$

예제 4.1] 다음 함수의 정의역과 치역을 구하고, 그래프로 그려보시오.

$$(a)\ f(x) = 3x + 1\ (b)\ g(x) = \sqrt{x-1}$$

[1]:
```
def f(x):
  y=3*x+1
  return y
```

[2]:
```
f(3)
```

[2]: 10

[3]:
```
def g(x):
  y=(x-1)**(1/2) # sqrt{x-1} 직접적으로 함수 호출은 모듈이나 패키지 사용한다.
  return y
```

[4]:
```
g(10)
```

[4]: 3.0

□ 루트함수나 그림을 그리기 위하여 패키지 또는 모듈이 필요하다.

[5]:
```
import sympy      # 심파이 패키지 호출
```

[6]:
```
# dir(sympy)      # 심파이 패키지 안에 있는 함수나 클래스 등 내용보기
```

[7]:
```
sympy.sqrt(9)     # 패키지명.(점)함수 이름으로 호출한다.
```

[7]: 3

[8]:
```
def g(x):
  y=sympy.sqrt(x-1) # 심파이를 사용하여 루트함수를 불러옴
  return y
```

[9]:
```
g(10)
```

[9]: 3

[10]:
```
import sympy
x=sympy.symbols('x') # 수학변수 선언
sympy.plot(g(x), size=(4,4)) # 그림 그리는 함수 호출
```

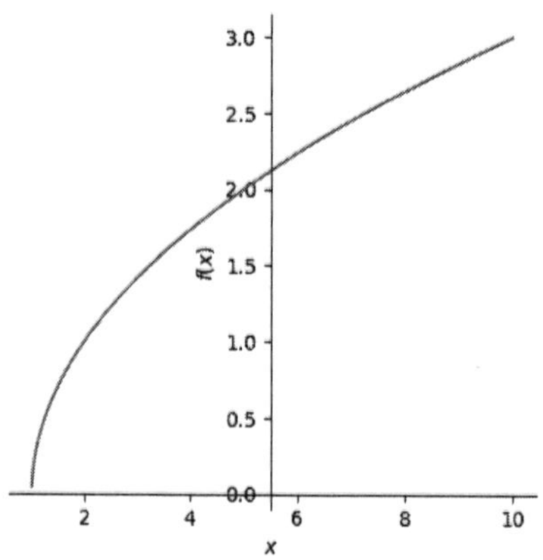

[10]: <sympy.plotting.plot.Plot at 0x21b52cf55d0>

[11]:
```
def f(x):
  y=3*x+1
  return y
```

[12]:
```
sympy.plot(f(x),size=(4,4))
```

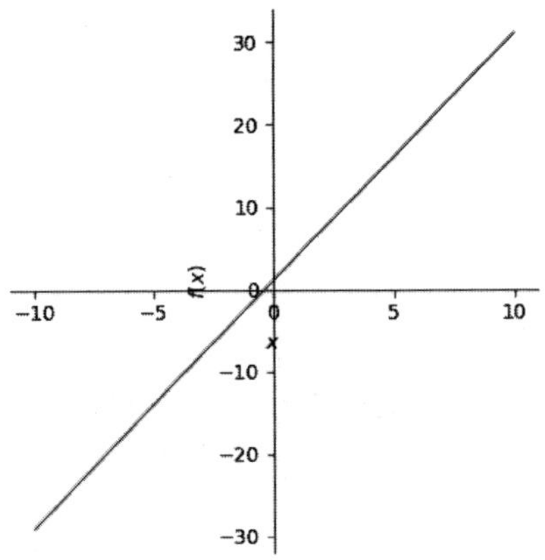

[12]: <sympy.plotting.plot.Plot at 0x21b55064090>

□ 함수를 호출할 때 패키지명(sympy)을 붙이는 것이 불편하다. 그래서 다음과 같이 호출한다.

```
[13]: from sympy import * # 패키지나 모듈 안에 있는 함수나 클래스를 모두 호출한다.
```

```
[14]: def gg(x):
        y=sqrt(x-1) # 패키지명(sympy)없이 내부의 함수를 호출한다.
        return y
```

```
[15]: gg(10)
```

[15]: 3

```
[16]: plot(gg(x),size=(4,4)) # 에러가 난다.
```

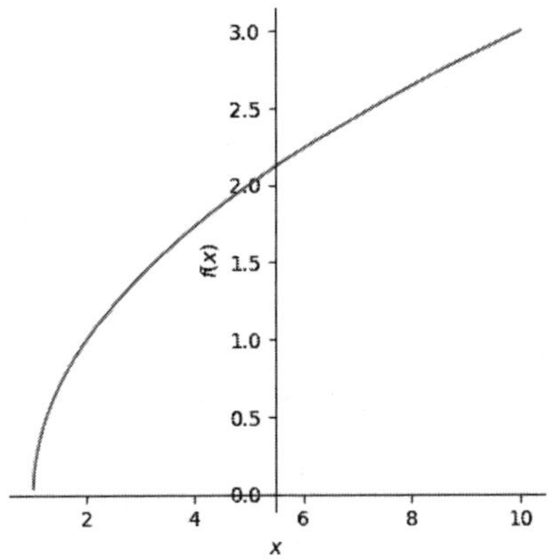

[16]: <sympy.plotting.plot.Plot at 0x21b557bd290>

```
[17]: plot(f(x),size=(4,4)) # 에러가 난다.
```

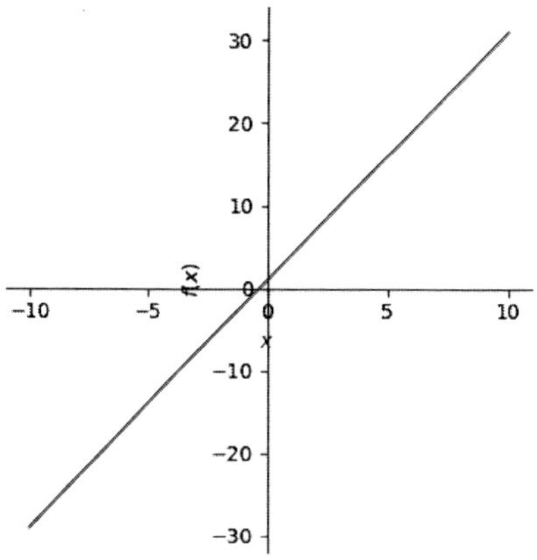

[17]: <sympy.plotting.plot.Plot at 0x21b55b12910>

[18]:
```
# f(x)라 하면 변수에 지정된 값이 없기에 에러가 난다.
```

[19]:
```
# g(x)라 하면 변수에 지정된 값이 없기에 에러가 난다.
```

□ 함수에서 코딩변수 x, y를 수학변수 x, y로 지정하자.

[20]:
```
from sympy import *
```

[21]:
```
x=Symbol('x') # 코딩변수를 수학변수로 지정함
y=Symbol('y') # 코딩변수를 수학변수로 지정함
```

[22]:
```
x,y=symbols('x y') # 여러 개의 코딩변수를 한 번에 수학변수로 지정하기
```

[23]:
```
f(x) # 이제 수학변수식으로 나타난다.
```

[23]: $3x+1$

[24]:
```
g(x)
```

[24]: $\sqrt{x-1}$

[25]:
```
gg(x)
```

[25]: $\sqrt{x-1}$

[26]:
```
plot(gg(x),size=(4,4))
```

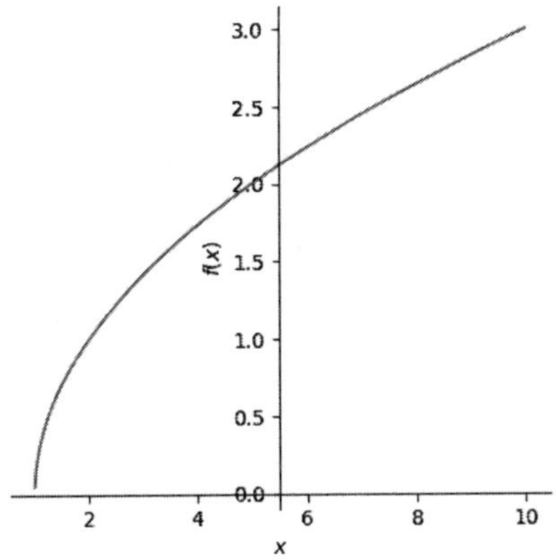

[26]: <sympy.plotting.plot.Plot at 0x21b55b01110>

□ 함수를 간단히 표현해서 사용하기, 반드시 수학변수화 되어 있어야 한다.

[27]:
```
g=sqrt(x-1) # 루트함수를 표현
```

[28]:
```
g
```

[28]: $\sqrt{x-1}$

[29]:
```
g.subs(x,10) # 루트함수에 x=10을 대입함, 즉 g(10)을 의미
```

[29]: 3

[30]:
```
f=3*x+1
```

[31]:
```
f
```

[31]: $3x+1$

[32]:
```
f.subs(x,3) # f(3)을 의미
```

[32]: 10

□ 함수의 그래프에 색 및 영역(정의역, 치역)을 지정하기

[33]:
```
from sympy import *
x,y=symbols('x y')
```

[34]:
```
plot(3*x+1, line_color='red',size=(4,4)) # 색 지정
```

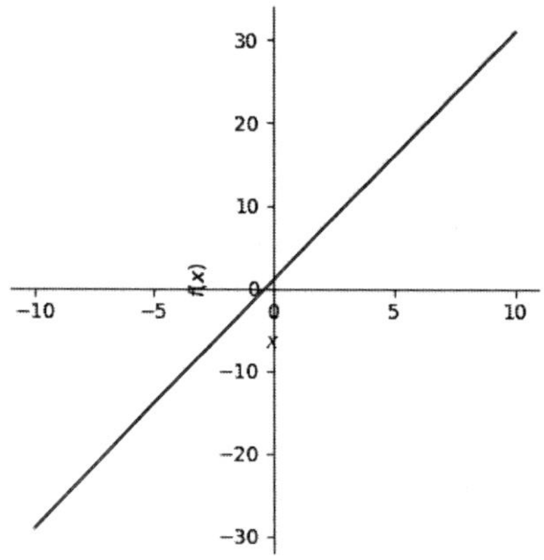

[34]: <sympy.plotting.plot.Plot at 0x21b56cf95d0>

[35]:
```
h=sqrt(x-1) # 간단히 함수를 정의
```

[36]:
```
h
```

[36]: $\sqrt{x-1}$

[37]:
```
plot(h, line_color='blue', size=(4,4)) # 색 지정
```

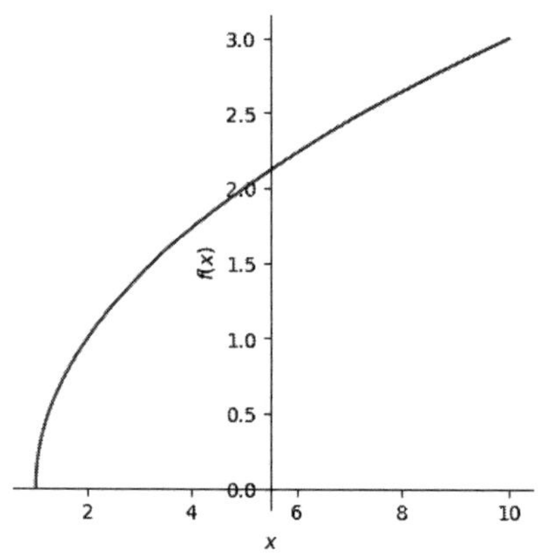

[37]: <sympy.plotting.plot.Plot at 0x21b56cfb450>

[38]:
```
plot(h, (x,-5,3),line_color='red', size=(4,4)) # 정의역 지정
```

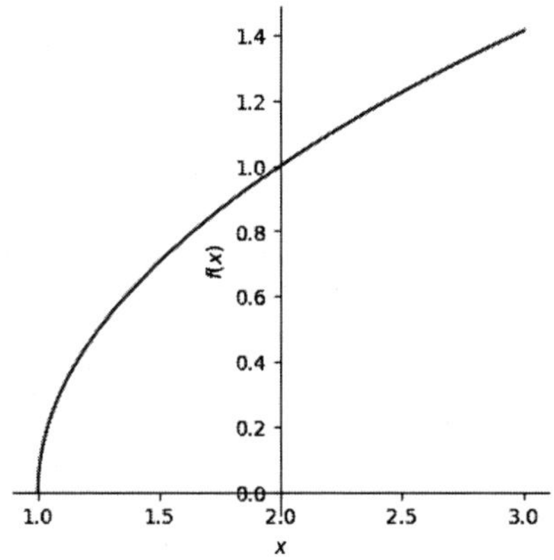

[38]: <sympy.plotting.plot.Plot at 0x21b56cc5950>

[39]:
```
# 정의역과 치역을 지정
plot(h, (x,-3,2), ylim=(-1,1), line_color='red', size=(4,4))
```

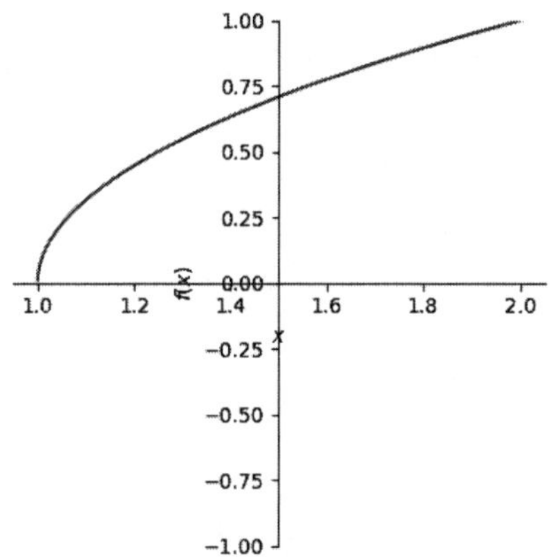

[39]: <sympy.plotting.plot.Plot at 0x21b56d50410>

[40]:
```
# 정의역과 치역을 지정
plot(h, xlim=(-3,2), ylim=(-1,1), line_color='red', size=(4,4))
```

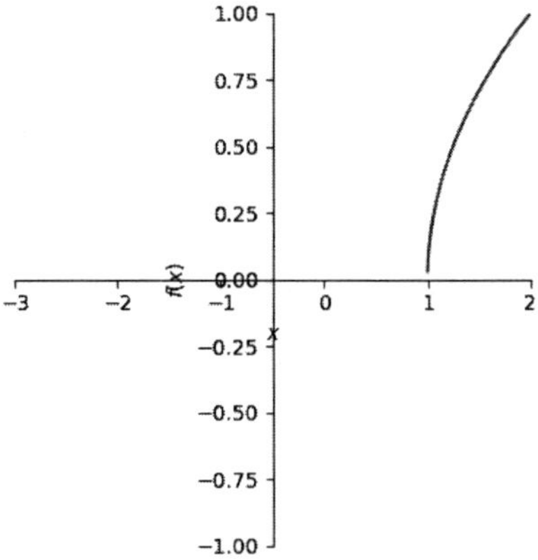


```
[40]: <sympy.plotting.plot.Plot at 0x21b56d70410>
```

예제 4.2] 다음 함수의 그래프를 x축 방향으로 5만큼, y축 방향으로 -1만큼 평행이동한 그래프를 나타내는 함수를 구하시오.

$$(a)\ y = x^2 + 1\ (b)\ y = \frac{1}{x+3} - 1$$

```
[41]: from sympy import *
      x,y=symbols('x y')
```

(a)

```
[42]: y=x**2+1
```

```
[43]: y
```

[43]: $x^2 + 1$

```
[44]: plot(y, line_color='blue',size=(4,4))
```

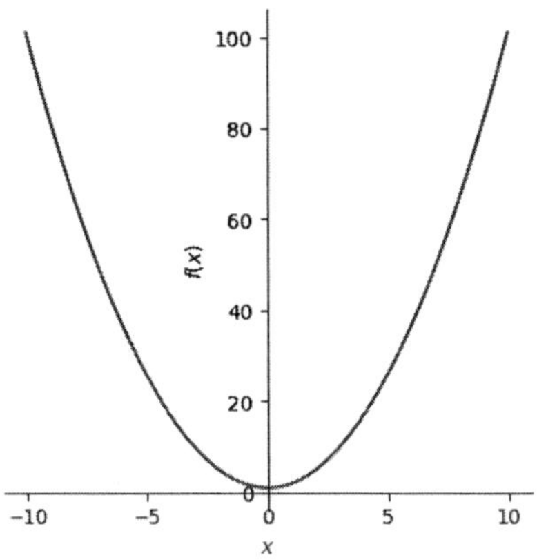

[44]: <sympy.plotting.plot.Plot at 0x21b55b679d0>

```
[45]: plot(y,xlim=(-2,2),ylim=(-1,5) ,line_color='blue', size=(4,4))
```

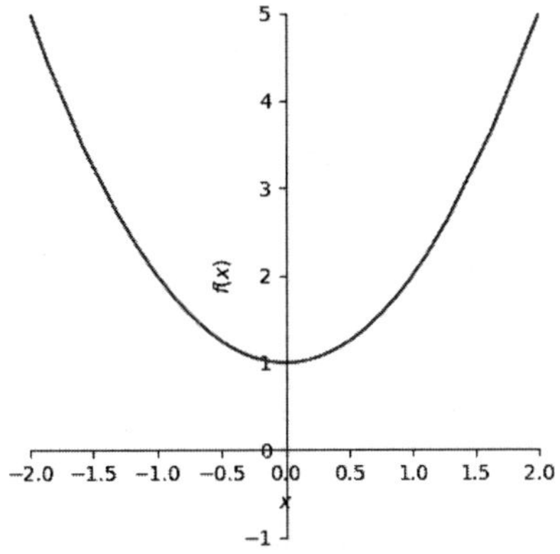

[45]: <sympy.plotting.plot.Plot at 0x21b56eeee50>

```
[46]: f_x=y.subs({x: x - 5, y: y - (1)}) # 평행이동
```

```
[47]: f_x
```

[47]: $(x-5)^2$

```
[48]: expand(_) # 위 식을 전개
```

[48]: $x^2 - 10x + 25$

```
[49]: plot(f_x,xlim=(-2,10),ylim=(-1,10) ,line_color='green', size=(4,4))
```

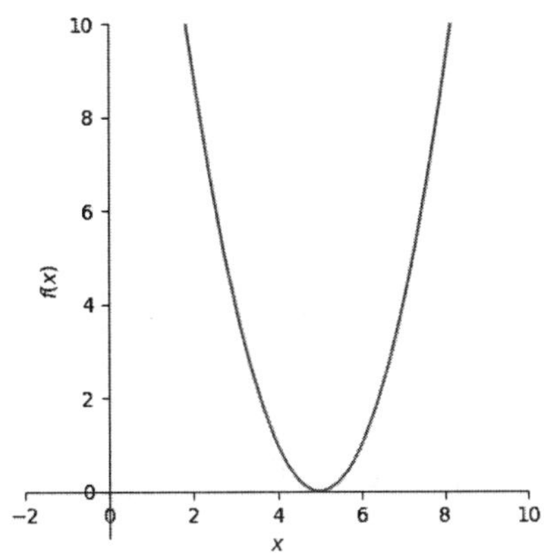

[49]: <sympy.plotting.plot.Plot at 0x21b56eff390>

```
[50]: plot(y, f_x, xlim=(-2,10), ylim=(-1,10), size=(4,4)) # 두 개의 그래프
```

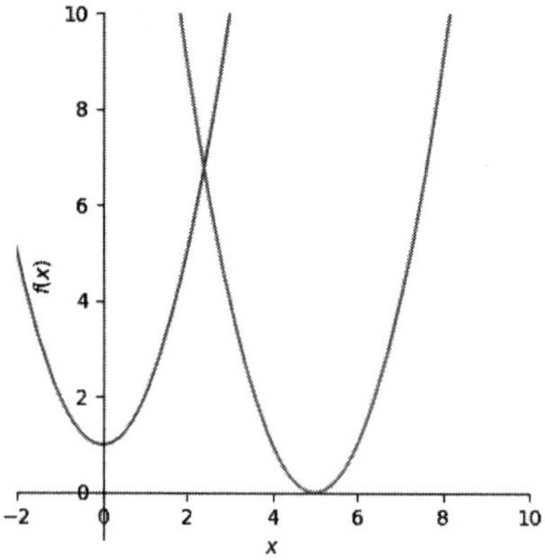


```
[50]: <sympy.plotting.plot.Plot at 0x21b5704a950>
```

(b)

```
[51]: y=1/(x+3) -1
```

```
[52]: y
```

[52]: $-1 + \frac{1}{x+3}$

```
[53]: plot(y,xlim=(-10,5), ylim=(-5,5) ,line_color='red',size=(4,4))
```

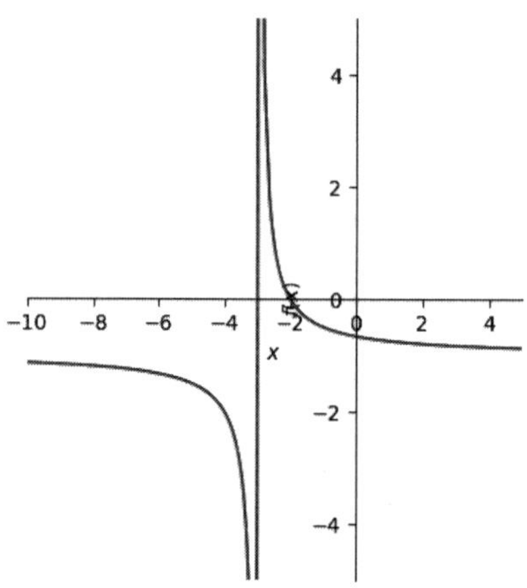


```
[53]: <sympy.plotting.plot.Plot at 0x21b56d4e6d0>
```

```
[54]: g_x=y.subs({x: x - 5, y: y - (1)}) # 평행이동
```

[55]:
```
g_x
```

[55]: $-2+\frac{1}{x-2}$

[56]:
```
plot(g_x,xlim=(-10,10),ylim=(-10,5) ,line_color='red',size=(4,4))
```

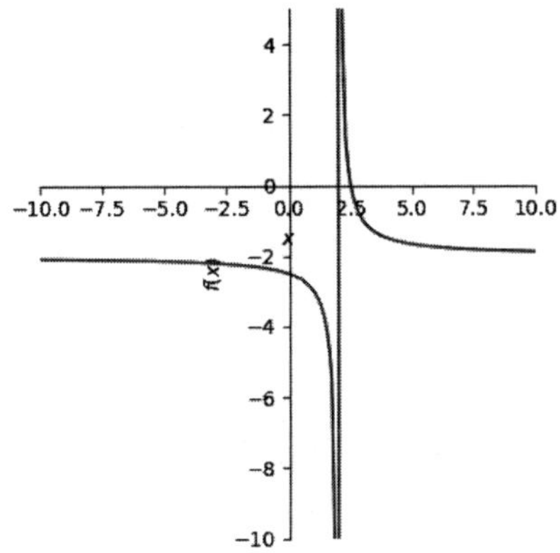

[56]: <sympy.plotting.plot.Plot at 0x21b56fddc90>

[57]:
```
plot(y, g_x, xlim=(-10,10), ylim=(-10,5),size=(4,4)) # 두 개의 그래프
```

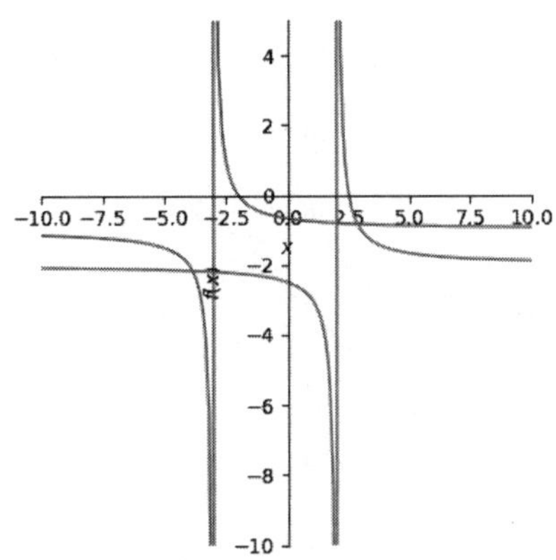

[57]: <sympy.plotting.plot.Plot at 0x21b570f0050>

예제 4.3] 다음 함수의 그래프를 주어진 축으로 대칭이동한 함수와 그래프를 구하시오.
$(a)\ y=3x+1$, 원점 $(b)\ y=\sqrt{x-1}$, y축

(a)

[58]:
```
y=3*x+1
```

[59]:
```
y
```

[59]: $3x + 1$

```
[60]: y_r=y.subs({x:-x  , y:-y }) # 원점 대칭이동
```

```
[61]: y_r
```

[61]: $3x - 1$

(b)

```
[62]: g_x=sqrt(x-1)
```

```
[63]: g_x
```

[63]: $\sqrt{x-1}$

```
[64]: g_r=g_x.subs({x:-x , g_x:g_x}) # y축 대칭이동
```

```
[65]: g_r
```

[65]: $\sqrt{-x-1}$

```
[66]: plot(y,y_r, size=(4,4))
```

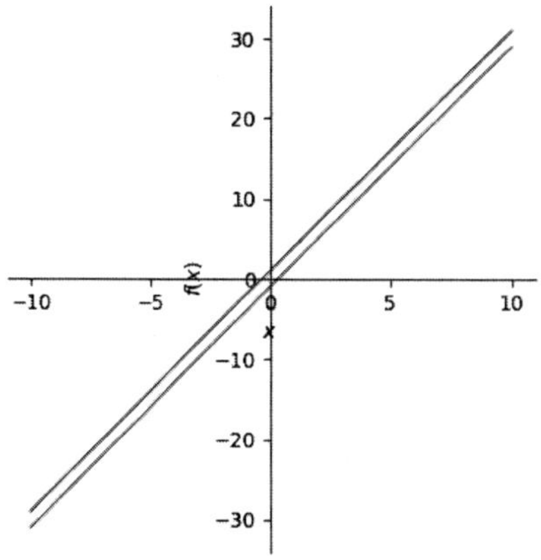


```
[66]: <sympy.plotting.plot.Plot at 0x21b57188290>
```

```
[67]: plot(y,y_r, xlim=(-2,2), ylim=(-10,10), size=(4,4))
```

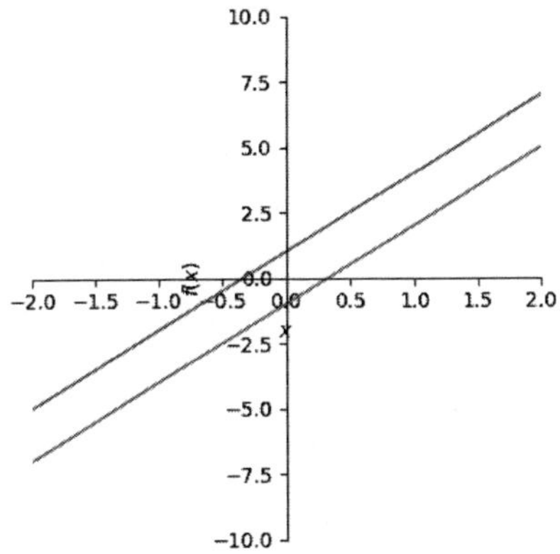

[67]: <sympy.plotting.plot.Plot at 0x21b572b3850>

```
[68]: plot(g_x, g_r, xlim=(-2,2), ylim=(-5,5), size=(4,4))
```

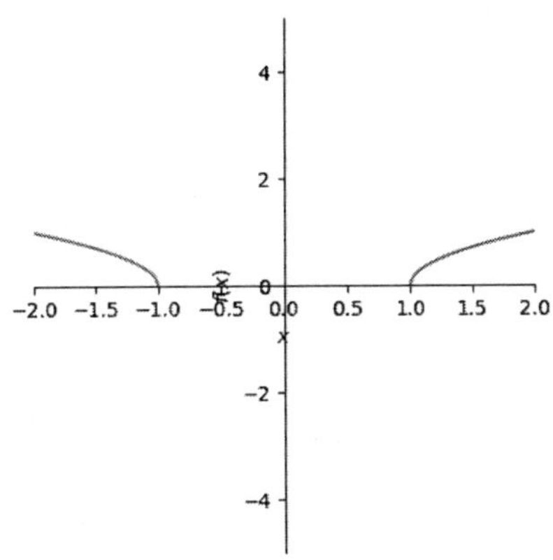

[68]: <sympy.plotting.plot.Plot at 0x21b572b2e50>

4.2 합성함수

정의 4.3] **두 함수** $f: X \to Y,\ g: Y \to Z$**에 대하여,**$\forall x \in X, g(f(x)) \in Z$
를 만족하는 새로운 함수 $g \circ f: X \to Z$**를** f**와** g**의 합성함수라 한다.**
표시] $(g \circ f)(x) = g(f(x))$

□ 합성함수 만들기

예제 4.4] $f(x) = x^3 + 1$**과** $g(x) = \sqrt{x+2}$**로 정의된 함수에 대하여** $(g \circ f)(2)$, $(f \circ g)(2)$**를 구하시오.**

```
[69]: from sympy import *
      x,y=symbols('x y')
```

[70]:
```
f_x=x**3+1
g_x=sqrt(x+2)
```

[71]:
```
f_x
```

[71]: x^3+1

[72]:
```
g_x
```

[72]: $\sqrt{x+2}$

[73]:
```
fg_x=f_x.subs(x,g_x) # 합성함수 만들기
```

[74]:
```
fg_x
```

[74]: $(x+2)^{\frac{3}{2}}+1$

[75]:
```
gf_x=g_x.subs(x,f_x) # 합성함수 만들기
```

[76]:
```
gf_x
```

[76]: $\sqrt{x^3+3}$

[77]:
```
fg_x.subs(x,2) # 합성함수에 x=2를 대입
```

[77]: 9

[78]:
```
gf_x.subs(x,2) # 합성함수에 x=2를 대입
```

[78]: $\sqrt{11}$

예제 4.5] $f(x)=x+k$**에 대하여** $f^4(3)=15$**를 만족하는** k**값을 구하시오.**

[79]:
```
from sympy import *
x,y,k=symbols('x y k')
```

[80]:
```
def f(x):
    return x+k
```

[81]:
```
f(x)
```

[81]: $k+x$

[82]:
```
f(f(f(f(3))))
```

[82]: $4k+3$

[83]:
```
ans=solve(4*k+3-15, k) # 4k+3=15=0을 해 k를 구하시오.
```

[84]:
```
ans # 해가 리스트로 나온다.
```

[84]: [3]

[85]:
```
 # 4k+3=15=0을 해 k를 구하시오. 구간 Interval(-n, n)을 줄 수 있다.
solveset(4*k+3-15,k)
```

[85]: $\{3\}$

[86]:
```
# 4k+3=15=0을 해 k를 구간 (1,2)에서 구하시오.
# 실수 전체는 domain=Interval(-oo,oo)처럼한다.
solveset(4*k+3-15,k,Interval(1,2)) # 유계구간 (1,2)에서 해는 없다.
```

[86]: $\emptyset$

[87]:
```
solveset(4*k+3-15,k,Interval(1,9))  # 4k+3=15=0을 해 k를 구간 (1,9)에서 구하시오.
```

[87]: $\{3\}$

[88]:
```
 # 4k+3=15=0을 해 k를 실수 전체에서 구하시오.
solveset(4*k+3-15,k,domain=Interval(-oo,oo))
```

[88]: $\{3\}$

□ 목차

1. sympy 패키지의 solve()메소드로 방정식 풀기
2. sympy 패키지의 방정식 풀기
3. 두 개의 다중변수 방정식 풀기
4. 3개의 다중변수 방정식 풀기

[89]:
```
from sympy import *
x,y=symbols('x y')
```

[90]:
```
solve(2*x+1,x) # 2x+1=0의 해 x를 구하시오.
```

[90]: [-1/2]

[91]:
```
solveset(2*x+1,x) # 2x+1=0의 해 x를 구하시오.
```

[91]: $\left\{-\frac{1}{2}\right\}$

[92]:
```
equ1=Eq(x+y,5) # x+y=5의 식
equ2=Eq(x-y,5) # x-y=5의 식
solve( (equ1, equ2),(x,y) )
```

[92]: {x: 5, y: 0}

[93]:
```
a,b,c=symbols('a b c')
```

[94]:
```
equ1=Eq(a+b+c,5) # a+b+c=5
equ2=Eq(a-b+c,5) # a-b+c=5
equ3=Eq(a+b-c,5) # a+b-c=5
solve( (equ1,equ2,equ3 ), (a,b,c  ) )
```

[94]: {a: 5, b: 0, c: 0}

4.3 역함수

정의 4.4] 함수 f와 g가 역함수 관계라는 의미는

$$g \circ f = f \circ g = I\ (\quad)$$

- f의 역함수 g를 $g = f^{-1}$로 표시한다.

함수 f의 역함수 f^{-1}를 구하는 방법:

1. 함수 f가 전단사함수임을 확인한다.
2. $y = f(x)$로 된 함수를 $x = f^{-1}(y)$로 나타낸다.
3. x와 y를 바꾸어서 $y = f^{-1}(x)$로 나타낸다.

예제4.6] 함수 f, g가 각각 다음과 같을 때, g가 f의 역함수임을 증명하시오, 그리고 g의 역함수는 무엇인가?

$$f(x) = (x+10)^3, g(x) = \sqrt[3]{x} - 1$$

[95]:
```
from sympy import *
x,y=symbols('x y')
```

[96]:
```
f_x=(x+1)**3
```

[97]:
```
f_x
```

[97]: $(x+1)^3$

[98]:
```
g_x=root(x,3)-1 # 다른 방법, Pow(x,Rational(1,3))-1 도 된다.
```

[99]:
```
g_x
```

[99]: $\sqrt[3]{x}-1$

[100]:
```
f_x.subs(x, g_x) # 역함수인지 확인 즉 항등함수인지를 체크
```

[100]: x

[101]:
```
g_x.subs(x, f_x) # 역함수인지 확인 즉 항등함수인지를 체크, 약분은 스스로 해야함
```

[101]: $\sqrt[3]{(x+1)^3}-1$

[102]:
```
simplify(g_x.subs(x, f_x))
```

[102]: $\sqrt[3]{(x+1)^3}-1$

[103]:
```
ratsimp(g_x.subs(x, f_x))
```

[103]: $\sqrt[3]{x^3+3x^2+3x+1}-1$

[104]:
```
gg_x=Pow(x,Rational(1,3))-1 # 함수 g_x를 다른 방법으로 정의해봄
```

[105]:
```
gg_x
```

[105]: $\sqrt[3]{x}-1$

[106]:
```
gg_x.subs(x, f_x)
```

[106]: $\sqrt[3]{(x+1)^3}-1$

[107]:
```
simplify(_) # 역함수인지 확인 즉 항등함수인지를 체크, 약분은 스스로
```

[107]: $\sqrt[3]{(x+1)^3}-1$

[108]:
```
ratsimp(_)
```

[108]: $\sqrt[3]{x^3+3x^2+3x+1}-1$

[109]:
```
cancel(gg_x.subs(x, f_x))
```

[109]: $\sqrt[3]{x^3+3x^2+3x+1}-1$

이상 자동으로 약분이 안됩니다.

(함수 f_x의 역함수 g_x를 바로 구해보자.)

[110]:
```
from sympy import *
x,y=symbols('x y')
```

[111]:
```
f_x=(x+1)**3
g_x=root(x,3)-1
```

[112]:
```
solve(f_x-y, x) # f_x의 역함수
```

[112]:
```
[y**(1/3) - 1,
 y**(1/3)*(-1/2 - sqrt(3)*I/2) - 1,
 y**(1/3)*(-1/2 + sqrt(3)*I/2) - 1]
```

[113]:
```
solve(f_x-y, x)[0] # f_x의 역함수
```

[113]: $\sqrt[3]{y} - 1$

[114]:
```
solve(g_x-y,x) # g_x의 역함수
```

[114]:
```
[(y + 1)**3]
```

예제 4.7] 실수 집합 R에서 정의된 함수 $f(x) = x^3 + x + 1$의 역함수를 구하고, $f^{-1}(1)$를 구하시오.

[115]:
```
from sympy import *
x,y=symbols('x y')
```

[116]:
```
f=x**3 +x +1 # 함수를 만들기
```

[117]:
```
f
```

[117]: $x^3 + x + 1$

[118]:
```
plot(f, size=(4,4)) # 그림을 그려서 1-1대응 확인 * 직접 확인은 아래에 참고
```

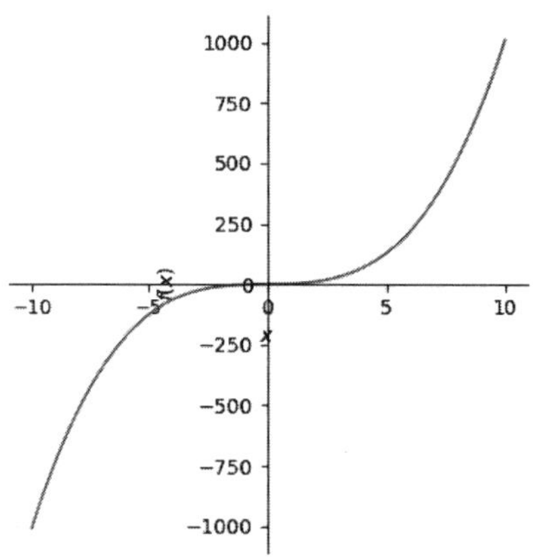

[118]:
```
<sympy.plotting.plot.Plot at 0x21b5838ebd0>
```

[119]:
```
f_inv=solve(f-y,x)[0] # f=y를 x에 대하여 풀면 역함수이다.
```

[120]:
```
f_inv
```

[120]: $$-\frac{\left(-\frac{1}{2}-\frac{\sqrt{3}i}{2}\right)\sqrt[3]{-\frac{27y}{2}+\frac{\sqrt{(27-27y)^2+108}}{2}+\frac{27}{2}}}{3}+\frac{1}{\left(-\frac{1}{2}-\frac{\sqrt{3}i}{2}\right)\sqrt[3]{-\frac{27y}{2}+\frac{\sqrt{(27-27y)^2+108}}{2}+\frac{27}{2}}}$$

[121]:
```
f_inv.subs(y,1) # 역함수에 y=1을 대응한다.
```

[121]: $$\frac{\sqrt{3}}{3\left(-\frac{1}{2}-\frac{\sqrt{3}i}{2}\right)}-\frac{\sqrt{3}\left(-\frac{1}{2}-\frac{\sqrt{3}i}{2}\right)}{3}$$

[122]:
```
simplify(_) # 실수값이므로 y=1의 역함수 값은 0이다.
```

[122]: i

[123]:
```
f_x=f_inv.subs(y,x) # 변수 y를 변수 x로 바꾼다.
```

[124]:
```
f_x # 최종 함수 f의 역함수를 구했다.
```

[124]: $$-\frac{\left(-\frac{1}{2}-\frac{\sqrt{3}i}{2}\right)\sqrt[3]{-\frac{27x}{2}+\frac{\sqrt{(27-27x)^2+108}}{2}+\frac{27}{2}}}{3}+\frac{1}{\left(-\frac{1}{2}-\frac{\sqrt{3}i}{2}\right)\sqrt[3]{-\frac{27x}{2}+\frac{\sqrt{(27-27x)^2+108}}{2}+\frac{27}{2}}}$$

[125]:
```
# 검증하기 위하여, 반대로 f_x의 역함수를 구해서 f가 되는지 확인한다.
f_x_inv=solve(f_x-y,x)
```

[126]:
```
f_x_inv # 값이 리스트로 나온다.
```

[126]: [y**3 + y + 1, y**3 + y + 1]

[127]:
```
f_x_inv[0].subs(y,x) # 검증 완료!
```

[127]: x^3+x+1

[참고] 1-1 대응함수를 판별하는 방법

[128]:
```
from sympy import *


# 변수 및 함수 정의
x = symbols('x')
f_x = x**3 + x + 1 # 판별함수


# 함수 값 계산
```

```
values =[] # 빈 리스트를 생성
for i in range(-100, 101):  # -100부터 100까지의 값에 대해 함수 값을 계산합니
다.
values.append(f_x.subs(x, i))

if len(values) == 201:  # 서로 다른 값이 201개인지 확인합니다.
    print("함수는 1-1 대응입니다.즉 역함수 존재함.")
else:
    print("함수는 1-1 대응이 아닙니다.즉 역함수 존재 안 함.")
```

함수는 1-1 대응입니다.즉 역함수 존재함.

예제 4.8] **다음 함수의 역함수를 구하시오.**

$(a) f(x) = 3x - 4$

$(b) g(x) = x^2 + 1 \ (x \geq 0)$

[129]:
```
from sympy import *
x,y=symbols('x y')
```

(a)

[130]:
```
f_x=3*x-4
```

[131]:
```
solve(f_x-y,x)[0].subs(y,x) # 3x-4-y=0를 x에 대하여 풀고, y에 x를 대입
```

[131]: $\frac{x}{3} + \frac{4}{3}$

(b)

[132]:
```
g_x = Piecewise((x**2+1, x >= 0), (0, x < 0)) # 조건부 함수
```

[133]:
```
plot(g_x, size=(4,4))
```

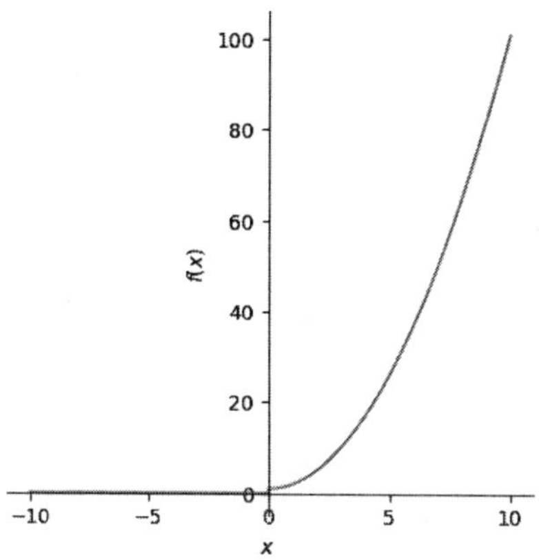

[133]: <sympy.plotting.plot.Plot at 0x21b573026d0>

[134]:
```
solve(g_x-y,x)
```

[134]:
```
[Piecewise((-sqrt(y - 1), sqrt(y - 1) <= 0), (nan, True)),
 Piecewise((sqrt(y - 1), sqrt(y - 1) >= 0), (nan, True))]
```

[135]:
```
solve(g_x-y,x)[0]
```

[135]: $\begin{cases} -\sqrt{y-1} & \text{for } \sqrt{y-1} \leq 0 \\ \text{NaN} & \text{otherwise} \end{cases}$

[136]:
```
solve(g_x-y,x)[1]
```

[136]: $\begin{cases} \sqrt{y-1} & \text{for } \sqrt{y-1} \geq 0 \\ \text{NaN} & \text{otherwise} \end{cases}$

[137]:
```
solve(g_x-y,x)[1].subs(y,x)
```

[137]: $\begin{cases} \sqrt{x-1} & \text{for } \sqrt{x-1} \geq 0 \\ \text{NaN} & \text{otherwise} \end{cases}$

예제 4.9] 다음의 두 함수의 그래프를 그리고, 교점을 구하시오.
(a) $f(x) = 3x - 4, f^{-1} = 1/3(x+4)$ (b) $g(x) = x^2 + 1, g^{-1}\sqrt{x-1}$

[138]:
```
from sympy import *
x,y=symbols('x y')
```

(a)

[139]:
```
f_x=3*x-4
f_inv=1/3*(x+4)
```

[140]:
```
plot(f_x, f_inv, size=(4,4))
```

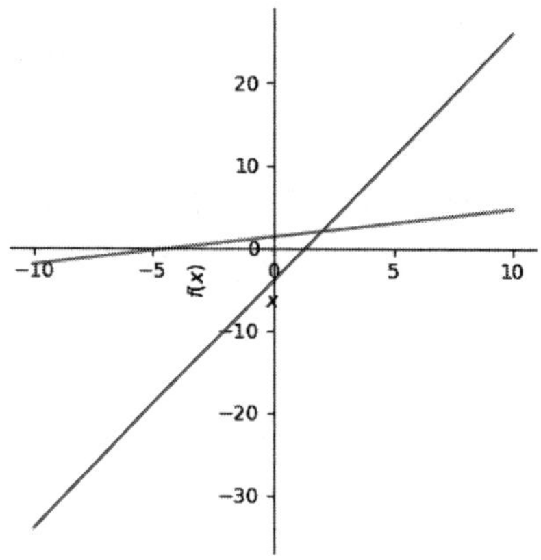


```
[140]: <sympy.plotting.plot.Plot at 0x21b5871c1d0>
```

```
[141]: Eq(f_x-f_inv,0)
```

[141]: $2.66666666666667x - 5.33333333333333 = 0$

```
[142]: simplify(_)
```

[142]: $x = 2.0$

```
[143]: solve(f_x-f_inv,x)
```

```
[143]: [2.00000000000000]
```

```
[144]: # 구간은 유계구간만 사용가능. 즉 Interval(-∞, ∞)는 안됨
       solveset(f_x-f_inv,x, Interval(0,2))
```

[144]: $\{2.0\}$

(b)

```
[145]: g_x=x**2+1
       g_inv=sqrt(x-1)
```

```
[146]: plot(g_x,g_inv, xlim=(0,5), ylim=(-5,5), size=(4,4))
```

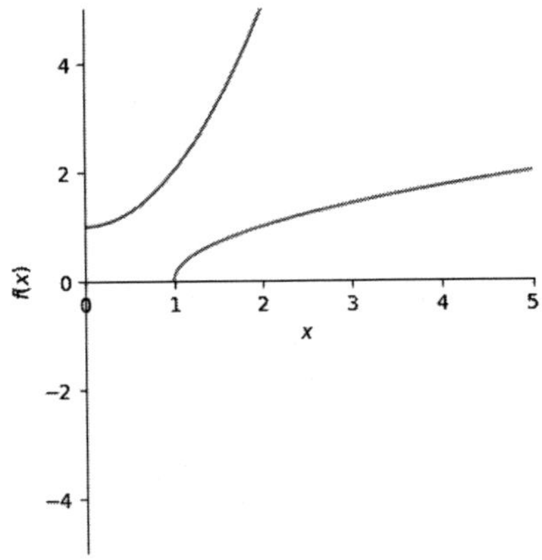

[146]: <sympy.plotting.plot.Plot at 0x21b587b5d90>

[147]:
```
Eq(g_x-g_inv,0)
```

[147]: $x^2 - \sqrt{x-1} + 1 = 0$

[148]:
```
simplify(_)
```

[148]: $x^2 - \sqrt{x-1} + 1 = 0$

[149]:
```
solve(g_x-g_inv,x)
```

[149]: [1/2 - sqrt(3)*I/2, 1/2 + sqrt(3)*I/2]

[150]:
```
# 전체 실수구간은 domain=Interval(-oo, +oo)처럼 사용함.
solveset(g_x-g_inv, domain=Interval(-oo, +oo))
```

[150]: $\emptyset$

4.4 조건부 함수와 음함수 표현

□ 조건부 함수

[151]:
```
from sympy import *
x=Symbol('x')
```

[152]:
```
def f(x): # 조건부 함수 정의
   if x <=1:
        return 2*x-1
   else:
        return x**2
```

[153]:
```
f(-1)
```

[153]: -3

[154]:
```
f(3)
```

[154]: 9

[155]:
```
def g(x):
  return x**2
```

[156]:
```
g(x)
```

[156]: x^2

위에서 정의한 조건부 함수 $f(x)$의 그래프를 그릴 수 없다.

그래서 다음의 조건부 함수를 이용하면 편리하다.

[157]:
```
f_x=Piecewise((2*x-1, x<=1),(x**2, x>1)   ) # 조건부  함수  정의
```

[158]:
```
f_x
```

[158]:

$$\begin{cases} 2x-1 & \text{for } x \leq 1 \\ x^2 & \text{otherwise} \end{cases}$$

[159]:
```
f_x.subs(x,-1)
```

[159]: -3

[160]:
```
f_x.subs(x,3)
```

[160]: 9

[161]:
```
gr1=plot(f_x, xlim=(-5,5), ylim=(-5,5), size=(4,4))
# 정의역이  구간이  아니므로  Eq()을  사용하여  그림을  그릴  수  없다.
```

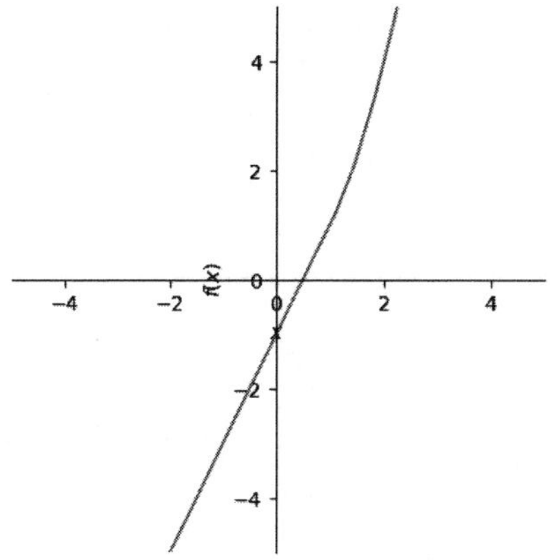

□ 음함수

일반적으로 변수가 분리되지 않는 $f(x,y)=0$와 같은 형태의 방정식을 음함수 표현이라고 한다.
예를 들면, $f(x,y)=x^3+y^3-2xy=0$은 음함수 표현이다.
이러한 음함수 방정식은 파이썬에서 $Eq(f(x,y),0)$로 표현한다.

[162]:
```
from sympy import *
x,y=symbols('x y')
```

[163]:
```
gr2=plot_implicit(Eq(x,1), size=(4,4)) # 음함수 x=1의 그래프
```

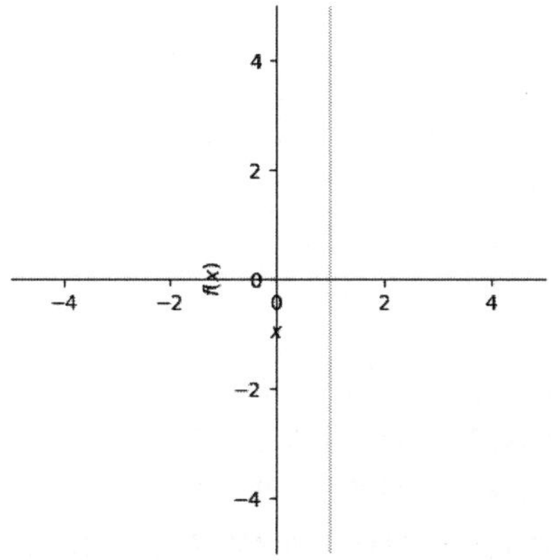

[164]:
```
gr1.append(gr2[0]) # 그래프 gr1에 그래프 gr2를 추가한다. gr2[0]임에 주의
gr1.show()
```

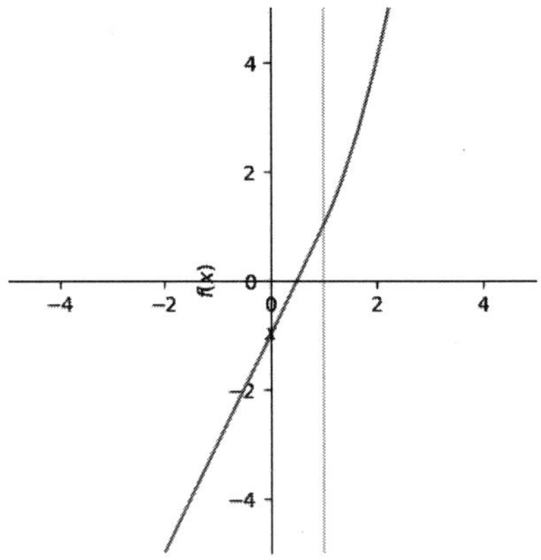

[165]:
```
plot_implicit(Eq(x**3+y**3,2*x*y),size=(4,4) ) # 음함수  x^3+y^3=2xy의  그래프
```

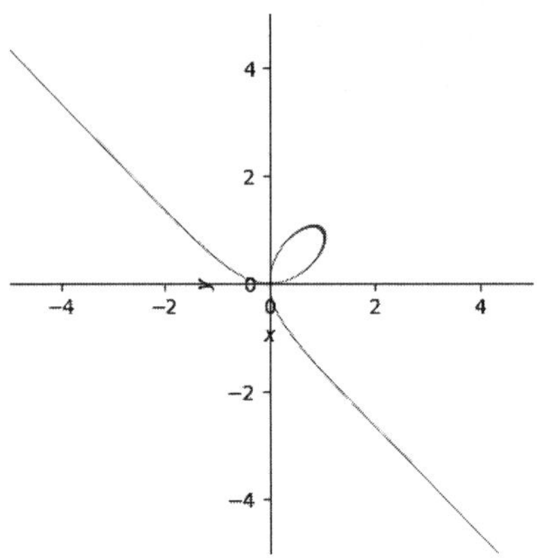

[165]:
```
<sympy.plotting.plot.Plot at 0x21b588d7ad0>
```

(음함수 대칭성)

음함수 표현 $f(x,y)=c$의 대칭성은 다음과 같이 정의한다.

(1) (x,y)와 $(x,-y)$를 각각 대입하여, 변화가 없으면 x축 대칭

(2) (x,y)와 $(-x,y)$를 각각 대입하여, 변화가 없으면 y축 대칭(또는 우함수)

(3) (x,y)와 $(-x,-y)$를 각각 대입하여, 변화가 없으면 원점 대칭(또는 기함수)

[166]:
```
from sympy import *
x,y=symbols('x y')
```

[167]:
```
eq1=Eq(y**2,x)
```

[168]:
```
eq1
```

[168]: $y^2=x$

[169]:
```
eq1.subs({x:x,y:-y}) # eq1과 같음, x축 대칭
```

[169]: $y^2 = x$

참고] x축 대칭이고, 변수 y의 차수가 짝수임

[170]:
```
eq2=Eq(x**4*y**(-6)+x**5*y**2+x**6,9)
```

[171]:
```
eq2
```

[171]: $x^6 + x^5y^2 + \frac{x^4}{y^6} = 9$

[172]:
```
eq2.subs({x:x,y:-y}) # eq2와 같음, x축 대칭
```

[172]: $x^6 + x^5y^2 + \frac{x^4}{y^6} = 9$

참고] x축 대칭이고, 변수 y의 차수가 짝수임

[173]:
```
eq3=Eq(x**4*y**(-5)+x**6,9)
```

[174]:
```
eq3
```

[174]: $x^6 + \frac{x^4}{y^5} = 9$

[175]:
```
eq3.subs({x:-x,y:y}) # eq3와 같음, y축 대칭
```

[175]: $x^6 + \frac{x^4}{y^5} = 9$

참고] y축 대칭이고, 변수 x의 차수가 짝수임

[176]:
```
eq4=Eq(x**4*y**(-6)+x**6,9)
```

[177]:
```
eq4
```

[177]: $x^6 + \frac{x^4}{y^6} = 9$

[178]:
```
eq4.subs({x:-x,y:-y}) # eq4와 같음, 원점 대칭
```

[178]: $x^6 + \frac{x^4}{y^6} = 9$

참고] 원점 대칭이고, 변수 x, y의 차수가 모두 짝수임

[179]:
```
eq5=Eq(x**3*y**(-5)+x**7,9)
```

[180]:
```
eq5
```

[180]: $x^7 + \frac{x^3}{y^5} = 9$

[181]:
```
eq5.subs({x:x,y:-y}) # eq5와 다름
```

[181]: $x^7 - \frac{x^3}{y^5} = 9$

```
[182]: eq5.subs({x:-x,y:y}) # eq5와 다름
```

[182]: $-x^7 - \frac{x^3}{y^5} = 9$

```
[183]: eq5.subs({x:-x,y:-y}) # eq5와 다름
```

[183]: $-x^7 + \frac{x^3}{y^5} = 9$

참고] 대칭성이 없음, 변수 x,y의 차수가 모두 홀수임

◀ 4장 함수 내용 끝

4.5 연습문제

문제1] 두 함수 $f(x) = x + 3,\ g(x) = 2x - 5$의 합성함수 $g \circ f,\ f \circ g$를 각각 구하시오.

```
[ ]:
```

문제2] 다음 함수가 우함수인지 기함수인지를 판별하시오.

$(a)\ f(x) = 3x^6 - 2x^4 + 11x^2 - 5 \quad (b)\ g(x) = \frac{x^3 + 3x}{x^4 - 3x^2 + 4}$

```
[ ]:
```

문제3] 함수 $g(x) = \sqrt{9 - x^2}$의 정의역을 구하시오.

```
[ ]:
```

문제4] 두 함수 $f(x) = 2x + 3,\ g(x) = -x + 1$에 대하여 $(g \circ f)^{-1} = f^{-1} \circ g^{-1}$임을 보이시오.

```
[ ]:
```

문제5] 다음 함수의 역함수가 존재한다고 할 때 $f^{-1}(0)$을 구하시오.

$$f\left(\frac{3-x}{2}\right) = 4x + 1$$

```
[ ]:
```

문제6] 두 집합 $X = \{x | 2 \le x \le 6\},\ Y = \{y | a \le y \le b\}$를 정의역과 치역으로 가지는 함수 $f(x) = 3x - 2$이 역함수를 가질 때 a, b를 구하시오.

```
[ ]:
```

문제7] 다음 방정식의 해를 구하시오.

$$\frac{3}{x+1}+\frac{3}{x-3}=2$$

[ ]:

문제 8] 다음 두 함수의 그래프를 그리고, 그 교점을 구하시오.

$$y=\sqrt{x},\ y=x$$

[ ]:

문제9] 다음 부등식의 해를 구하시오.

$$\frac{x^2+9}{x+3}<3x-6$$

[ ]:

문제10] 다음 유리함수들의 그래프가 직선 $y=x$에 대칭일 때 상수 a, b를 구하시오.

$$y=\frac{6x+1}{ax+6},\ y=\frac{bx+1}{3x-6}$$

[ ]:

제 5 장

다양한 함수들

5.1 다항함수

정의 5.1] 실수 집합 R에서 정의된 함수 $f : R \to R$가 음이 아닌 정수 n에서 다음을 만족할 때, 함수 $y = f(x)$를 n차 다항함수라 한다.

$$f(x) = a_n x^n + a_{n-1} x^{n-1} + \cdots + a_1 x^1 + a_0 \text{ (단}, a_n \neq 0)$$

예제 5.1] 다음 일차함수의 그래프를 그리고, x절편과 y절편을 구하시오.
(a) $y = 2x + 1$ (b) $y = -x + 2$

[1]:
```
from sympy import *
x,y=symbols('x y')
```

(a)

[2]:
```
f_x=2*x+1
```

[3]:
```
plot(f_x, xlim=(-5,5), ylim=(-5,5), size=(4,4))
```

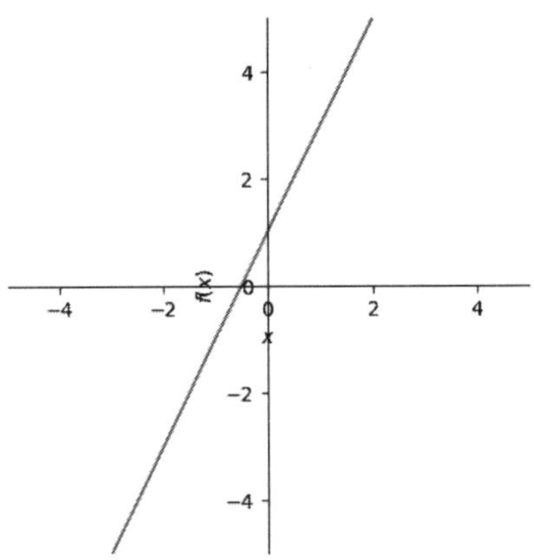

[3]: <sympy.plotting.plot.Plot at 0x21c308db450>

```
[4]: solve(f_x,x) # x절편(y=0대입)을 구한다. 즉 f_x=0인 해 x값을 구한다.
```

[4]: [-1/2]

(x 절편을 방정식 표현으로 구해보자.)

```
[5]: Eq(f_x,0)  # f_x=0로 방정식을 표현한다, 즉 y=0(x절편을 구함)
```

[5]: $2x + 1 = 0$

```
[6]: simplify(_) # 해를 구하면, 바로 x절편이다.
```

[6]: $x = -\frac{1}{2}$

(반대로 y 절편을 구해보자. 즉 x=0인 y의 값을 구한다.)

```
[7]: f_x.subs(x,0) # 함수 f_x에 x=0을 대입 즉 y절편을 구한다.
```

[7]: 1

(y 절편을 방정식 표현으로 구해보자.)

```
[8]: Eq(f_x,y) # 주어진 문제를 방정식으로 표현
```

[8]: $2x + 1 = y$

```
[9]: solve(Eq(f_x,y),y) # 변수 y에 대한 해를 구함
```

[9]: [2*x + 1]

```
[10]: solve(Eq(f_x,y),y)[0] # 리스트의 인덱스 0번 호출
```

[10]: $2x + 1$

```
[11]: _.subs(x,0)  # 위 식에 x=0을 대입 즉 y절편 구함
```

[11]: 1

(b)

```
[12]: g_x=-x+2
```

```
[13]: plot(g_x, size=(4,4))
```

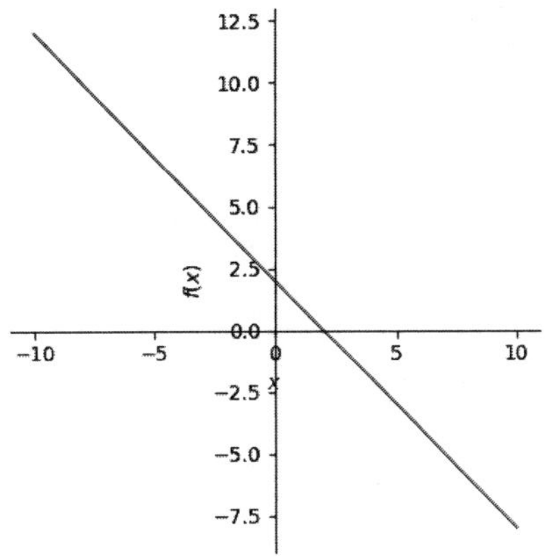

[13]: <sympy.plotting.plot.Plot at 0x21c3344c990>

[14]:
```
g_x.subs(x,0) # y절편(x=0대입), 즉 g_x함수의 x=0을 대입한다.
```

[14]: 2

[15]:
```
solve(g_x,x) # x절편(y=0)을 구한다. 즉 g_x=0인 해 x값을 구한다.
```

[15]: [2]

[16]:
```
solve(g_x,x)[0] # 위 리스트의 인덱스 0번, 즉 x절편(y=0인 x값)
```

[16]: 2

□ **이차함수의 최댓값과 최솟값**

[이차함수와 표준형]

$y = ax^2 + bx + c$: **이차함수 일반식**

$$y = ax^2 + bx + c = a(x^2 + \frac{b}{a}x) + c$$
$$= a(x^2 + \frac{b}{a}x + (\frac{b}{2a})^2 - (\frac{b}{2a})^2) + c$$
$$= a(x + \frac{b}{2a})^2 + c - \frac{b^2}{4a}$$: **표준형**

[17]:
```
from sympy import *
x,a,b,c=symbols('x a b c')
```

[18]:
```
def quad(a,b,c): # 계수 a,b,c를 가지는 이차함수의 표준형
    y=a*(x+b/(2*a))**2 + c- (b**2/(4*a))
    return y
```

[19]:
```
quad(a,b,c) # 계수 a,b,c를 가지는 이차함수의 표준형
```

[19]: $a\left(x + \frac{b}{2a}\right)^2 + c - \frac{b^2}{4a}$

예제 5.2] 다음 이차함수의 전개식(일반식)을 구하고 그래프를 그리시오.

$(a)\ y=(x+1)^2-1 \quad (b)\ y=\frac{-1}{2}(x-1)^2+2$

(a)

[20]:
```
y=(x+1)**2-1 # 표준형
```

[21]:
```
y
```

[21]: $(x+1)^2-1$

[22]:
```
expand(y) # 식을 전개하기, 즉 일반형 표현
```

[22]: x^2+2x

(반대로 위 식을 표준형으로 표현하자.)

[23]:
```
quad(1,2,0) # 표준형 공식을 사용하여, 다시 표준형
```

[23]: $(x+1.0)^2-1.0$

(b)

[24]:
```
y1=-1/2*(x-1)**2+2 # 표준형
```

[25]:
```
y1
```

[25]: $2-0.5\,(x-1)^2$

[26]:
```
expand(y1) # 전개하여 일반형
```

[26]: $-0.5x^2+1.0x+1.5$

(위 식을 다시 표준형으로 변환하자.)

[27]:
```
quad(-0.5,1,1.5) # 공식을 사용하여 다시 표준형
```

[27]: $2.0-0.5\,(x-1.0)^2$

(위의 답을 유리수 모양으로 표현하자 : 유리수 $\frac{b}{a}$ =Rational(b,a)로 표현)

[28]:
```
y2=-Rational(1,2)*(x-1)**2+2  # 주어진 문제에서 1/2=Rational(1,2)로 한다.
```

[29]:
```
y2
```

[29]: $2-\frac{(x-1)^2}{2}$

[30]:
```
expand(y2)
```

[30]: $-\frac{x^2}{2}+x+\frac{3}{2}$

[31]:
```
quad( -Rational(1,2), 1, Rational(3,2))
```

[31]: $2 - \frac{(x-1)^2}{2}$

예제 5.3] 다음의 이차함수를 표준형으로 바꾸시오.

$(a)\ y = x^2 + 2x + 4 \quad (b)\ y = -3x^2 + 4x - 6$

(a)

[32]:
```
quad(1,2,4)
```

[32]: $(x + 1.0)^2 + 3.0$

(b)

[33]:
```
quad(-3,Rational(4,1),-6) # 유리수 표현 4=Rational(4,1)사용
```

[33]: $-3\left(x - \frac{2}{3}\right)^2 - \frac{14}{3}$

[34]:
```
expand(_) # 위 식을 다시 전개하면 주어진 식과 같다.
```

[34]: $-3x^2 + 4x - 6$

예제 5.4] 다음 함수의 최댓값과 최솟값을 구하시오.

$(a)\ y = x^2 + x + 1 \quad (b)\ y = -2x^2 + 4x - 3 \quad (c)\ y = 2x + 3\ (1 \leq x \leq 4)$

(a)

[35]:
```
y=x**2+x+1
```

[36]:
```
y
```

[36]: $x^2 + x + 1$

[37]:
```
plot(y,size=(4,4)) # 아래로 볼록이므로 최솟값 존재
```

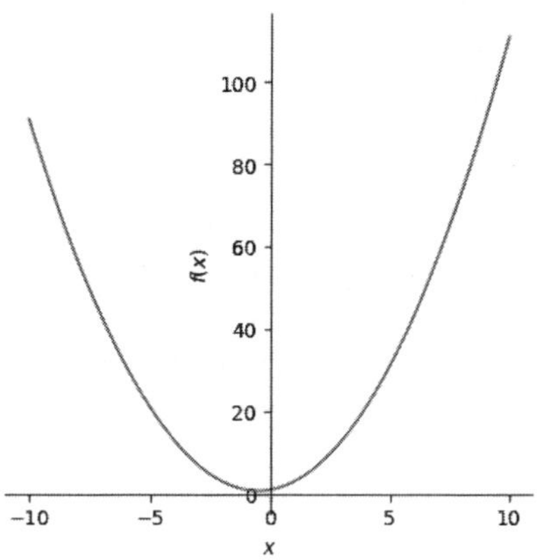

[37]:
```
<sympy.plotting.plot.Plot at 0x21c33677850>
```

[38]:
```
quad(1,1,1) # 표준형으로 바꾸면 x=0.5일 때, 최솟값은 0.75이다.
```

[38]: $(x+0.5)^2+0.75$

(유리수 표현을 사용)

[39]:
```
quad(1,Rational(1,1),1) # 표준형으로 바꾸면 x=1/2일 때, 최솟값은 3/4이다.
```

[39]: $\left(x+\frac{1}{2}\right)^2+\frac{3}{4}$

(파이썬 함수를 이용하여 최솟값 구하기)

[40]:
```
minimum(x**2+x+1, x, Interval(-oo,oo) ) # 최솟값
```

[40]: $\frac{3}{4}$

(b)

[41]:
```
y1=-2*x**2+4*x-3
```

[42]:
```
y1
```

[42]: $-2x^2+4x-3$

[43]:
```
plot(y1, size=(4,4)) # 위로 볼록이므로 최댓값이 존재한다.
```

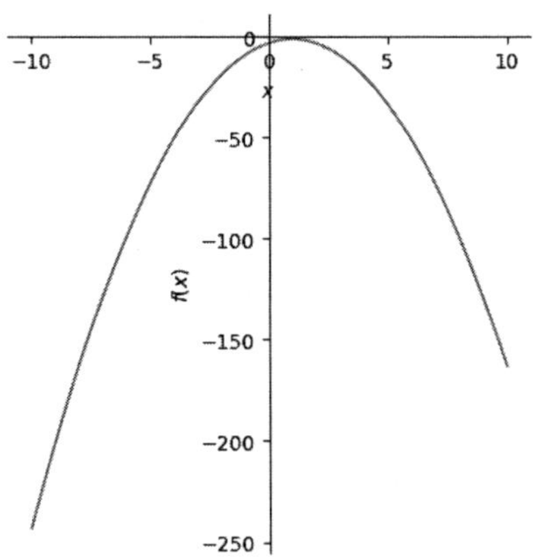

[43]:
```
<sympy.plotting.plot.Plot at 0x21c336f4410>
```

[44]:
```
quad(-2,4,-3) # 표준형으로 바꾸면 x=1일 때 최댓값은 -1이다.
```

[44]: $-2(x-1.0)^2-1.0$

(유리수 표현 사용)

[45]:
```
quad(-2,Rational(4,1),-3) # 표준형으로 바꾸면 x=1일 때 최댓값은 -1이다.
```

[45]: $-2(x-1)^2 - 1$

(파이썬 함수를 이용하여 최댓값 구하기)

[46]:
```
maximum(-2*x**2+4*x-3,x,Interval(-oo,oo)) # 최댓값
```

[46]: -1

(c) 파이썬 함수를 이용하여 구해보자.

[47]:
```
maximum(2*x+3,x,Interval(1,4)) # 최댓값
```

[47]: 11

[48]:
```
minimum(2*x+3,x,Interval(1,4)) # 최솟값
```

[48]: 5

[49]:
```
plot(2*x+3, (x,-4,4), size=(4,4))
```

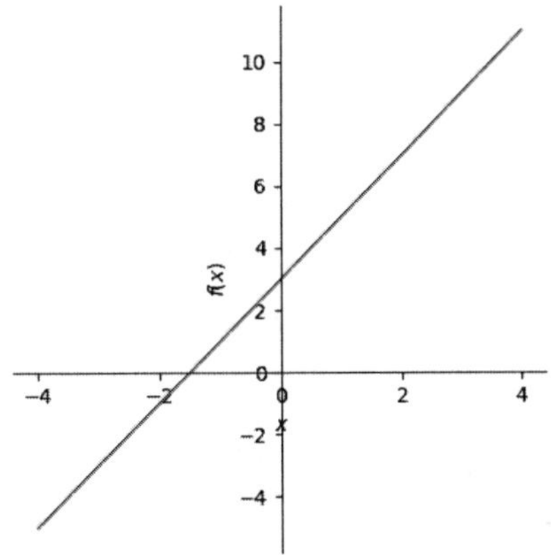

[49]: <sympy.plotting.plot.Plot at 0x21c347b5b10>

5.2 지수함수와 로그함수

정의 5.2] a^n을 a의 n 거듭제곱이라고 읽는다.
이때 a를 "밑", n을 "지수"라 한다.
[지수법칙] a $(a > 0)$, m, n 실수
(1) $a^m \times a^n = a^{m+n}$
(2) $a^n \div a^n = a^{m-n}$
(3) $(a^m)^n = a^{mn}$
(4) $a^0 = 1$

[50]:
```
from sympy import *
```

예제 5.5] 다음을 간단히 하시오.
(a) $2^2 \times 2^5$ (b) $4^3 \div 4^{\frac{3}{2}}$

(a)

[51]:
```
(2**2)*(2**5)
```

[51]: 128

[52]:
```
factorint(_) # 위의 수를 정수값으로 소인수분해
```

[52]: {2: 7}

(b)

[53]:
```
int((4**3)/(4**(3/2))) # 정수값으로 선언해야 만, 아래서 정수로 인수분해 된다.
```

[53]: 8

[54]:
```
factorint(_)
```

[54]: {2: 3}

[정의 5.3] 지수함수
$f(x) = a^x(a > 1, a \neq 1)$ 를 지수함수라 한다.
그리고 a의 범위는 $(1)0 < a < 1, (2)a > 1$를 의미한다.
지수함수의 그래프

[55]:
```
from sympy import *
x,y=symbols('x y')
```

(a의 범위 (1)과 (2)를 만족하는 지수함수를 표현)

[56]:
```
ex1=(Rational(1,2))**x # 1/2=0.5로 인식한다. 그래서 Rational(1,2) 사용
ex2=(2)**x
```

[57]:
```
ex1
```

[57]: $\left(\frac{1}{2}\right)^x$

[58]:
```
ex2
```

[58]: 2^x

```
[59]: plot(ex1,xlim=(-5,5), ylim=(-3,5), size=(4,4))
```

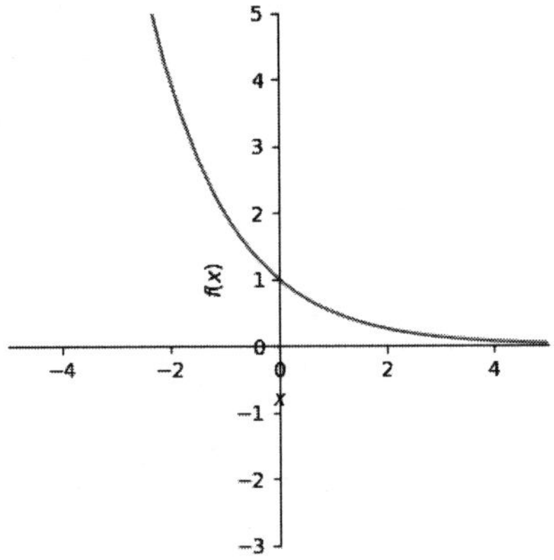

```
[59]: <sympy.plotting.plot.Plot at 0x21c33719d10>
```

```
[60]: ex1.subs(x,0) # y절편 값
```

```
[60]: 1
```

```
[61]: plot(ex2,xlim=(-5,5), ylim=(-3,5), size=(4,4))
```

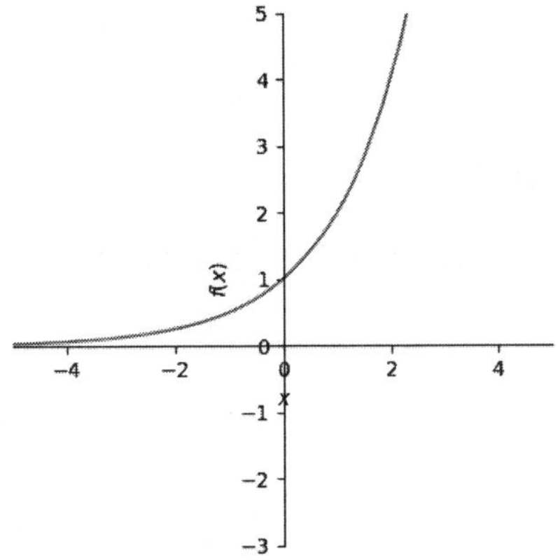

```
[61]: <sympy.plotting.plot.Plot at 0x21c34818bd0>
```

```
[62]: ex2.subs(x,0) # y절편 값
```

```
[62]: 1
```

예제 5.6] 다음 함수의 그래프를 그리고 절편을 구하시오.
(a) $y = 3^{x-1} + 2$ (b) $y = -2^{-x-2}$

(a)

[63]:
```
ex3=3**(x-1)+2
```

[64]:
```
ex3
```

[64]: $3^{x-1}+2$

[65]:
```
plot(ex3,xlim=(-5,5), ylim=(-3,5), size=(4,4))
```

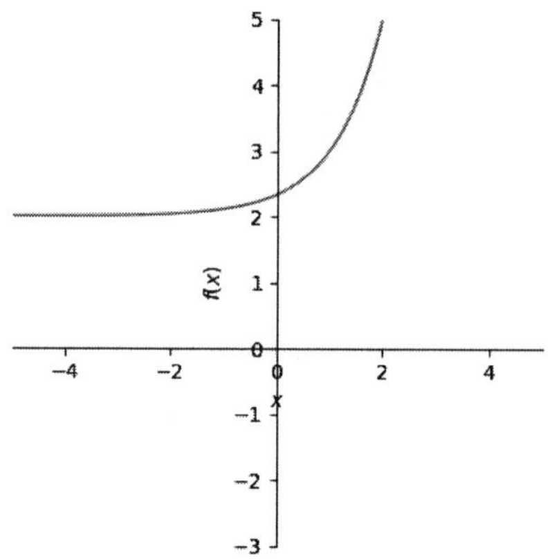

[65]: <sympy.plotting.plot.Plot at 0x21c348a1e90>

[66]:
```
ex3.subs(x,0) # y절편 값
```

[66]: $\frac{7}{3}$

($y = 3^x$ 와 평행이동 관계를 살펴보자.)

[67]:
```
plot(ex3, 3**x, xlim=(-5,5), ylim=(-3,5), size=(4,4) )
```

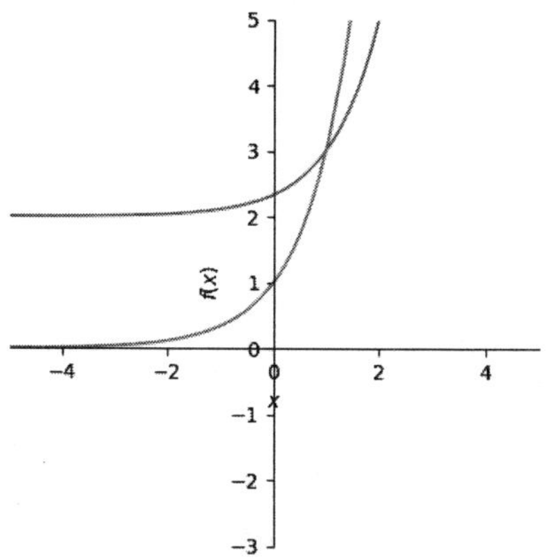

[67]: <sympy.plotting.plot.Plot at 0x21c34960b90>

[68]:
```
solve(ex3-3**x,x) # 두 함수의 교점, 즉 x=1
```

[68]: [1]

[69]:
```
ex3.subs(x,1) # y(1)=3, 즉 교점이 (1,3)이다.
```

[69]: 3

의미] $y = 3^x$ 에서 (1,3)만큼 평행이동하면 $y = 3^x + 2 \;\Leftrightarrow\; (y-2) = 3^{(x-1)}$

(b)

[70]:
```
ex4=-2**(-x-2)
```

[71]:
```
plot(ex4, xlim=(-2,2), ylim=(-2,2), size=(4,4))
```

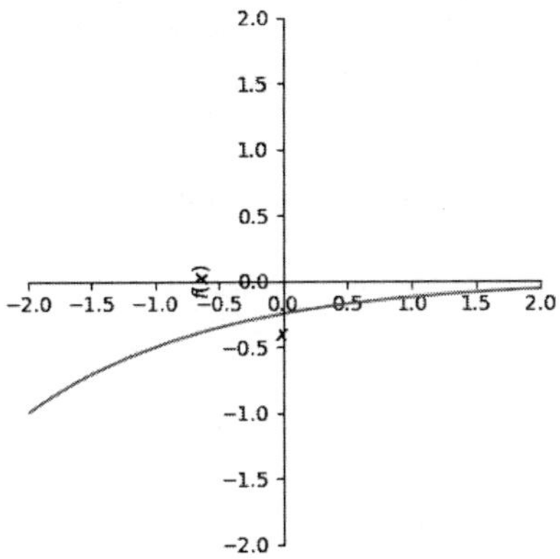

[71]: <sympy.plotting.plot.Plot at 0x21c34996a10>

[72]:
```
ex4.subs(x,0) # y절편 값
```

[72]: $-\frac{1}{4}$

($y = 2^{-x}$ 와 관계를 살펴보자.)

[73]:
```
plot(ex4, (2)**(-x), 2**(-x-2), xlim=(-3,3), ylim=(-3,3), size=(4,4))
```

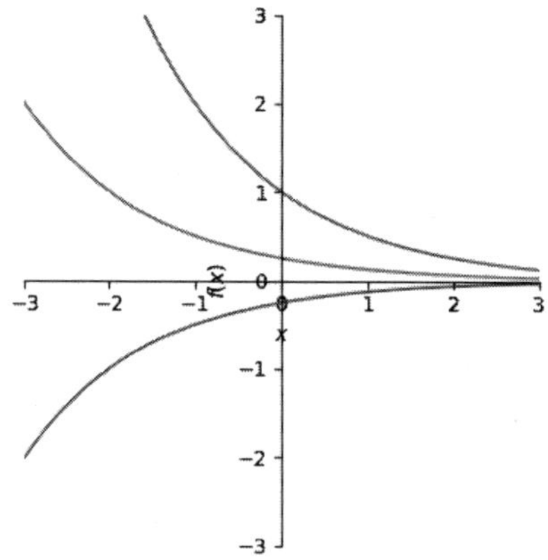

[73]: <sympy.plotting.plot.Plot at 0x21c34a981d0>

의미] $y=2^{-x} \rightarrow y=2^{-(x+1)} \rightarrow y=-2^{-(x+1)}$: x축으로 -1만큼 평행이동한 다음 x축 대칭을 시행
[자연지수함수] 지수함수 $y=a^x$에 $a=e$를 대입한 다음을 자연지수함수라 한다.

$$y=e^x \ (e=2.718281)$$

[74]:
```
from sympy import *
x,y=symbols('x y')
```

[75]:
```
y=exp(x) # 자연지수함수
```

[76]:
```
y
```

[76]: e^x

[77]:
```
plot(y,xlim=(-5,5), ylim=(-3,5), size=(4,4))
```

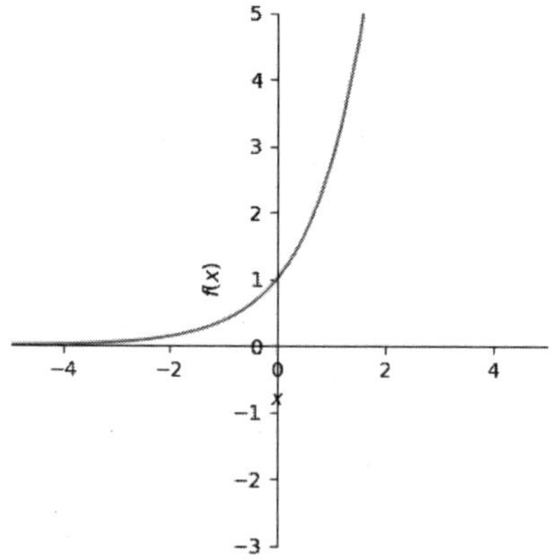

[77]: <sympy.plotting.plot.Plot at 0x21c34b0ce10>

```
[78]: E # 자연대수  e=2.718281
```

[78]: e

```
[79]: E.evalf() # 실수값으로 알고 싶을 때
```

[79]: 2.71828182845905

```
[80]: E.evalf(5) # 5자리까지
```

[80]: 2.7183

```
[81]: y2=E**x # 자연지수함수
```

```
[82]: y2
```

[82]: e^x

```
[83]: plot(y2, xlim=(-5,5), ylim=(-3,5), size=(4,4) )
```

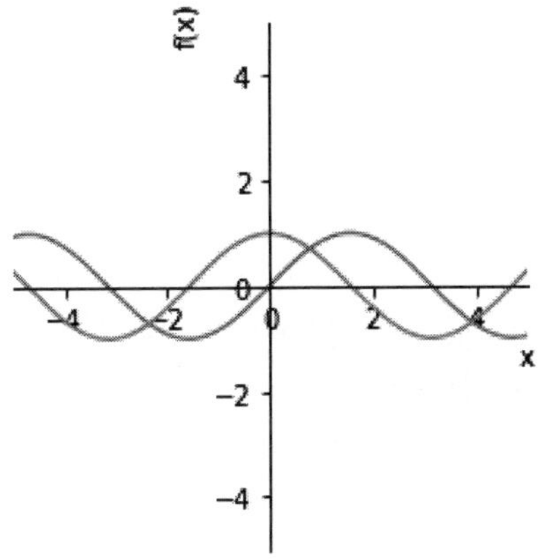

[83]: <sympy.plotting.plot.Plot at 0x21c34ba4410>

정의 5.4] 로그
$\log_a b\ (a > 0, a \neq 1, b > 0)$: a를 밑, b를 진수라 한다. 그리고 a를 밑으로 하는 b의 로그라 읽는다.

정리 5.5] 로그 계산규칙
(1) $\log_a 1 = 0, \log_a a = 1$ (2) $\log_a xy = \log_a x + \log_a y$
(3) $\log_a \frac{x}{y} = \log_a x - \log_a y$ (4) $\log_a x^n = n \log_a x$

정리 5.6] 로그성질
(1) $\log_a b = \frac{\log_c b}{\log_c a}$

(2) $\log_a b = \frac{1}{\log_b a}$
(3) $\log_a b^n = n\log_a b$
(4) $b^{\log_a c} = c^{\log_a b}$

정의 5.7] 로그함수

$$y = \log_a x \Leftrightarrow x = a^y \ (a > 0, a \neq 1, x > 0)$$

를 로그함수라 한다.
특별히, $a = e$일 때

$$y = \log_e x = \ln(x) \Leftrightarrow x = e^y$$

를 자연로그함수라 한다.

[84]:
```
from sympy import *
x,y=symbols('x y')
```

[85]:
```
y=log(x) # 로그함수(자연로그함수)
```

[86]:
```
y
```

[86]: $\log(x)$

[87]:
```
y1=ln(x) # 자연로그함수
```

[88]:
```
y1
```

[88]: $\log(x)$

즉, 파이썬(sympy)에서y=log(x)=ln(x)는 같은 자연로그함수를 의미한다.
일반적인 로그함수는 다음과 같이 정의한다.

[89]:
```
y=log(x,2) # 2를 밑으로 하는 로그함수
```

[90]:
```
y
```

[90]: $\frac{\log(x)}{\log(2)}$

[91]:
```
y=log(x,10) # 10을 밑으로 하는 즉 상용로그함수
```

[92]:
```
y
```

[92]: $\frac{\log(x)}{\log(10)}$

[93]:
```
y=log(x,E) # 자연로그함수
```

[94]:
```
y
```

[94]: $\log(x)$

[95]:
```
y=log(x,exp(1)) # 자연로그함수
```

[96]:
```
y
```

[96]: $\log(x)$

예제 5.7] **모든 실수** x**에 대하여, 다음 로그함수의** a**의 범위를 구하시오.**

$$\log_a(x^2 - ax + 1)$$

힌트] (1) $a > 0, a \neq 1$ (2) $x^2 - ax + 1 > 0$ (**판별식** < 0)

[97]:
```
from sympy import *
x,a=symbols('x a')
```

(로그의 (1) 조건)

[98]:
```
D1 =(a>0)&(a!=1) # 로그조건 (1) 판별식
# 부등식의 해를 구합니다.
solve_univariate_inequality(D1, a)
```

[98]: $0 < a \wedge a < \infty$

[99]:
```
solve([a > 0, a!=1]) # solve(조건들) 또는 solve( [ 조건식들 ] )
```

[99]: $0 < a \wedge a < \infty$

[100]:
```
solve((a>0)&(a!=1))
```

[100]: $0 < a \wedge a < \infty$

[101]:
```
# 로그조건(1) 판별식
# 정수는 int(),유리수는 Rational(),실수는 float()
x=Rational(input('x를 입력하세요:'))
if (x>0)&(x!=1):
  print("참")
else:
  print("거짓")
```

```
x를 입력하세요:1
거짓
```

(로그의 (2) 조건)

[102]:
```
D2 = a**2-4<0 # 허근의 판별식
# 부등식의 해를 구합니다.
solve(D2) # solve(조건들) 또는 solve( [ 조건식들 ] )
```

[102]: $-2 < a \wedge a < 2$

[103]:
```
solve([a>0, a!=1, -2<a, a<2]) # 주어진 문제의 답
```

[103]: $0 < a \wedge a < 2$

[104]:
```
solve([a>0, a!=1, -2<a, a<2] ) # 주어진 문제의 답
```

[104]: $0 < a \wedge a < 2$

[105]:
```
# 로그조건(1),(2) 판별식
# 정수는 int(),유리수는 Rational(),실수는 float()
x=Rational(input('x를 입력하세요:'))
if (x>0)&(x!=1)&(-2<x)&(x<2):
  print("참")
else:
  print("거짓")
```

x를 입력하세요:1
거짓

예제 5.8] 위 로그의 계산 규칙을 사용하여 다음을 계산하시오.
$(a)\ \log_3 3 + \log_3 9 + \log_3 27$ $(b)\ \log_2 \frac{4}{3} - \log_2 \frac{2}{9}$

(a)

[106]:
```
from sympy import *
```

[107]:
```
log(3,3)+log(9,3)+log(27,3)
```

[107]: 6

(b)

[108]:
```
log(4/3,2)-log(2/9,2)
```

[108]: $\frac{1.79175946922805}{\log(2)}$

(유리수 표현)

[109]:
```
log(Rational(4,3),2)-log(Rational(2,9),2)
```

[109]: $-\frac{\log(3)}{\log(2)} + 1 + \frac{\log(9)}{\log(2)}$

[110]:
```
simplify(_) # 위 식을 약분하고 계산한 결과
```

[110]: $\frac{\log(6)}{\log(2)}$

[111]:
```
_.evalf() # 실수값으로 알고 싶을 때
```

[111]: 2.58496250072116

예제 5.9] **로그의 성질이나 계산 규칙을 이용하여 다음을 간단히 하시오.**

(a) $\log_3 4 \cdot \log_4 5 \cdot \log_5 9$

(b) $\frac{4^{\log_3 5}}{5^{\log_3 2}} \cdot 7^{\log_3 2}$

(a)

[112]:
```
log(4,3)*log(5,4)*log(9,5)
```

[112]: $\frac{\log(9)}{\log(3)}$

[113]:
```
simplify(_)
```

[113]: 2

(b)

[114]:
```
(  4**(log(5,3))/ ( 5**(log(2,3)) )  )* (  7**(log(2,3))  )
```

[114]: $\frac{4^{\frac{\log(5)}{\log(3)}} 7^{\frac{\log(2)}{\log(3)}}}{5^{\frac{\log(2)}{\log(3)}}}$

[115]:
```
simplify(_)
```

[115]: $4^{\frac{\log(5)}{\log(3)}} \left(\frac{7}{5}\right)^{\frac{\log(2)}{\log(3)}}$

★로그함수의 그래프

예제 5.10] **함수** $y = \log_2(x+1) - 1$**의 그래프를 그리시오.**

[116]:
```
from sympy import *
```

[117]:
```
y=log(x+1,2)
```

[118]:
```
y
```

[118]: 1

[119]:
```
plot(log(x+1 ,2)-1, size=(4,4))
```

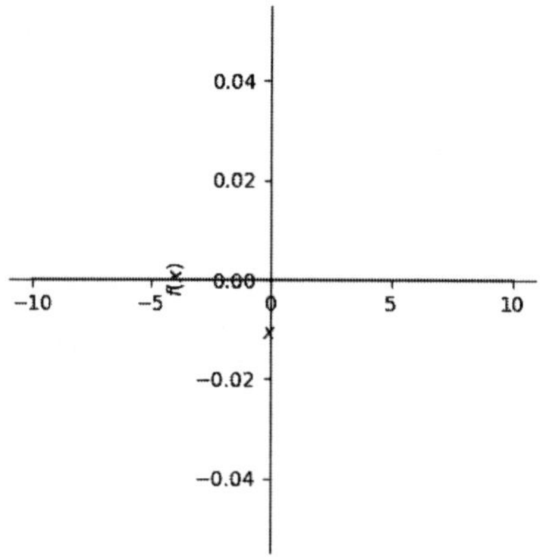

[119]: <sympy.plotting.plot.Plot at 0x21c34b6b8d0>

(로그함수 $y = \log_2 x$와 $y = \log_2(x+1) - 1$의 비교)

[120]:
```
plot(log(x+1 ,2)-1, log(x,2), xlim=(-2,2), ylim=(-2,2), size=(4,4))
# x축으로 -1이동 후 y축으로 -1만큼 이동
```

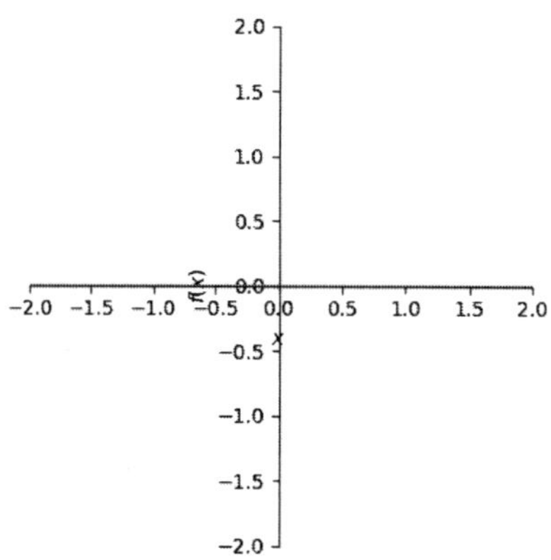

[120]: <sympy.plotting.plot.Plot at 0x21c34c8ead0>

5.3 삼각함수

□ 각의 표현

정의 5.8] 수직을 90등분으로 균등분할할 때 한 개의 각을 1도(°)라 한다. 이 각을 60분법이라 부른다. 그리고 원의 반지름의 길이와 호의 길이가 같을 때 부채꼴을 이루는 각을 1라디안(rad)라 부른다. 이 각을 호도법이라 부른다.

[60분법 ↔ 호도법]

$1rad = \frac{180°}{\pi}$ $1° = \frac{\pi}{180°}(rad)$

예제 5.11] 다음에서 도(◦)는 라디안으로, 라디안은 도(◦)로 나타내시오.

$(a)\ 60^\circ \quad (b)\ -\dfrac{3}{2}\pi$

(a)

[121]:
```
from sympy import *
```

[122]:
```
rad(60) # 내장함수 사용
```

[122]: $\dfrac{\pi}{3}$

[123]:
```
60* (pi/180) # 60분법을 호도법으로 변환
```

[123]: $\dfrac{\pi}{3}$

(b)

[124]:
```
deg(-3*pi/2) # 내장함수 사용
```

[124]: -270

[125]:
```
(-3*pi/2)* 180/pi # 호도법을 60분법으로 변환
```

[125]: -270

□ 삼각함수 정의

정의 5.9] 중심이 원점이고, 반지름이 r인 원의 한 점 (x, y)에 대하여, 중심과 한 점 (x, y)을 잇는 거리가 r이고, 이것과 x축이 이루는 각 θ에 대하여 직각 삼각형을 생각하자. 그러면 6개의 삼각함수는 다음과 같이 정의된다.

$\sin\theta = \dfrac{y}{r} \quad \cos\theta = \dfrac{x}{r} \quad \tan\theta = \dfrac{y}{x}$

$\csc\theta = \dfrac{1}{\sin\theta} \quad \sec\theta = \dfrac{1}{\cos\theta} \quad \cot\theta = \dfrac{1}{\tan\theta}$

★파이썬을 활용할 때 삼각함수에 사용되는 각 θ은 라디안이며. 만약에 60분법 각으로 주어진다면 라디안으로 변환 후 사용해야 한다.

예제 5.12] $\theta = \frac{2}{3}\pi$일 때, $\csc\theta$와 $\tan\theta$의 값을 구하시오.

[126]:
```
from sympy import *
x=symbols('x')
```

[127]:
```
x=Rational(2,3)*pi # 유리수 표현 사용
```

[128]:
```
x
```

[128]: $\dfrac{2\pi}{3}$

[129]:
```
csc(x) # 코시컨트 함수
```

[129]: $\dfrac{2\sqrt{3}}{3}$

[130]:
```
tan(x) # 탄젠트 함수
```

[130]: $-\sqrt{3}$

정리 5.10] 삼각함수들의 관계

(1) $\tan\theta = \dfrac{\sin\theta}{\cos\theta}$

(2) $\sin^2\theta + \cos^2\theta = 1$

(3) $\tan^2\theta + 1 = \sec^2\theta$

(4) $1 + \cot^2\theta = \csc^2\theta$

(1) 설명

[131]:
```
from sympy import *
x=symbols('x')
```

[132]:
```
y1=sin(x) / cos(x)
```

[133]:
```
y1
```

[133]: $\dfrac{\sin(x)}{\cos(x)}$

[134]:
```
simplify(y1)
```

[134]: $\tan(x)$

(2) 설명

[135]:
```
y2=cos(x)**2+sin(x)**2
```

[136]:
```
y2
```

[136]: $\sin^2(x) + \cos^2(x)$

[137]:
```
simplify(y2)
```

[137]: 1

(3) 설명

[138]:
```
y3=tan(x)**2+1
```

[139]:
```
y3
```

[139]: $\tan^2(x) + 1$

[140]:
```
simplify(y3)
```

[140]: $\dfrac{1}{\cos^2(x)}$

(4) 설명

[141]:
```
y4=1+cot(x)**2
```

[142]:
```
y4
```

[142]: $\cot^2(x) + 1$

[143]:
```
simplify(y4)
```

[143]: $\frac{1}{\sin^2(x)}$

예제 5.13] x가 3사분면 각이고, $\tan(x) = \frac{4}{3}$일 때, $\sin(x)$와 $\sec(x)$의 값을 구하시오.

[144]:
```
from sympy import *
x=symbols('x')
```

[145]:
```
x=atan2(-4,-3) # 3사분면의 y축의 점과 x축의 점으로 이루어진 사이 각 구하기
```

[146]:
```
x
```

[146]: $-\pi + \operatorname{atan}\left(\frac{4}{3}\right)$

[147]:
```
sin(x)
```

[147]: $-\frac{4}{5}$

[148]:
```
sec(x)
```

[148]: $-\frac{5}{3}$

□ 역삼각함수 계산

앞에서 정의된 6개의 삼각함수에 대하여, 각을 제한하여 1-1대응함수로 만들면, 각각의 역함수가 존재하며, 이것을 역삼각함수라 부른다.

역삼각함수의 는 다음과 같고, 읽을 때는 $y = \sin^{-1}(x)$를 [y는 아크 사인 x]라 한다.

- $y = \sin^{-1}(x), \ -\frac{\pi}{2} \le y \le \frac{\pi}{2}$
- $y = \cos^{-1}(x), \ 0 \le y \le \pi$
- $y = \tan^{-1}(x), \ -\frac{\pi}{2} < y < \frac{\pi}{2}$
- $y = \cot^{-1}(x), \ 0 < y < \pi$
- $y = \sec^{-1}(x), \ 0 \le y < \frac{\pi}{2}$
- $y = \csc^{-1}(x), \ (-\frac{\pi}{2} \le y < 0)(0 < y \le \frac{\pi}{2})$

참고로, 역함수 관계에 의해서 변수 y는 라디안 각이된다. 그리고 파이썬 함수는 다음과 같다.

- sin(x), acos(x), atan(x), asec(x), acsc(x), acot(x)

[149]:
```
from sympy import *
x=symbols('x')
```

[150]:
```
arc_sin=asin(x)
```

[151]:
```
arc_sin
```

[151]: $\operatorname{asin}(x)$

[152]:
```
asin(sqrt(3)/2)
```

[152]: $\frac{\pi}{3}$

[153]:
```
acos(1/sqrt(2))
```

[153]: $\frac{\pi}{4}$

[154]:
```
atan(1/sqrt(3))
```

[154]: $\frac{\pi}{6}$

[155]:
```
csc(atan(Rational(-1,3)))
```

[155]: $-\sqrt{10}$

[156]:
```
asin(sin(5*pi/6))
```

[156]: $\frac{\pi}{6}$

□ 삼각함수의 그래프 및 삼각방정식의 해 구하기

정리 5.11] $y = \sin(x)$, $y = \cos(x)$의 그래프 및 특성은 다음과 같다.

(1) $y = \sin(x)$의 그래프

[157]:
```
from sympy import *
x=symbols('x')
```

[158]:
```
y=sin(x)
```

[159]:
```
y
```

[159]: $\sin(x)$

[160]:
```
plot(y, size=(4,4))
```

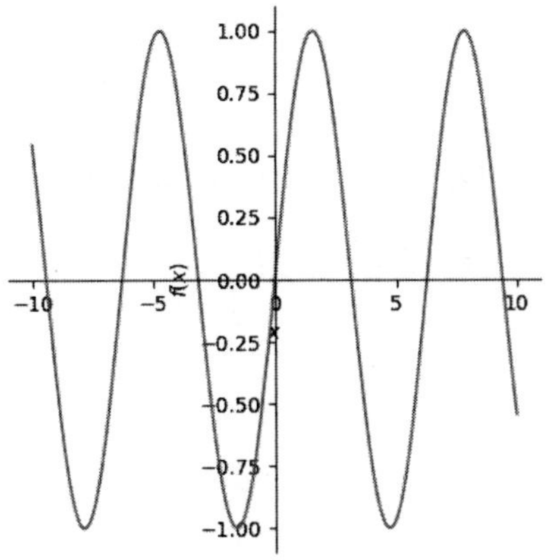

```
[160]: <sympy.plotting.plot.Plot at 0x21c34d9fe90>
```

```
[161]: plot(y, xlim=(-2*pi, 2*pi), size=(4,4)) # x축 범위 주어짐
```

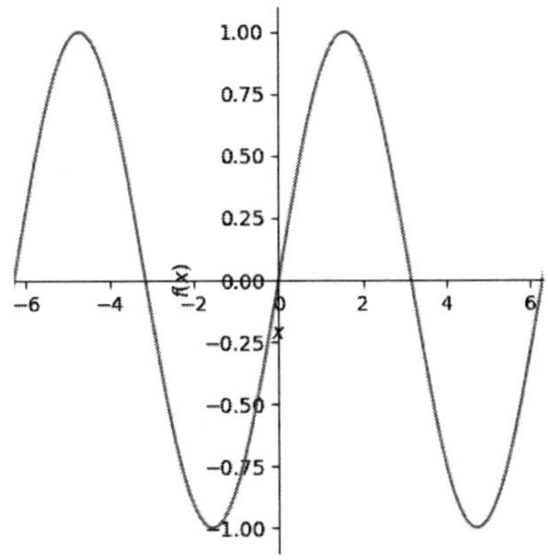

```
[161]: <sympy.plotting.plot.Plot at 0x21c34cb5b10>
```

```
[162]: solveset(y,x, Interval(-2*pi,2*pi)) # 주어진 구간에 속하는 해 구하기
```

[162]: $\{0, -2\pi, -\pi, \pi, 2\pi\}$

```
[163]: sorted(_) # 크기순으로 리스트화
```

```
[163]: [-2*pi, -pi, 0, pi, 2*pi]
```

($\sin(x) \pm 1 = 0$의 주어진 구간에 속하는 해 구하기)

```
[164]: solveset(y-1,x, Interval(-2*pi,2*pi))
```

[164]: $\left\{-\frac{3\pi}{2}, \frac{\pi}{2}\right\}$

[165]:
```
solveset(y+1,x, Interval(-2*pi,2*pi))
```

[165]: $\left\{-\frac{\pi}{2}, \frac{3\pi}{2}\right\}$

따라서 $y = \sin(x)$의 그래프는 주기가 2π이고 진폭이 ± 1임을 알 수 있다.

[166]:
```
periodicity(sin(x),x) # 주기를 구하는 함수
```

[166]: 2π

(2) $y = \cos(x)$의 그래프

[167]:
```
y_c=cos(x)
```

[168]:
```
y_c
```

[168]: $\cos(x)$

[169]:
```
plot(y_c, xlim=(-2*pi, 2*pi), size=(4,4))
```

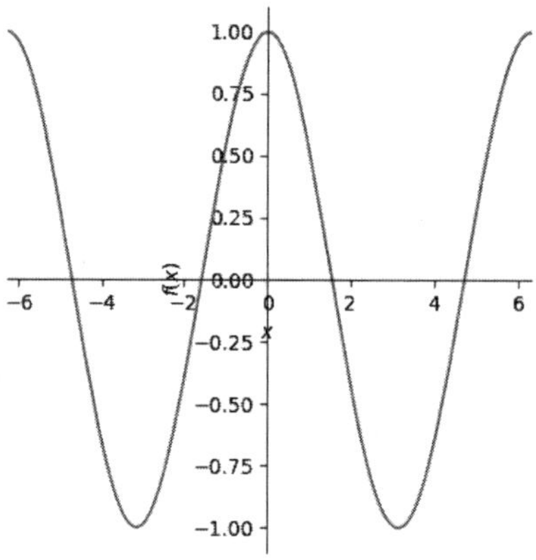

[169]: <sympy.plotting.plot.Plot at 0x21c34d1de90>

[170]:
```
solveset(y_c,x, Interval(-2*pi,2*pi))
```

[170]: $\left\{-\frac{3\pi}{2}, -\frac{\pi}{2}, \frac{\pi}{2}, \frac{3\pi}{2}\right\}$

[171]:
```
sorted(_)
```

[171]: [-3*pi/2, -pi/2, pi/2, 3*pi/2]

($\cos(x) \pm 1 = 0$의 주어진 구간에 속하는 해 구하기)

[172]:
```
solveset(y_c-1,x, Interval(-2*pi,2*pi))
```

[172]: $\{0, -2\pi, 2\pi\}$

```
[173]: sorted(_)
```

[173]: `[-2*pi, 0, 2*pi]`

```
[174]: solveset(y_c+1,x, Interval(-2*pi,2*pi))
```

[174]: $\{-\pi, \pi\}$

따라서 $y = \cos(x)$의 그래프는 주기가 2π이고 진폭이 ± 1임을 알 수 있다.

```
[175]: periodicity(cos(x),x) # 주기를 구하는 함수
```

[175]: 2π

예제 5.14] 다음 함수의 주기를 구하고, 그래프를 그리시오.

(a) $y = \sin(2(x+1))$ (b) $y = -3\cos(x) + 1$

(a)

```
[176]: from sympy import *
       x=symbols('x')
```

```
[177]: y_s=sin(2*x+2)
```

```
[178]: y_s
```

[178]: $\sin(2x+2)$

```
[179]: periodicity(y_s,x) # 주기를 구하는 함수
```

[179]: π

```
[180]: plot(y_s, size=(4,4)) # 그래프
```

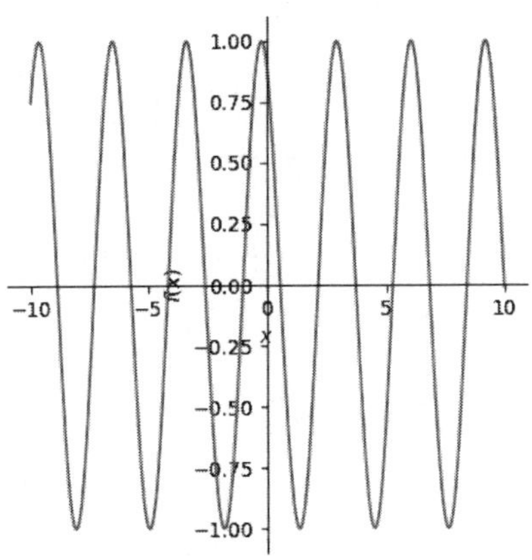

[180]: <sympy.plotting.plot.Plot at 0x21c34f7d990>

[181]:
```
solve(y_s,x) # 해를 구하기
```

[181]: [-1, -1 + pi/2]

[182]:
```
solveset(y_s,x, Interval(-pi/2, pi/2)) # 제한된 구간에서 해 구하기
```

[182]: $$\left\{-\frac{i\left(\log\left(\sqrt{\cos^2(2)+\sin^2(2)}\right)+i\left(-\pi-\operatorname{atan}\left(\frac{\sin(2)}{\cos(2)}\right)\right)\right)}{2}, -\frac{i\left(\log\left(\sqrt{\cos^2(2)+\sin^2(2)}\right)-i\operatorname{atan}\left(\frac{\sin(2)}{\cos(2)}\right)\right)}{2}\right.$$

[183]:
```
simplify(_)
```

[183]: $\left\{-1, -1+\frac{\pi}{2}\right\}$

(b)

[184]:
```
y_c=-3*cos(x)+1
```

[185]:
```
y_c
```

[185]: $1-3\cos(x)$

[186]:
```
periodicity(y_c,x) # 주기를 구하는 함수
```

[186]: 2π

[187]:
```
plot(y_c, size=(4,4))
```

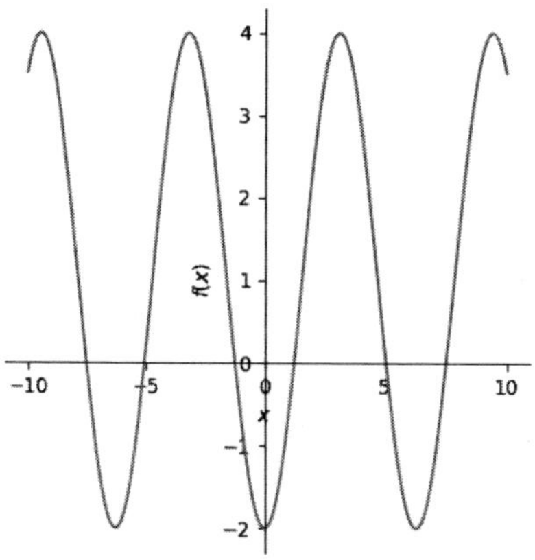

[187]: <sympy.plotting.plot.Plot at 0x21c34ff25d0>

[188]:
```
solve(y_c,x)
```

[188]: [-acos(1/3) + 2*pi, acos(1/3)]

[189]:
```
solveset(y_c,x, Interval(-pi, pi))
```

[189]: $\left\{- \operatorname{atan}{\left(2 \sqrt{2} \right)}, \operatorname{atan}{\left(2 \sqrt{2} \right)}\right\}$

[190]:
```
simplify(_)
```

[190]: $\left\{- \operatorname{atan}{\left(2 \sqrt{2} \right)}, \operatorname{atan}{\left(2 \sqrt{2} \right)}\right\}$

예제 5.15] 함수 $y = \tan 2(x - \frac{\pi}{2})$의 주기를 구하고, 그래프를 그리시오.

[191]:
```
from sympy import *
x=symbols('x')
```

[192]:
```
y1=tan(2*(x-pi/2))
```

[193]:
```
periodicity(y1,x) # 주기를 구하는 함수
```

[193]: $\frac{\pi}{2}$

[194]:
```
plot(y1, xlim=(-pi,pi), ylim=(-20,20), size=(4,4))
```

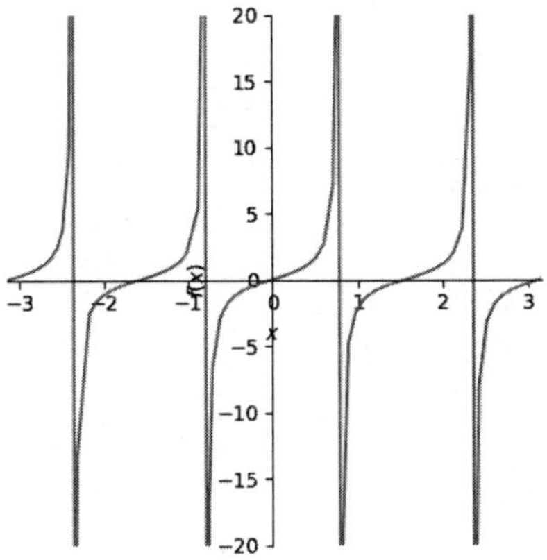

[194]: <sympy.plotting.plot.Plot at 0x21c351282d0>

[195]:
```
solveset(y1,x,Interval(-pi, pi))
```

[195]: $\left\{-\pi, -\frac{\pi}{2}, 0, \frac{\pi}{2}, \pi\right\}$

[196]:
```
sorted(_)
```

[196]: [-pi, -pi/2, 0, pi/2, pi]

□ 기함수와 우함수
실가함수 $y = f(x)$에 대하여 기함수와 우함수를 다음과 같이 정의한다.
(1) $f(-x) = -f(x)$를 만족하는 함수를 기함수라 한다.
기하적 의미] 기함수의 그래프는 원점에 대칭이다.
(2) $f(-x) = f(x)$를 만족하는 함수를 우함수라 한다.
기하적 의미] 우함수의 그래프는 y축에 대칭이다.

- $\sin(x)$, $\tan(x)$는 원점에 대칭이므로 모두 기함수이다. 그리고 $\cos(x)$는 y축에 대칭이므로 우함수이다.
- 짝수 차수를 가지는 다항함수는 우함수이다. 즉 x^2-2, $3x^6-2x^4+11x^2-5$들은 우함수들이다.
- 홀수 차수를 가지는 다항함수는 기함수이다. 즉 x^3-2x는 기함수이다.

[197]:
```
from sympy import *
x=symbols('x')
```

[198]:
```
sin(x).subs(x,-x) # 기함수
```

[198]: $-\sin(x)$

[199]:
```
tan(x).subs(x,-x) # 기함수
```

[199]: $-\tan(x)$

[200]:
```
cos(x).subs(x,-x) # 우함수
```

[200]: $\cos(x)$

[201]:
```
(x**2-2).subs(x,-x) # 우함수
```

[201]: x^2-2

[202]:
```
(x**3-2*x).subs(x,-x) # 기함수
```

[202]: $-x^3+2x$

5.4 부등식

□ 부등식의 그래프
부등식을 그래프로 그리는 파이썬 함수는 다음과 같다.
★plot_implicit(expr, (x, -5, 5), (y, -5, 5), show=False, size=(4,4), line_color='색 지정')

- expr은 부등식
- (x, a, b) : 변수 x의 범위
- (y, c,d) : 변수 y의 범위

- size=(가로 크기, 세로 크기): 그래프 크기
- line_color='색 지정':

색 지정은 다음과 같다.
red: 빨간색, blue: 파란색, green: 녹색, yellow: 노란색, orange: 주황색
purple: 보라색, pink: 분홍색, brown: 갈색, black: 검은색, white: 흰색
gray: 회색, cyan: 청록색, magenta: 자홍색, maroon: 고동색, navy: 네이비색(진한 파란색)
lime: 라임색 (연한 녹색), olive: 올리브색, teal: 청록색, turquoise: 터키석색, violet: 제비꽃색
아래는 여러 가지 부등식을 그래프로 표현하는 방법이다.

(1) $x^2 + y^2 > 25$

[203]:
```
from sympy import symbols, plot_implicit
# 변수를 정의합니다.
x,y= symbols('x y')
# 부등식을 설정합니다.
expr = x**2+y**2 > 25
# 부등식을 그래프로 그립니다.
p1=plot_implicit(expr, (x, -5, 5),(y, -5, 5), show=False, size=(4,4))
p1.show()
```

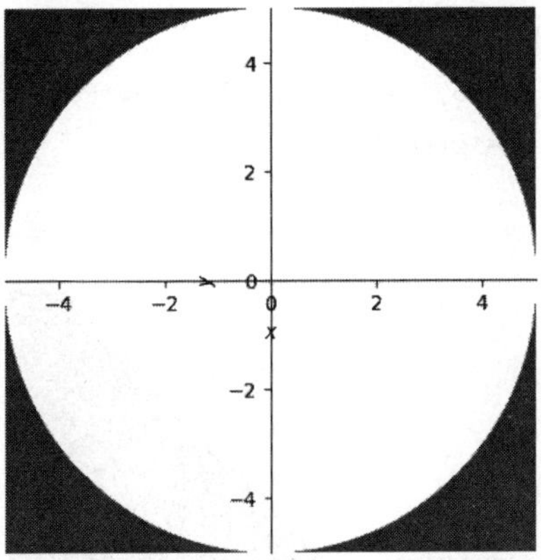

(2) $x^2 + y^2 < 25$

[204]:
```
from sympy import symbols, plot_implicit
# 변수를 정의합니다.
x,y= symbols('x y')
# 부등식을 설정합니다.
expr = x**2+y**2 < 25
# 부등식을 그래프로 그립니다.
p1=plot_implicit(expr, (x, -5, 5),(y, -5, 5), show=False, size=(4,4),
                 line_color='yellow')
```

```
p1.show()
```

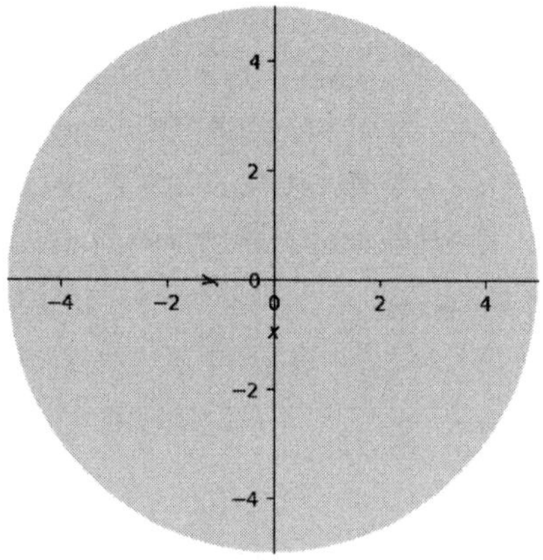

(3) $y < x + 1$

[205]:
```
from sympy import symbols, plot_implicit
# 변수를 정의합니다.
x,y= symbols('x y')
expr1 = y-x-1<0
# 부등식을 그래프로 그립니다.
p1=plot_implicit(expr1, (x, -5, 5), (y,-5,5), show=False, size=(4,4),
                 line_color='green')
p1.show()
```

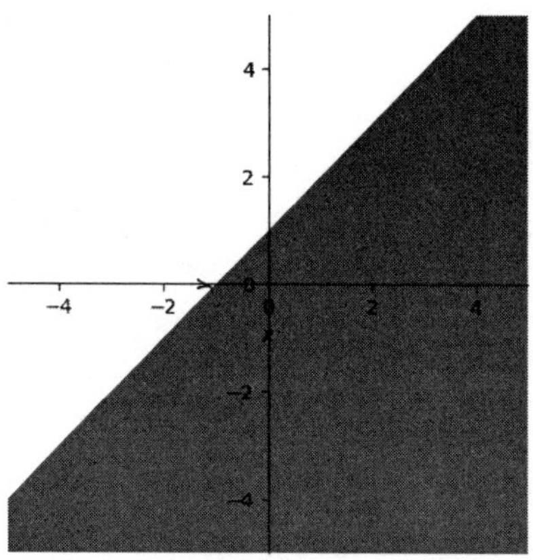

□ 파이썬 부등식 표현

- Lt(x, y) : x 〈 y
- Le(x, y) : x 〈= y
- Gt(x, y) : x 〉 y

- Ge(x, y) : x 〉= y
- Ne(x, y) : x !=y 즉 ($x \neq y$)

(4) $y < x^2$

[206]:
```
from sympy import symbols, plot_implicit
# 변수를 정의합니다.
x,y= symbols('x y')
expr1 = Lt(y,x**2)
# 부등식을 그래프로 그립니다.
p1=plot_implicit(expr1, (x, -5, 5), (y,-5,5), show=False, size=(4,4),
                 line_color='orange')
p1.show()
```

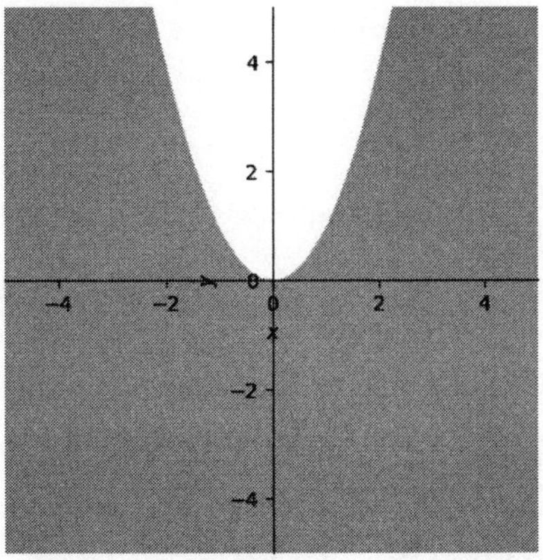

(5) $y \neq x^2$

[207]:
```
from sympy import symbols, plot_implicit
# 변수를 정의합니다.
x,y= symbols('x y')
expr1 = Ne(y,x**2)
# 부등식을 그래프로 그립니다.
p1=plot_implicit(expr1, (x, -5, 5), (y,-5,5), show=False, size=(4,4),
                 line_color='red')
p1.show()
```

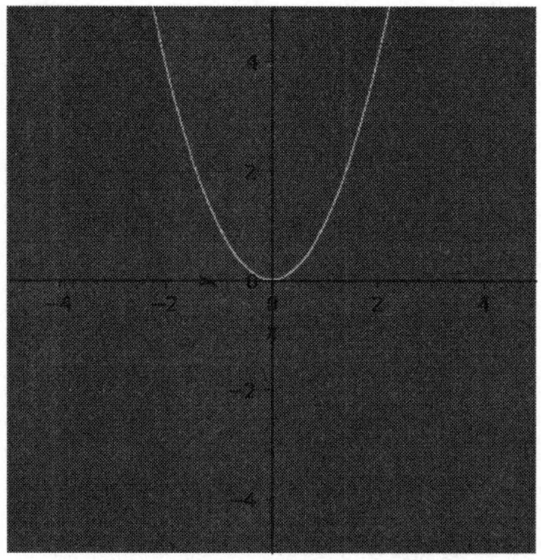

(6) (x+1)(x+2) 〉0

[208]:
```
from sympy import symbols, plot_implicit
# 변수를 정의합니다.
x,y= symbols('x y')
expr1 = Gt((x+1)*(x+2),0)
# 부등식을 그래프로 그립니다.
p1=plot_implicit(expr1, (x, -5, 5), show=False, size=(4,4), line_color='gray')
p1.show()
```

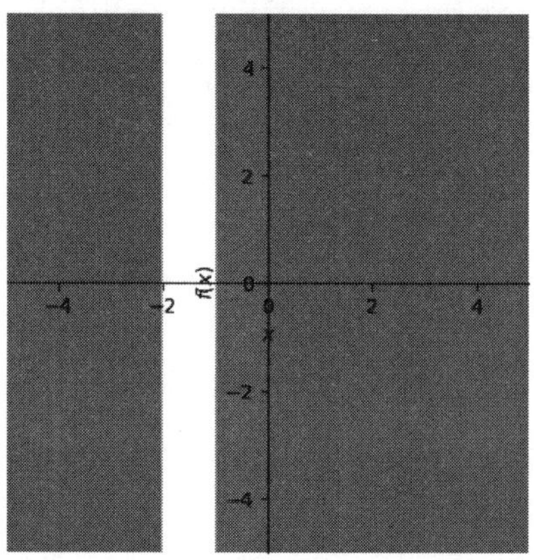

(7) $(x-1)(x-2)<0$

[209]:
```
from sympy import symbols, plot_implicit
# 변수를 정의합니다.
x,y= symbols('x y')
expr1 = Lt((x-1)*(x-2),0)
# 부등식을 그래프로 그립니다.
p1=plot_implicit(expr1, (x, -5, 5), show=False, size=(4,4), line_color='lime')
```

```
p1.show()
```

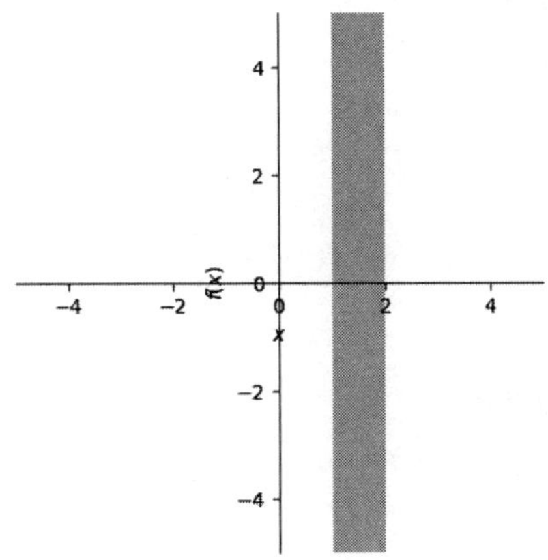

□ 부등식의 해

(1) $(x-1)(x-2)<0$의 해 구하기

[210]:
```
from sympy import *
x,y= symbols('x y')
expr1 = Lt((x-1)*(x-2),0)
solve(expr1,x)
```

[210]: $1<x \wedge x<2$

(2) $(x-1)(x-2)>0$의 해 구하기

[211]:
```
from sympy import *
x= symbols('x')
expr2 = Gt((x-1)*(x-2),0)
solve(expr2,x)
```

[211]: $(-\infty<x \wedge x<1) \vee (2<x \wedge x<\infty)$

(3) $x^2-x-2<0$의 해 구하기

[212]:
```
from sympy import *
x= symbols('x')
expr3 = Lt(x**2-x-2,0)
solve(expr3,x)
```

[212]: $-1<x \wedge x<2$

◀ 5장 내용 끝

5.5 연습문제

문제1] 이차함수 $y=x^2-2x+4$의 최댓값과 최솟값을 구하시오.

[ ]:
```
```

문제2] 이차함수 $y=x^2+2x-3$과 일차함수 $y=x+k$가 한 점에서 만날 때 k값을 구하시오.

[ ]:
```
```

문제3] 임의의 모든 실수에 대하여 부등식 $(k-3)x^2+kx-1<0$이 성립할 때 실수 k의 범위를 구하시오.

[ ]:
```
```

문제4] 함수 $y=(\log_3 x)^2-\log_3 x^4+3$의 최댓값과 최솟값을 구하시오.

[ ]:

문제5] 다음 방정식의 해를 구하시오.

$(a)\ 4^{x-2} = 2^{3-5x} \quad (b)\ \log_2(x+3) = 2 + \log_2 x$

[ ]:

문제6] 다음 부등식의 해를 구하시오.

$(a)\ (1/2)^{5x} < 2^{x+4} \quad (b)\ \log_2(x+3) > \log_2(4-2x)$

[ ]:

문제7] θ가 1사분면의 각이고, $\sin\theta - \cos\theta = 1/3$이 성립할 때 다음을 구하시오.

$$\frac{\cos\theta}{\sin\theta} + \frac{\sin\theta}{\cos\theta}$$

[ ]:

문제8] 다음을 간단히 하시오.

$(a)\ ({}^3\sqrt{2})(3) - (\sqrt{{}^3\sqrt{4}})(5) \quad (b)\ \log_2(2 \times 2^2 \times 2^3 \times 2^4)$

[ ]:

문제9] $3^x = 64,\ 21^y = 16$이 성립할 때 $\dfrac{3}{x} - \dfrac{2}{y}$를 구하시오.

[ ]:

문제10] 임의의 실수 x에 대하여 $2^{2x} = 7$이 성립할 때 다음을 구하시오.

$$\frac{2^x - 2^{-x}}{2^x + 2^{-x}}$$

[ ]:

제 6 장 수열 및 함수의 극한과 연속

6.1 수열과 수열의 합

수열 규칙에 따른 등차수열, 등비수열의 일반항에 대하여 알아보고, 등비수열의 합과 등차수열의 합을 구하는 방법에 대하여 알아본다.그리고 계차수열을 갖는 수열에 대하여 알아본다.

□ 수열의 일반항

규칙을 가지는 수열 $\{a_n\}$의 n번째 항 a_n을 일반항이라 한다.

예제 6.1] 수열 $\{a_n\}$ 의 일반항이 다음과 같을 때 첫 번째 항 a_1에서 다섯 번째 항 a_5까지 구하시오.

(a) $a_n = 2n + 3$

(b) $a_n = (n-1)(n-2)(n-3)(n-4) + n$

(a)

[1]:
```
for n in range(1,6):
  a_n=2*n+3
  print("a{}={}".format(n, a_n), end=". ")
```

```
a1=5. a2=7. a3=9. a4=11. a5=13.
```

(b)

[2]:
```
for n in range(1,6):
  a_n=(n-1)*(n-2)*(n-3)*(n-4)+n
  print("a{}={}".format(n, a_n), end=", ")
```

```
a1=1, a2=2, a3=3, a4=4, a5=29,
```

□ 등차수열

초항 a에서 시작하여 일정한 수 d를 연속적으로 더해 만들어지는 수열$\{a_n\}$을 등차수열이라고 한다.

정의 6.1] 등차수열

$a_{n+1} = a_n + d \ (n = 1, 2, 3, \cdots)$

d : 공차

정리 6.2] 등차수열의 일반항

$a_n = a + (n-1)d$

a: 초항

d: 공차

예제 6.2] 다음 등차수열의 일반항을 구하시오.

$(a)\ a = 3,\ d = -4$

$(b)\ 4, 9, 14, 19, 24, \cdots$

(a)

[3]:
```
from sympy import *
n=symbols('n')
```

[4]:
```
def f(a,d): # 등차수열의 일반항: a=초항, d=공차
    g=a+(n-1)*d
    return g
```

[5]:
```
f(3,-4) # a=3, d=-4
```

[5]: $7 - 4n$

(b)

[6]:
```
f(4, 5) # a=4, d=5
```

[6]: $5n - 1$

정리 6.3] 등차수열의 합

$S_n = \frac{n(2a+(n-1)d)}{2} = \frac{n(a+a+(n-1)d)}{2} = \frac{n(a+a_n)}{2}$ 초항이 a이고, 공차가 d인, 등차수열의 첫 번째 항부터 n번째 항 a_n까지의 합

예제 6.3] 등차수열 $\{a_n\}$에 대하여 S_n을 구하고, S_{10}을 구하시오.

(a) $a = 5,\ d = 3$ (b) $a = 2,\ a_n = 20$

[7]:
```
from sympy import *
n=symbols('n')
```

(a)

[8]:
```
a=int(input('초항을 입력:'))
d=int(input('공차를 입력:'))
S_n=n/2*(2*a+(n-1)*d)
print("Sn={}".format(S_n))
```

```
초항을 입력:5
공차를 입력:3
Sn=n*(3*n + 7)/2
```

[9]:
```
S_n  # 등차수열의 합
```

[9]: $\frac{n(3n+7)}{2}$

[10]:
```
S_n.subs(n,10) # 10항까지 합
```

[10]: 185

(b)

[11]:
```
a=int(input('초항을 입력:'))
an=int(input('n번째 항 입력:'))
S_n=n/2*(a+an)
print("S_n={}".format(S_n))
```

```
초항을 입력:2
n번째 항 입력:20
S_n=11*n
```

[12]:
```
S_n
```

[12]: $11n$

[13]:
```
S_n.subs(n,10)
```

[13]: 110

□ 등비수열

초항 a에서 시작하여 일정한 수 r를 연속적으로 곱하여 만들어지는 수열$\{a_n\}$을 등비수열이라고 한다.

정리 6.4] 등비수열의 일반항

$a_n = ar^{n-1}$

a : 첫 번째 항

r $(r \neq 0)$: 공비

예제 6.4] 다음 등비수열의 일반항을 구하시오.

(a) $a = 2, r = 3$ (b) $a_2 = 3, a_5 = 24$인 등비수열

(a)

[14]:
```
a=int(input('초항을 입력:'))
r=int(input('공비를 입력:'))
a_n=a*r**(n-1)
print("일반항 a_{}={}".format(n, a_n))
```

```
초항을 입력:2
공비를 입력:3
일반항 a_n=2*3**(n - 1)
```

[15]:
```
a_n
```

[15]: $2 \cdot 3^{n-1}$

(b)

[16]:
```
from sympy import *
a,r=symbols('a r')
equ1=Eq(a*r,3) # ar=3
equ2=Eq(a*r**4,24) # ar^4=24
sol=solve((equ1,equ2), (a,r), dict=True) # 해를 딕셔너리 즉 집합으로 표현한다.
print(sol)
```

```
[{a: 3/2, r: 2}, {a: -3/4 - 3*sqrt(3)*I/4, r: -1 + sqrt(3)*I}, {a: -3/4 +
3*sqrt(3)*I/4, r: -1 - sqrt(3)*I}]
```

[17]:
```
sol
```

[17]:
```
[{a: 3/2, r: 2},
 {a: -3/4 - 3*sqrt(3)*I/4, r: -1 + sqrt(3)*I},
 {a: -3/4 + 3*sqrt(3)*I/4, r: -1 - sqrt(3)*I}]
```

[18]:
```
sol[0] # 리스트에서 0번째 인덱스 호출
```

[18]:
```
{a: 3/2, r: 2}
```

[19]:
```
sol[0][a]# 초항, 딕셔너리는 {key:value, ...}는 키를 호출하면 값이 나온다.
```

[19]: $\frac{3}{2}$

[20]:
```
sol[0][r] # 공비
```

[20]: 2

다른 방법

[21]:
```
from sympy import *
a,r=symbols('a r')
equ1=Eq(a*r,3) # ar=3
equ2=Eq(a*r**4,24) # ar^4=24
sol=solve((equ1,equ2), (a,r)) # 해를 리스트와 튜플 형태로 표현
print(sol)
```

[(3/2, 2), (-3/4 - 3*sqrt(3)*I/4, -1 + sqrt(3)*I), (-3/4 + 3*sqrt(3)*I/4, -1 - sqrt(3)*I)]

[22]:
```
sol
```

[22]:
```
[(3/2, 2),
 (-3/4 - 3*sqrt(3)*I/4, -1 + sqrt(3)*I),
 (-3/4 + 3*sqrt(3)*I/4, -1 - sqrt(3)*I)]
```

[23]:
```
sol[0] # 리스트의 인덱스에 튜플을 불러옴
```

[23]: (3/2, 2)

[24]:
```
sol[0][0] # 튜플의 0인덱스 불러옴
```

[24]: $\frac{3}{2}$

[25]:
```
sol[0][1]
```

[25]: 2

따라서 일반항은 다음과 같다.

[26]:
```
sol[0][0]*sol[0][1]**(n-1) # 즉 a*r^{n-1}이다.
```

[26]: $\frac{3 \cdot 2^{n-1}}{2}$

[27]:
```
simplify(_)
```

[27]: $3 \cdot 2^{n-2}$

정리 6.5] 등비수열의 합

$$S_n = \begin{cases} na & (r = 1) \\ \frac{a(1-r^n)}{1-r} & (r \neq 1) \end{cases}$$

: 초항이 a이고, 공비가 r인 등비수열의 첫 번째 항에서 n번째 항까지의 합

예제 6.5] 등비수열의 합

공비가 양수이고, 모든 항이 실수인 등비수열 $\{a_n\}$에 대하여 $S_2 = 10,\ S_4 = 50$일 때 S_6을 구하시오.

[28]:
```
from sympy import *
a,r,n=symbols('a r n')
```

[29]:
```
def S(a,r,n):  # 등비수열의 합을 주는 함수
  s=a*(r**n-1)/(r-1)
  return s
```

[30]:
```
S(a,r,n)
```

[30]: $\dfrac{a\left(r^{n}-1\right)}{r-1}$

[31]:
```
equ1=Eq( S(a,r,2),10 )
equ2=Eq( S(a,r,4),50)
solve( (equ1, equ2), (a,r) )
```

[31]: [(-10, -2), (10/3, 2)]

[32]:
```
equ1=Eq( S(a,r,2),10 )
equ2=Eq( S(a,r,4),50)
solve( (equ1, equ2), (a,r) ,dict=True)
```

[32]: [{a: -10, r: -2}, {a: 10/3, r: 2}]

위의 답에서, 문제에서 공비가 양수이므로 두 번째 답을 선택한다.

[33]:
```
solve( (equ1, equ2), (a,r) ,dict=True)[1]
```

[33]: {a: 10/3, r: 2}

[34]:
```
S(10/3,2,6)
```

[34]: 210.0

[35]:
```
S(Rational(10,3),2,6) # 유리수  표현
```

[35]: 210

□ 수열 합의 기호 $\sum$

정의 6.6] 수열 $\{a_n\}$의 첫 번째 항부터 n번째 항까지의 합은 다음과 같다.

$$S_n = a_1 + a_2 + \cdots a_n = \sum_{k=1}^{n} a_k$$

(등차수열의 리스트 표현)

[36]:
```
from sympy import *
a,d,n=symbols('a d n')
```

[37]:
```
a_n=a+(n-1)*d # 등차수열의  일반항
```

[38]:
```
SeqFormula(a_n,[n,1,6]) # 등차수열의  첫  번째  항에서  6번째  항까지  수열  리스트
```

[38]: $[a, a+d, a+2d, a+3d, ...]$

[39]:
```
_[1] # 앞 리스트의 인덱스[1]
```

[39]: $a+d$

[40]:
```
seq=SeqFormula(a_n,[n,1,6])
[i**2 for i in seq] # 수열 리스트의 제곱
```

[40]: [a**2, (a + d)**2, (a + 2*d)**2, (a + 3*d)**2, (a + 4*d)**2, (a + 5*d)**2]

[41]:
```
_[1] # 앞 리스트의 인덱스[1]
```

[41]: $(a+d)^2$

(등차수열의 합)

[42]:
```
summation(a_n,[n,1,6]) # 등차수열의 첫째항에서 6항까지의 합 구하기
```

[42]: $6a+15d$

[43]:
```
Sum(a_n,[n,1,6]) # 계산이 내포된 수열의 합 표현
```

[43]: $\sum_{n=1}^{6}(a+d(n-1))$

[44]:
```
Sum(a_n,[n,1,6]).doit() # 계산 결과는 .doit()으로 실행한다.
```

[44]: $6a+15d$

(등비수열의 리스트 표현)

[45]:
```
from sympy import *
a,r,n=symbols('a r n')
```

[46]:
```
b_n=a*r**(n-1) # 등비수열의 일반항
```

[47]:
```
b_n
```

[47]: ar^{n-1}

[48]:
```
SeqFormula(b_n, [n,1,6]) # 등비수열의 첫 번째 항에서 6번째 항까지 수열 리스
트
```

[48]: $[a, ar, ar^2, ar^3, \ldots]$

[49]:
```
_[2] # 앞 리스트의 인덱스[2]
```

[49]: ar^2

[50]:
```
seq=SeqFormula(b_n,[n,1,6]) # 수열 리스트
seqq=[i**2 for i in seq] # 수열 리스트의 제곱
```

[51]:
```
seqq
```

[51]: [a**2, a**2*r**2, a**2*r**4, a**2*r**6, a**2*r**8, a**2*r**10]

[52]:
```
seqq[2] # 앞 리스트의 인덱스[2]
```

[52]: a^2r^4

(등비수열의 합)

[53]:
```
summation(b_n, [n,1,6]) # 등비수열의 첫째항에서 6항까지의 합 구하기
```

[53]: $a\left(r^5+r^4+r^3+r^2+r+1\right)$

[54]:
```
Sum(b_n, [n,1,6]) # 계산이 내포된 수열의 합 표현
```

[54]: $\sum_{n=1}^{6} ar^{n-1}$

[55]:
```
Sum(b_n, [n,1,6]).doit() # 계산 결과는 .doit()으로 실행한다.
```

[55]: $a\left(r^5+r^4+r^3+r^2+r+1\right)$

예제 6.6] 다음의 합을 간단하게 나타내시오.

$(a)\ 2+5+8+\cdots+59 \quad (b)\ 1^2+3^2+5^2+\cdots 99^2$

[56]:
```
from sympy import *
```

(a)

[57]:
```
a=2
d=3
a_n=a+(n-1)*d
```

[58]:
```
a_n # a=2,d=3인 등차수열의 일반항
```

[58]: $3n-1$

[59]:
```
eq1=Eq(a_n,59) # 끝항 59가 몇 번째 항인지 구함
```

[60]:
```
eq1
```

[60]: $3n-1=59$

[61]:
```
solve(eq1,n) # 끝항 59는 n=20번째 항이다.
```

[61]: [20]

[62]:
```
SeqFormula(a_n,[n,1,20]) # 주어진 수열을 리스트화
```

[62]: $[2, 5, 8, 11, ...]$

[63]:
```
seq=SeqFormula(a_n,[n,1,20]) # 앞 수열 리스트
[seq[i] for i in range(0, 20)] # 수열 리스트를 인덱스로 가져옴(전체수열보기)
```

[63]: [2, 5, 8, 11, 14, 17, 20, 23, 26, 29, 32, 35, 38, 41, 44, 47, 50, 53, 56, 59]

(주어진 수열의 합 구하기)

[64]:
```
summation(a_n,[n,1,20]) # 첫째항에서 20항까지의 합 구하기
```

[64]: 610

[65]:
```
Sum(a_n,[n,1,20]) # 계산이 내포된 수열의 합 표현
```

[65]: $\sum_{n=1}^{20} (3n-1)$

[66]:
```
Sum(a_n,[n,1,20]).doit() # 계산 결과는 .doit()으로 실행한다.
```

[66]: 610

(b)

[67]:
```
b_n=(2*n-1)**2 # 주어진 수열의 일반항 표현
```

[68]:
```
b_n
```

[68]: $(2n-1)^2$

[69]:
```
solve(2*n-1-99,n) # 끝항이 50번째 항
```

[69]: [50]

(주어진 수열의 합)

[70]:
```
Sum(b_n, [n,1,50]) # 계산이 내포된 수열의 합 표현
```

[70]: $\sum_{n=1}^{50} (2n-1)^2$

[71]:
```
Sum(b_n, [n,1,50]).doit() # 계산 결과는 .doit()으로 실행한다.
```

[71]: 166650

[72]:
```
summation(b_n,[n,1,50]) # 첫째항에서 50항까지의 합 구하기
```

[72]: 166650

정리 6.7] 시그마의 성질

$$\sum_{i=1}^{n}(a_i \pm b_i) = \sum_{i=1}^{n} a_i \pm \sum_{i=1}^{n} b_i$$

$$\sum_{i=1}^{n} ca_i = c\sum_{i=1}^{n} a_i$$

정리 6.8] 특별한 시그마 공식

(1) $\sum_{k=1}^{n} k = \frac{n(n+1)}{2}$

(2) $\sum_{k=1}^{n} k^2 = \frac{n(n+1)(2n+1)}{6}$

(3) $\sum_{k=1}^{n} k^3 = (\frac{n(n+1)}{2})^2$

(파이썬으로 계산을 구현)

(1)

[73]:
```
from sympy import *
n,k = symbols('n k')
```

[74]:
```
d_n=k # 수열의 일반항
sum_ex= Sum(d_n, (k, 1, n))
```

[75]:
```
sum_ex
```

[75]: $\sum_{k=1}^{n} k$

[76]:
```
sum_ex.doit()
```

[76]: $\frac{n^2}{2} + \frac{n}{2}$

[77]:
```
summation(d_n, (k, 1, n))
```

[77]: $\frac{n^2}{2} + \frac{n}{2}$

(2)

[78]:
```
from sympy import *
# 변수 정의
n = symbols('n')
# 1에서 n까지의 합을 구하는 식 설정
```

```
d_n=n**2
sum_ex= Sum(d_n, (n, 1, n))
# 식을 계산하여 결과 얻기
result1 = sum_ex.doit()
```

[79]:
```
result1
```

[79]: $\frac{n^3}{3} + \frac{n^2}{2} + \frac{n}{6}$

[80]:
```
factor(_)
```

[80]: $\frac{n\left(n+1\right)\left(2n+1\right)}{6}$

[81]:
```
summation(d_n, (n, 1, n))
```

[81]: $\frac{n^3}{3} + \frac{n^2}{2} + \frac{n}{6}$

[82]:
```
factor(_)
```

[82]: $\frac{n\left(n+1\right)\left(2n+1\right)}{6}$

(3)

[83]:
```
from sympy import *
# 변수 정의
n = symbols('n')
# 1에서 n까지의 합을 구하는 식 설정
d_n=n**3
sum_ex= Sum(d_n, (n, 1, n))
# 식을 계산하여 결과 얻기
result2 = sum_ex.doit()
```

[84]:
```
result2
```

[84]: $\frac{n^4}{4} + \frac{n^3}{2} + \frac{n^2}{4}$

[85]:
```
factor(_)
```

[85]: $\frac{n^2\left(n+1\right)^2}{4}$

[86]:
```
summation(d_n, (n, 1, n))
```

[86]: $\frac{n^4}{4} + \frac{n^3}{2} + \frac{n^2}{4}$

[87]:
```
factor(_)
```

[87]: $\dfrac{n^2 (n+1)^2}{4}$

예제 6.7] 다음의 합을 구하시오.

(a) $\displaystyle\sum_{k=1}^{10}(k^2-k)$

(b) $\displaystyle\sum_{k=1}^{5}k(k^2+3)$

(a)

[88]:
```
from sympy import *
n,k=symbols('n k')
```

[89]:
```
a_n=(k**2 -k) # 수열의 일반항
```

[90]:
```
a_n
```

[90]: k^2-k

[91]:
```
Sum(a_n,[k,1,n]) # 첫째항에서 n항까지의 합 구하기
```

[91]: $\displaystyle\sum_{k=1}^{n}(k^2-k)$

[92]:
```
Sum(a_n,[k,1,n]).doit() # 계산 결과는 .doit()으로 실행한다.
```

[92]: $\dfrac{n^3}{3}-\dfrac{n}{3}$

[93]:
```
summation(a_n,[k,1,n]) # 첫째항에서 n항까지의 합 구하기
```

[93]: $\dfrac{n^3}{3}-\dfrac{n}{3}$

(10항까지의 합을 구한다.)

[94]:
```
Sum(a_n,[k,1,10]) # 범위에 n=10 대입한다.
```

[94]: $\displaystyle\sum_{k=1}^{10}(k^2-k)$

[95]:
```
Sum(a_n,[k,1,10]).doit()
```

[95]: 330

[96]:
```
summation(a_n,[k,1,10])
```

[96]: 330

(b)

[97]:
```
b_n=n*(n**2+3) # 변수 k 대신 n을 사용해도 된다.
```

[98]:
```
b_n
```

[98]: $n(n^2+3)$

[99]:
```
Sum(b_n,(n,1,5))
```

[99]: $\sum_{n=1}^{5} n(n^2+3)$

[100]:
```
Sum(b_n,(n,1,5)).doit()
```

[100]: 270

[101]:
```
summation(b_n,(n,1,5))
```

[101]: 270

□ 점화식 수열의 일반항 구하기

수열에서 항들 사이의 관계식을 점화식이라 한다.

예를 들면, $a_{n+1}=a_n+d$는 등차수열의 점화식이고, $a_{n+1}=a_n r$은 등비수열의 점화식이다.

주어진 점화식으로부터 수열의 일반항(점화식의 해)을 구하는 방법에 대하여 알아본다.

- rsolve(점화식, 일반항, {초깃값})

예제 6.8] 수열의 첫째항이 $a_1=2$이고, 점화식 $a_{n+1}=a_n+2n^2$을 만족할 때 일반항 a_n을 구하시오.

[102]:
```
from sympy import *
n = symbols('n') # 수학변수 선언
a = Function('a') # 함수 선언
```

[103]:
```
rsolve(a(n+1) - a(n) - 2 * n**2, a(n), {a(1): 2}) # 점화식의 해를 구한다.
```

[103]: $\frac{n(n(2n-3)+1)}{3}+2$

[104]:
```
simplify(_) # 구하는 답이다.
```

[104]: $\frac{n(n(2n-3)+1)}{3}+2$

(위에서 구한 답을 통분하여 간단히 나타내자.)

[105]:
```
together(_) # 식을 통분하기
```

[105]: $\frac{n(n(2n-3)+1)+6}{3}$

[106]:
```
fraction(_) # 분자와 분모를 분할
```

[106]: (n*(n*(2*n - 3) + 1) + 6, 3)

[107]:
```
factor(_[0])/_[1] # 분자와 분모를 통합
```

[107]: $\frac{(n+1)(2n^2-5n+6)}{3}$

예제 6.9] 수열의 첫째항이 $a_1 = 1$이고, 점화식 $a_{n+1} = 2^n a_n$을 만족할 때 일반항 a_n을 구하시오.

[108]:
```
from sympy import *
n = symbols('n')
b = Function('b')
```

[109]:
```
#rsolve( b(n+1)- (2**n)*b(n), b(n),{b(1): 1} )
# 지수식이 들어가므로 못 구한다. 즉 내장함수가 없다. 손으로 구해야 한다.
```

위 내용 실패!
직접적인 내장함수가 없기에 간접적으로 구한다.

[110]:
```
from sympy import *
n = symbols('n')
```

[111]:
```
a1=1
for i in range(1,10):
    j= 2**i*a1
    print(factorint(j)) # 정수로 소인수분해
```

```
{2: 1}
{2: 2}
{2: 3}
{2: 4}
{2: 5}
{2: 6}
{2: 7}
{2: 8}
{2: 9}
```

[112]:
```
a_n=2**(n-1) # 수열의 일반항
```

[113]:
```
a_n
```

[113]: 2^{n-1}

[114]:
```
Product(a_n, (n, 1, n))
```

[114]: $\prod_{n=1}^{n} 2^{n-1}$

[115]:
```
_.doit()
```

[115]: $2^{\frac{n^2}{2}-\frac{n}{2}}$

[116]:
```
simplify(_)
```

[116]: $2^{\frac{n(n-1)}{2}}$

(위의 내용을 한번에 실행)

[117]:
```
from sympy import *
# 변수 정의
n = symbols('n')
# 1에서 n까지의 합을 구하는 식 설정
a_n=2**(n-1)
sum_ex= Product(a_n, (n, 1, n))
# 식을 계산하여 결과 얻기
result = sum_ex.doit()
simplify(result)
```

[117]: $2^{\frac{n(n-1)}{2}}$

예제 6.10] 수열의 첫째항이 $a_1 = 4$이고, 점화식 $a_{n+1} = 3a_n - 2$을 만족할 때 일반항 a_n을 구하시오.

[118]:
```
from sympy import *
n = symbols('n')
c= Function('c')
```

[119]:
```
rsolve(c(n+1)- 3*c(n)+2, c(n),{c(1): 4}) # 다항식 점화식
```

[119]: $3^n + 1$

6.2 수열의 극한

정의 6.9] 수열의 극한

$$\lim_{n\to\infty} a_n = \alpha$$

: 수열$\{a_n\}$이 α에 수렴한다고 한다.

그리고 α를 수열$\{a_n\}$의 극한 또는 극한값이라 한다.

예제 6.11] 수열의 수렴과 발산

다음 수열의 수렴과 발산을 조사하고, 수렴하면 그 극한값을 구하시오.

$(a)\ a_n = \frac{2}{n^2}$ $(b)\ b_n = \log_2 n$

[120]:
```
from sympy import *
n=symbols('n')
```

(a) $\lim_{n\to\infty} a_n$ 을 구하면 된다.

```
[121]: Limit(2/n**2, n, oo) # 계산을 내포한 극한의 표현
```

[121]: $\lim_{n\to\infty}\left(\frac{2}{n^2}\right)$

```
[122]: Limit(2/n**2, n, oo).doit() # 계산 결과는 .doit()으로 실행한다.
```

[122]: 0

```
[123]: limit(2/n**2, n, oo) # 극한값을 계산한다.
```

[123]: 0

(b) $\lim_{n\to\infty} b_n$ 을 구하면 된다.

```
[124]: bn=log(n,2)
```

```
[125]: bn
```

[125]: $\frac{\log(n)}{\log(2)}$

```
[126]: L=Limit(bn,n,oo) # 계산을 내포한 극한의 표현
```

```
[127]: L
```

[127]: $\lim_{n\to\infty}\left(\frac{\log(n)}{\log(2)}\right)$

```
[128]: L.doit() # 계산 결과는 .doit()으로 실행한다.
```

[128]: ∞

```
[129]: limit(bn,n,oo) # 극한값을 계산한다.
```

[129]: ∞

예제 6.12] 다음 수열의 극한값을 구하시오.

```
[130]: from sympy import *
       n=symbols('n')
```

(a) 아래의 극한값을 계산한다.

```
[131]: Limit((2+3/n)*(4-3/n**2), n, S.Infinity) # S.infinity=oo
```

[131]: $\lim_{n\to\infty}\left(\left(2+\frac{3}{n}\right)\left(4-\frac{3}{n^2}\right)\right)$

[132]:
```
Limit((2+3/n)*(4-3/n**2), n, oo)
```

[132]: $\lim_{n\to\infty}\left(\left(2+\frac{3}{n}\right)\left(4-\frac{3}{n^2}\right)\right)$

[133]:
```
_.doit() # 계산 결과는 .doit()으로 실행한다.
```

[133]: 8

[134]:
```
limit((2+3/n)*(4-3/n**2), n, oo) # 극한값을 계산한다.
```

[134]: 8

(b) 아래의 극한을 계산한다.

[135]:
```
Limit((3*n**2-2)/(2*n**2+1), n, oo)
```

[135]: $\lim_{n\to\infty}\left(\frac{3n^2-2}{2n^2+1}\right)$

[136]:
```
_.doit()
```

[136]: $\frac{3}{2}$

[137]:
```
limit((3*n**2-2)/(2*n**2+1), n, oo)
```

[137]: $\frac{3}{2}$

(c) 아래의 극한을 계산한다.

[138]:
```
Limit(sqrt(n**2+3*n)-n, n, oo)
```

[138]: $\lim_{n\to\infty}\left(-n+\sqrt{n^2+3n}\right)$

[139]:
```
_.doit()
```

[139]: $\frac{3}{2}$

[140]:
```
limit(sqrt(n**2+3*n)-n, n, oo)
```

[140]: $\frac{3}{2}$

예제 6.13] 다음의 극한값을 계산하시오.

[141]:
```
from sympy import *
n=symbols('n')
```

[142]:
```
Limit(sin(n)/n, n, oo)
```

[142]:

$$\lim_{n \to \infty}\left(\frac{\sin(n)}{n}\right)$$

[143]:
```
_.doit()
```

[143]: 0

[144]:
```
limit(sin(n)/n, n, oo)
```

[144]: 0

□ 등비수열의 극한

예제 6.14] 다음 수열의 극한과 발산을 조사하고, 수렴한다면 극한값을 구하시오.

[145]:
```
from sympy import *
n=symbols('n')
```

(a) 아래의 극한을 계산한다.

[146]:
```
Limit((5**n)/(3**n +2), n, oo)
```

[146]: $\lim_{n \to \infty}\left(\frac{5^n}{3^n+2}\right)$

[147]:
```
_.doit()
```

[147]: ∞

[148]:
```
limit((5**n)/(3**n +2), n, oo)
```

[148]: ∞

(b) 아래의 극한을 계산한다.

[149]:
```
Limit((3**(n+2) +2*5**(n+1))/(2**n + 5**n), n, oo)
```

[149]: $\lim_{n \to \infty}\left(\frac{3^{n+2}+2\cdot 5^{n+1}}{2^n+5^n}\right)$

[150]:
```
_.doit()
```

[150]: 10

[151]:
```
limit((3**(n+2) +2*5**(n+1))/(2**n + 5**n), n, oo)
```

[151]: 10

□ 급수의 수렴과 발산

수열의 일반항에 대한 극한을 계산하는 방법에 대하여 살펴봤다면, 이번에는 $n \to \infty$일 때 수열의 합을 계산하는 방법에 대하여 알아본다.

급수: $\sum_{k=1}^{\infty} a_k = a_1 + a_2 + a_3 + \cdots$

부분합: $S_n = \sum_{k=1}^{n} a_k$

부분합의 극한: $\lim_{n\to\infty} S_n = \sum_{k=1}^{\infty} a_k$

[152]:
```
from sympy import *
n,k=symbols('n k')
a=Function('a') # 문자 a를 함수로 정의한다.
```

(급수 및 부분합을 표현하는 파이썬 방법)

[153]:
```
Sum(a(k), [k,1,n])
```

[153]: $\sum_{k=1}^{n} a(k)$

[154]:
```
summation(a(k), [k,1,n])
```

[154]: $\sum_{k=1}^{n} a(k)$

[155]:
```
Sum(a(k), [k,1,oo])
```

[155]: $\sum_{k=1}^{\infty} a(k)$

[156]:
```
summation(a(k), [k,1,oo])
```

[156]: $\sum_{k=1}^{\infty} a(k)$

[157]:
```
S_n=Sum(a(k), [k,1,n]) # 부분합
```

[158]:
```
S_n
```

[158]: $\sum_{k=1}^{n} a(k)$

[159]:
```
Limit( S_n, n, oo) # 부분합의 극한
```

[159]: $\lim_{n\to\infty} \sum_{k=1}^{n} a(k)$

(위에서 k 대신 n을 사용)

[160]:
```
Sum(a(n), [n,1,n])
```

[160]:

$$\sum_{n=1}^{n} a(n)$$

[161]:
```
summation(a(n), [n,1,n])
```

[161]: $$\sum_{n=1}^{n} a(n)$$

[162]:
```
Sum(a(n), [n,1,oo])
```

[162]: $$\sum_{n=1}^{\infty} a(n)$$

[163]:
```
summation(a(n), [n,1,oo])
```

[163]: $$\sum_{n=1}^{\infty} a(n)$$

★활용 예제

[164]:
```
from sympy import *
n=symbols('n')
```

(1)

(10항까지 수열의 합)

[165]:
```
an=n
```

[166]:
```
Sum(an, [n,1,10])
```

[166]: $$\sum_{n=1}^{10} n$$

[167]:
```
_.doit()
```

[167]: 55

[168]:
```
summation(an, [n,1,10])
```

[168]: 55

(부분합)

[169]:
```
Sum(an, [n,1,n])
```

[169]: $$\sum_{n=1}^{n} n$$

[170]:
```
_.doit()
```

[170]: $\frac{n^2}{2} + \frac{n}{2}$

[171]:
```
summation(an, [n,1,n])
```

[171]: $\frac{n^2}{2} + \frac{n}{2}$

(2)

[172]:
```
from sympy import *
n,k=symbols('n k')
```

(부분합)

[173]:
```
bk=k**2
```

[174]:
```
Sum(bk, [k,1,n])
```

[174]: $\sum_{k=1}^{n} k^2$

[175]:
```
_.doit()
```

[175]: $\frac{n^3}{3} + \frac{n^2}{2} + \frac{n}{6}$

[176]:
```
summation(bk, [k,1,n])
```

[176]: $\frac{n^3}{3} + \frac{n^2}{2} + \frac{n}{6}$

[177]:
```
simplify(_)
```

[177]: $\frac{n\left(2n^2 + 3n + 1\right)}{6}$

[178]:
```
# 위 식의 분자를 인수분해
# 분자와 분모를 분할
fraction(_)
```

[178]: (n*(2*n**2 + 3*n + 1), 6)

[179]:
```
factor(_[0])/_[1] # 앞 유리식을 인수분해
```

[179]: $\frac{n\left(n+1\right)\left(2n+1\right)}{6}$

예제 6.15] 다음 급수의 수렴과 발산을 조사하고, 수렴하면 급수의 합을 계산하시오.

[180]:
```
from sympy import *
n=symbols('n')
```

(a)

[181]:
```
a_n=( 1/(n+1)-1/(n+2) )
Sum(a_n, [n,1, oo])
```

[181]: $\sum_{n=1}^{\infty}\left(-\frac{1}{n+2}+\frac{1}{n+1}\right)$

[182]:
```
_.doit()
```

[182]: $\frac{1}{2}$

[183]:
```
summation(a_n, [n,1, oo])
```

[183]: $\frac{1}{2}$

(b)

[184]:
```
b_n=( sqrt(n+1)-sqrt(n+2) )
Sum(b_n, [n,1, oo])
```

[184]: $\sum_{n=1}^{\infty}\left(\sqrt{n+1}-\sqrt{n+2}\right)$

[185]:
```
_.doit()
```

[185]: $-\infty$

[186]:
```
summation(b_n, [n,1, oo])
```

[186]: $-\infty$

예제 6.16] 다음 급수의 수렴과 발산을 조사하시오.

[187]:
```
from sympy import *
n=symbols('n')
```

[188]:
```
c_n=(3*n+2)/(2*n-1)
Sum(c_n, [n,1, oo])
```

[188]: $\sum_{n=1}^{\infty}\frac{3n+2}{2n-1}$

[189]:
```
_.doit()
```

[189]: ∞

[190]:
```
summation(c_n, [n,1, oo])
```

[190]: ∞

□ 등비급수

$$\sum_{n=1}^{\infty} ar^{n-1}$$

를 초항이 a이고, 공비가 r인 등비급수라 한다.

예제 6.17] **다음 등비급수의 수렴과 발산을 조사하고, 수렴하면 그 급수의 합을 구하시오.**

[191]:
```
from sympy import *
n=symbols('n')
```

(a)

[192]:
```
an=(Rational(1,2))**(n-1) # 1/2=Rational(1,2)
Sum(an,[n,1,oo])
```

[192]: $\sum_{n=1}^{\infty} \left(\frac{1}{2}\right)^{n-1}$

[193]:
```
_.doit()
```

[193]: 2

[194]:
```
summation(an,[n,1,oo])
```

[194]: 2

(b)

[195]:
```
bn=(1.1)**(n)
Sum(bn,[n,1,oo])
```

[195]: $\sum_{n=1}^{\infty} 1.1^{n}$

[196]:
```
_.doit()
```

[196]: ∞

[197]:
```
summation(bn,[n,1,oo])
```

[197]: ∞

예제 6.18] **다음 급수의 합을 구하시오.**

[198]:
```
from sympy import *
n=symbols('n')
```

[199]:
```
cn=((-2)**n + 3**(n+1) )/(5**n)
Sum(cn, [n,1,oo])
```

[199]: $\sum_{n=1}^{\infty} 5^{-n}\left(\left(-2\right)^{n}+3^{n+1}\right)$

[200]:
```
_.doit()
```

[200]: $\frac{59}{14}$

[201]:
```
summation(cn, [n,1,oo])
```

[201]: $\frac{59}{14}$

6.3 함수의 극한

정의 6.10] 함수 $y=f(x)$의 정의역에 있는 한 점 a에 수렴하는 방향에 따라서 $f(x)$의 우극한, 좌극한이 다음과 같이 정의되며, 특히, 함수 $f(x)$의 우극한과 좌극한이 같은 값을 가질 때 함수의 극한이 존재한다고 정의한다.

1. 함수의 우극한

$$\lim_{x\to a^+} f(x) = A \Leftrightarrow [\ x\to a^+ \to f(x) \to A\ ]$$

2. 함수의 좌극한

$$\lim_{x\to a^-} f(x) = A \Leftrightarrow [\ x\to a^- \to f(x) \to A\ ]$$

3. 함수의 극한

$$\lim_{x\to a} f(x) = A \Leftrightarrow \lim_{x\to a^+} f(x) = \lim_{x\to a^-} f(x) = A$$

참고] $x\to a^+$: x가 a의 우측에서 a에 가까워진다는 의미
$x\to a^-$: x가 a의 좌측에서 a에 가까워진다는 의미

(파이썬으로 표현)

[202]:
```
from sympy import *
x,a,A=symbols('x a A')
f=Function('f')
```

[203]:
```
Eq( Limit(f(x),x,a, dir='+'), A) # 함수의 우극한
```

[203]: $\lim_{x\to a^+} f(x) = A$

[204]:
```
Eq( Limit(f(x),x,a, dir='-'), A) # 함수의 좌극한
```

[204]: $\lim_{x\to a^-} f(x) = A$

[205]:
```
Eq( Limit(f(x),x,a, dir='+'), Limit(f(x),x,a, dir='-')) # 좌극한=우극한
```

[205]: $\lim_{x\to a^+} f(x) = \lim_{x\to a^-} f(x)$

[206]:
```
Eq( Limit(f(x),x,a), A) # 함수의 극한
```

[206]: $\lim_{x\to a^+} f(x) = A$

예제 6.19] 다음의 극한값을 구하고, 그래프로 확인하시오.

(a)

[207]:
```
from sympy import *
x,y=symbols('x y')
```

[208]:
```
Limit(x**2+1,x,4)
```

[208]: $\lim_{x\to 4^+} (x^2+1)$

[209]:
```
_.doit()
```

[209]: 17

[210]:
```
limit(x**2+1,x,4)
```

[210]: 17

(그림으로 관찰)

[211]:
```
plot(x**2+1,17, size=(4,4)) # y=x^2+1, y=17의 그래프
```

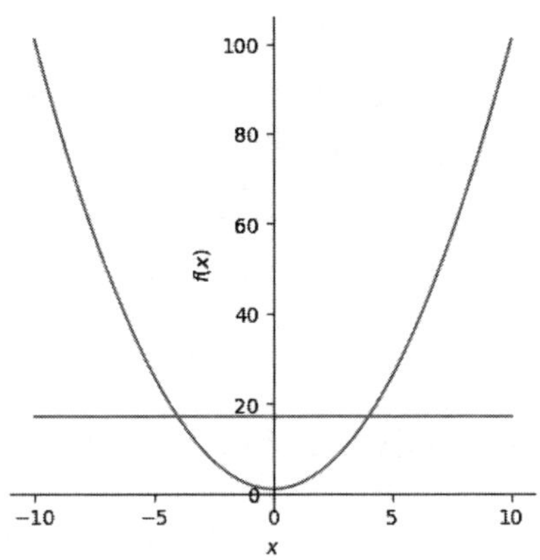

[211]: <sympy.plotting.plot.Plot at 0x1a5f646ed50>

[212]:
```
solveset(x**2+1-17,x, Interval(0,oo)) # 두 직선의 양의 교점
```

[212]: $\{4\}$

(b)

[213]:
```
f_x=(x**2-25)/(x+5)
```

[214]:
```
f_x
```

[214]: $\dfrac{x^2-25}{x+5}$

[215]:
```
Limit(f_x,x,-5)
```

[215]: $\lim_{x\to-5^+}\left(\dfrac{x^2-25}{x+5}\right)$

[216]:
```
_.doit()
```

[216]: -10

[217]:
```
limit(f_x,x,-5)
```

[217]: -10

(그림으로 관찰)

[218]:
```
plot(f_x, -10, size=(4,4)) # y=(x^2-25)/(x+5), y=-10의 그래프
```

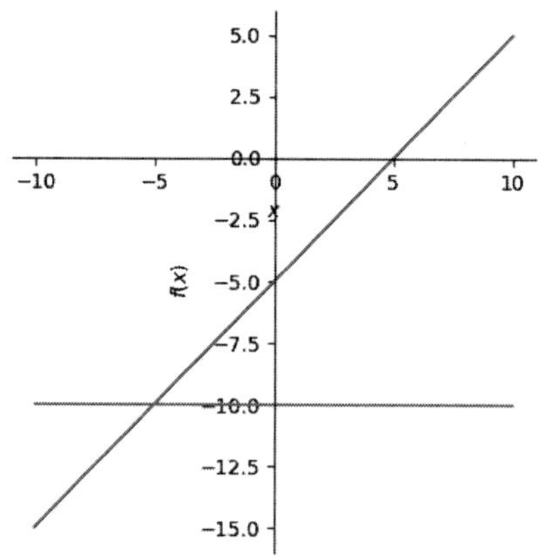

[218]: <sympy.plotting.plot.Plot at 0x1a5f7ee6a90>

[219]:
```
solveset(f_x+10, x, Interval(-oo,0)) # 부정형 0/0으로 해가 존재하지 않는다.
```

[219]: $\emptyset$

(약분으로 부정형을 없애준다)

[220]:
```
f_xx=simplify(f_x) # 부정형을 약분으로 없애준 후 새로운 함수
```

[221]:
```
f_xx
```

[221]: $x-5$

[222]:
```
Limit(f_xx,x,-5)
```

[222]: $\lim_{x\to -5^+}(x-5)$

[223]:
```
_.doit()
```

[223]: -10

[224]:
```
limit(f_xx,x,-5)
```

[224]: -10

(다시 그림으로 관찰)

[225]:
```
plot(f_xx, -10, size=(4,4)) # y=x-5, y=-10의 그래프
```

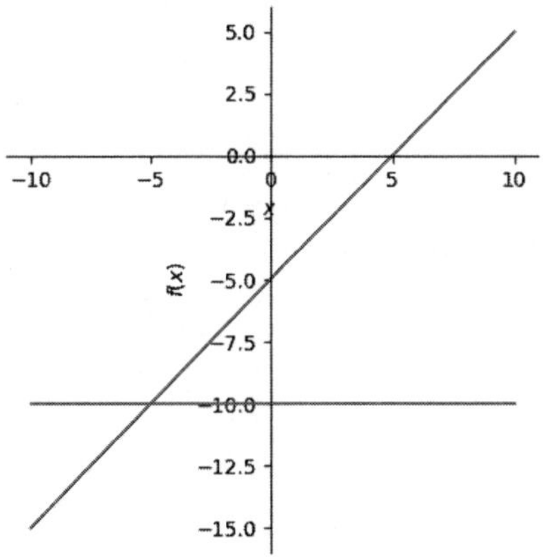

[225]: <sympy.plotting.plot.Plot at 0x1a5f7f73450>

[226]:
```
solveset(f_xx+10, x, Interval(-oo,0)) # 두 직선의 교점
```

[226]: $\{-5\}$

예제 6.20] 다음의 극한을 구하시오.

[227]:
```
from sympy import *
x=symbols('x')
```

(a)

[228]:
```
Limit(1/x, x, oo)
```

[228]: $\lim_{x\to\infty} \frac{1}{x}$

[229]:
```
_.doit()
```

[229]: 0

[230]:
```
limit(1/x, x, oo)
```

[230]: 0

(b)

[231]:
```
Limit(x**3+2*x,x,-oo)
```

[231]: $\lim_{x\to-\infty} (x^3 + 2x)$

[232]:
```
_.doit()
```

[232]: $-\infty$

[233]:
```
limit(x**3+2*x,x,-oo)
```

[233]: $-\infty$

예제 6.21]

$\lim_{x\to 1} f(x) = 3$, $\lim_{x\to 1} g(x) = -2$일 때 $\lim_{x\to 1} \frac{g(x)^2 + 4f(x)}{f(x)^2}$를 구하시오.

[234]:
```
from sympy import *
f=Function('f')
g=Function('g')
```

[235]:
```
Eq(Limit(f(x),x,1),3)
```

[235]: $\lim_{x\to 1^+} f(x) = 3$

[236]:
```
Eq(Limit(g(x),x,1),-2)
```

[236]: $\lim_{x\to 1^+} g(x) = -2$

[237]:
```
Limit((g(x)**2+4*f(x))/(f(x))**2,x,1)
```

[237]: $\lim_{x\to 1^+} \left(\frac{4f(x) + g^2(x)}{f^2(x)}\right)$

[238]:
```
_.doit()
```

[238]: $\frac{4f(1) + g^2(1)}{f^2(1)}$

[239]:
```
_.subs( {f(1):3, g(1):-2} ) # 위 결과에 f(1)=3, g(1)=-2를 대입
```

[239]: $\frac{16}{9}$

예제 6.22]

함수 $f(x)$**가** $x>0$**인 모든 실수** x**에 대해** $4x^2-1 \le (x^2+1)f(x) \le 4x^2+1$**을 만족할 때,** $\lim_{x\to\infty} f(x)$**를 구하시오.**

[240]:
```
from sympy import *
x=symbols('x')
f=Function('f')
```

(주어진 왼쪽 부등식을 간단히하고, 극한 구하기)

[241]:
```
L=4*x**2-1 <= (x**2+1)*f(x) # 왼쪽 부등식
```

[242]:
```
L
```

[242]: $4x^2-1 \le (x^2+1)\,f(x)$

[243]:
```
LL=L.lhs/(x**2+1) <= (L.rhs/(x**2+1)) # 양변에 (x^2+1)로 나눔
```

[244]:
```
LL
```

[244]: $\frac{4x^2-1}{x^2+1} \le f(x)$

[245]:
```
LL.lhs # 부등식의 왼쪽식
```

[245]: $\frac{4x^2-1}{x^2+1}$

[246]:
```
Limit(LL.lhs,x,oo) # 왼쪽식의 극한값
```

[246]: $\lim_{x\to\infty}\left(\frac{4x^2-1}{x^2+1}\right)$

[247]:
```
_.doit() # 왼쪽식의 극한값 계산
```

[247]: 4

(주어진 오른쪽 부등식을 간단히하고, 극한 구하기)

[248]:
```
R=(x**2+1)*f(x)<= 4*x**2+1 # 오른쪽 부등식
```

[249]:
```
R
```

[249]: $(x^2+1)\,f(x) \le 4x^2+1$

[250]:
```
RR=R.lhs/(x**2+1)<=R.rhs/(x**2+1) # # 양변에 (x^2+1)로 나눔
```

[251]:
```
RR
```

[251]: $f(x) \leq \frac{4x^2+1}{x^2+1}$

[252]:
```
Limit(RR.rhs,x,oo) # 부등식의 오른쪽의 극한값을 구한다.
```

[252]: $\lim_{x \to \infty} \left(\frac{4x^2+1}{x^2+1} \right)$

[253]:
```
_.doit() # 계산한다.
```

[253]: 4

(부등식을 양변이 4로 수렴하면, 샌드위치 정리로부터 중간함수의 극한도 4로 수렴함을 알 수 있다. 그래서 다음을 얻는다)

[254]:
```
Eq(Limit(f(x),x,oo),4)
```

[254]: $\lim_{x \to \infty} f(x) = 4$

참고] 샌드위치 정리

함수 $h(x)$가 $f(x) \leq h(x) \leq g(x)$를 만족하고,

$$\lim_{x \to a} f(x) = m = \lim_{x \to a} g(x)$$

이면 다음이 성립한다.

$$\lim_{x \to a} h(x) = m$$

예제 6.23] 다음의 극한값을 구하시오.

[255]:
```
from sympy import *
x=symbols('x')
```

(a) 부정형 0/0의 극한

[256]:
```
Limit((x**2+x-6)/(x-2), x, 2)
```

[256]: $\lim_{x \to 2^+} \left(\frac{x^2+x-6}{x-2} \right)$

[257]:
```
_.doit()
```

[257]: 5

[258]:
```
limit((x**2+x-6)/(x-2), x, 2)
```

[258]: 5

(b) 부정형 0/0의 극한

[259]:
```
Limit((sqrt(x+4)-1 )/(x+3), x, -3)
```

[259]: $\lim_{x\to -3^+}\left(\frac{\sqrt{x+4}-1}{x+3}\right)$

[260]:
```
_.doit()
```

[260]: $\frac{1}{2}$

[261]:
```
limit((sqrt(x+4)-1 )/(x+3), x, -3)
```

[261]: $\frac{1}{2}$

6.4 함수의 연속

정의 6.11] 함수 $f(x)$가 한 점 a에 대하여 다음의 3가지 조건을 만족할 때 함수 $f(x)$가 한 점 a에서 연속이라 한다.

1. $f(a)$: 존재
2. $\lim_{x\to a^+} f(x) = \lim_{x\to a^-} f(x) \Leftrightarrow \lim_{x\to a} f(x)$: 극한 존재
3. $\lim_{x\to a} f(x) = f(a)$

- 함수 $f(x)$가 정의역의 모든 점에서 연속일 때 연속함수라 한다.
- 연속이 아닌 함수를 불연속함수라 한다.

[262]:
```
from sympy import *
x,a=symbols('x a')
f=Function('f')
```

(연속함수를 판별하는 파이썬 표현)

[263]:
```
Eq(Limit(f(x),x,a, dir='+'), Limit(f(x),x,a, dir='-')) # 좌극한=우극한의 조사
```

[263]: $\lim_{x\to a^+} f(x) = \lim_{x\to a^-} f(x)$

[264]:
```
Eq(Limit(f(x),x,a), f(a)) # 극한값=f(a)의 조사
```

[264]: $\lim_{x\to a^+} f(x) = f(a)$

예제 6.24] 다음의 함수가 $x = 0$에서 연속인지 아닌지 판단하시오.

$(a)\ f(x) = 3x^3 - 2x + 1\ (b)\ g(x) = \frac{x}{|x|}$

[265]:
```
from sympy import *
x=symbols('x')
```

(a)

[266]:
```
def f(x):
  return 3*x**3-2*x+1
```

[267]:
```
f(x)
```

[267]: $3x^3 - 2x + 1$

[268]:
```
f(x).subs(x,0) # f(0)이 존재, 연속 조건1
```

[268]: 1

[269]:
```
L=Limit(f(x),x,0,dir='-') # 좌극한
R=Limit(f(x),x,0,dir='+') # 우극한
```

[270]:
```
L.doit()==R.doit() # 극한이 존재, 연속 조건2
```

[270]: True

[271]:
```
limit(f(x),x,0) # 극한값은 1이다, 연속 조건2
```

[271]: 1

[272]:
```
f(0)==L.doit()==R.doit() # 연속 조건3
```

[272]: True

(연속을 판별하는 프로그램)

[274]:
```
def f(x): # 주어진 함수 정의
  return 3*x**3-2*x+1

a=int(input('점을 입력:')) # 판별할 점을 입력
L=Limit(f(x),x,a,dir='-') # 좌극한 값
R=Limit(f(x),x,a,dir='+') # 우극한 값

if f(a)==L.doit()==R.doit():
  print('{}점에서 연속이다,'.format(a))
else:
  print('연속이 아님')
```

```
점을 입력:0
0점에서 연속이다,
```

(b) 연속을 판별하는 프로그램

[275]:
```
def f(x): # 주어진 함수 정의
  return x/abs(x)

a=int(input('점을 입력:')) # 판별할 점을 입력

L=Limit(f(x),x,a,dir='-') # 좌극한
R=Limit(f(x),x,a,dir='+') # 우극한

# 함수 f(x)의 분모에 a을 대입하여 0이면 f(x)가 존재않음.
if f(x).as_numer_denom()[1].subs(x,a)==0: # f(x)를 (분자,분모)로 분할
  print('불연속')
elif f(a)==L.doit()==R.doit(): # 점에서 연속 조건3 조사
  print('{}점에서 연속이다,'.format(a))
else:
  print('연속이 아님')
```

```
점을 입력:1
1점에서 연속이다,
```

예제 6.25] **임의의 실수** x**에 대하여 함수** $f(x)$**가 연속이 되도록 하는 실수** a, b**를 구하시오.**

$$f(x) = \begin{cases} \frac{x^2+ax+b}{x+2} & (x \neq -2) \\ 7 & (x = -2) \end{cases}$$

[276]:
```
from sympy import *
x,a,b=symbols('x a b')
f=Function('f')
```

[277]:
```
Eq(f(-2),7) # 문제에서 정의됨
```

[277]: $f(-2) = 7$

[278]:
```
f_x=(x**2+a*x+b)/(x+2)
```

[279]:
```
LL=Eq(Limit(f_x,x,-2),f(-2) ) # 연속 조건3
```

[280]:
```
LL # 연속이라는 가정으로부터 다음이 성립해야 한다.
```

[280]: $$\lim_{x\to -2^+}\left(\frac{ax+b+x^2}{x+2}\right) = f(-2)$$

[281]:
```
fraction(f_x) # 유리식을 (분자, 분모)로 분할
```

[281]: `(a*x + b + x**2, x + 2)`

[282]:
```
f_x.as_numer_denom() # 유리식을 (분자, 분모)로 분할
```

[282]: (a*x + b + x**2, x + 2)

[283]:
```
# x=-2에서 분모가 0이므로, 분자도 0이어야 한다(부정형 0/0)
Eq(f_x.as_numer_denom()[0].subs(x,-2),0) # 분자에 x=-2 대입
```

[283]: $-2a + b + 4 = 0$

[284]:
```
simplify(_) # (식1)
```

[284]: $2a - b = 4$

[285]:
```
f_xa=f_x.subs(b, 2*a-4) # 함수 f_x에 b=2a-4 대입
```

[286]:
```
f_xa
```

[286]: $\dfrac{ax + 2a + x^2 - 4}{x + 2}$

[287]:
```
Limit(f_xa,x,-2)
```

[287]: $\lim_{x \to -2^+} \left(\dfrac{ax + 2a + x^2 - 4}{x + 2} \right)$

[288]:
```
_.doit()
```

[288]: $a - 4$

[289]:
```
Eq(a-4,7) # (식2)
```

[289]: $a - 4 = 7$

[290]:
```
solve( (Eq(a-4,7), Eq(2*a-b,4)),(a,b)) # 식1)과 식2)를 풀면 된다.
```

[290]: {a: 11, b: 18}

□ 최대·최소 정리

정리 6.12] 함수 $f(x)$가 닫힌구간(폐구간) $[a, b]$에서 연속이면, 그 구간 사이에서 최댓값과 최솟값이 반드시 존재한다.

예제 6.26] 닫힌구간 [1,4] 에서 다음 함수의 최댓값과 최솟값을 구하시오(미분을 사용하지 않고).

(a) $f(x) = x^2 - 4x + 1$ (b) $g(x) = 2^{-x} + 3$

(a) 우선 이차함수의 표준형으로 구해보자.

[291]:
```
from sympy import *
x,a,b,c=symbols('x a b c')
```

[292]:
```
def quad(a,b,c):
    y=a*(x+b/(2*a))**2 + c- (b**2/(4*a))
    return y
```

[293]:
```
quad(a,b,c) # 일반 이차함수의 표준형
```

[293]: $a\left(x+\frac{b}{2a}\right)^2+c-\frac{b^2}{4a}$

[294]:
```
f_x=quad(1,Rational(-4,1),1) # 주어진 문제의 표준형
```

[295]:
```
f_x # x=2에서 최솟값 -3을 가진다.
```

[295]: $(x-2)^2-3$

[296]:
```
plot(f_x, size=(4,4)) # 그래프로 관찰
```

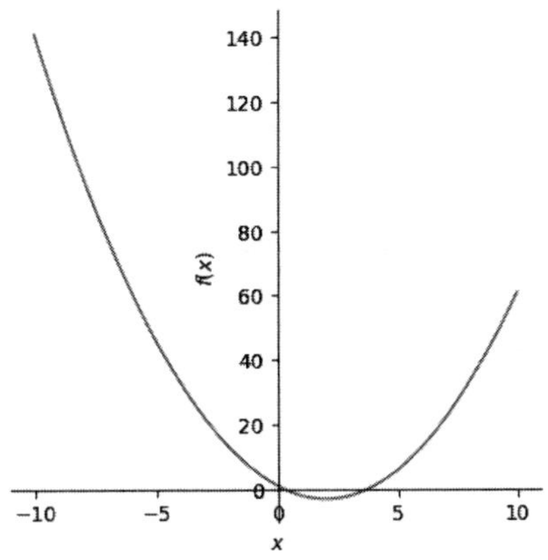

[296]: <sympy.plotting.plot.Plot at 0x1a5f9c9e090>

(이제 3개의 점 $f(1), f(2), f(4)$에서 최솟값, 최댓값을 조사)

[297]:
```
f_x.subs(x,1)
```

[297]: -2

[298]:
```
f_x.subs(x,4) # 최댓값
```

[298]: 1

[299]:
```
f_x.subs(x,2) # 최솟값
```

[299]: -3

(b) 그래프로 관찰 후 폐구간 [1,4]에서 구해보자.

[300]:
```
g_x=2**(-x)+3
```

[301]:
```
g_x
```

[301]: $3 + 2^{-x}$

[302]:
```
plot(g_x, size=(4,4)) # 감소하는 그래프
```

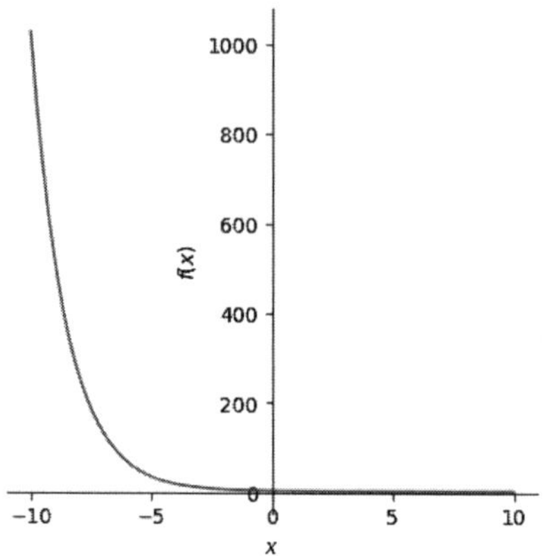

[302]: <sympy.plotting.plot.Plot at 0x1a5f9d3ad10>

[303]:
```
g_x.subs(x,1) # x=1에서 최댓값
```

[303]: $\frac{7}{2}$

[304]:
```
g_x.subs(x,4) # x=4에서 최솟값
```

[304]: $\frac{49}{16}$

(다른 방법) 다음 파이썬 함수를 사용하여 구해보자.

maximum(함수, 변수, 구간) - minimum(g(x), x, Interval(a, b))

(a)

[305]:
```
y_a=x**2-4*x+1
```

[306]:
```
y_a
```

[306]: $x^2 - 4x + 1$

[307]:
```
minimum(y_a, x,Interval(1,4)) # 최솟값
```

[307]: -3

[308]:
```
maximum(y_a, x, Interval(1,4)) # 최댓값
```

[308]: 1

(b)

[309]:
```
y_b=2**(-x)+3
```

[310]:
```
y_b
```

[310]: $3 + 2^{-x}$

[311]:
```
minimum(y_b,x, Interval(1,4)) # 최솟값
```

[311]: $\frac{49}{16}$

[312]:
```
maximum(y_b,x, Interval(1,4)) # 최댓값
```

[312]: $\frac{7}{2}$

□ 중간값 정리

중간값 정리는 해를 구할 수 없는 함수에 대하여 해의 존재를 판별해주는 정리이다.

정리 6.13] 함수 $f(x)$가 폐구간 $[a,b]$에서 연속이고, $f(a) \neq f(b)$이면,
$f(c) = k,\ f(a) \leq k \leq g(b)$를 만족하는 $c \in (a,b)$가 적어도 하나 존재한다.
참고] $k = 0$라 두면 $f(c) = 0$을 만족하는 해 c가 개구간 (a,b)에 존재한다는 의미이다.

예제 6.27] $\sin(x) = x - \frac{\pi}{2}$를 만족하는 해가 $(0,\pi)$에 적어도 하나 가짐을 보이시오.
사실, $\sin(x) = x - \frac{\pi}{2}$의 해를 구하는 방법이 아직 알려져 있지 않기 때문에, 다음 파이썬 함수를 사용할 수 없다. - solve($\sin(x) - (x - \frac{\pi}{2})$, x, (0,pi)) - Eq($\sin(x) - (x - \frac{\pi}{2})$, 0)
그래서 그래프 관찰을 통하여 알아본다.

[313]:
```
from sympy import *
x=symbols('x')
```

[314]:
```
g_x=sin(x)-(x-pi/2)
```

[315]:
```
g_x
```

[315]: $-x + \sin(x) + \frac{\pi}{2}$

[316]:
```
plot(g_x, size=(4,4) ) # 그래프상에서 해가 존재한다.
```

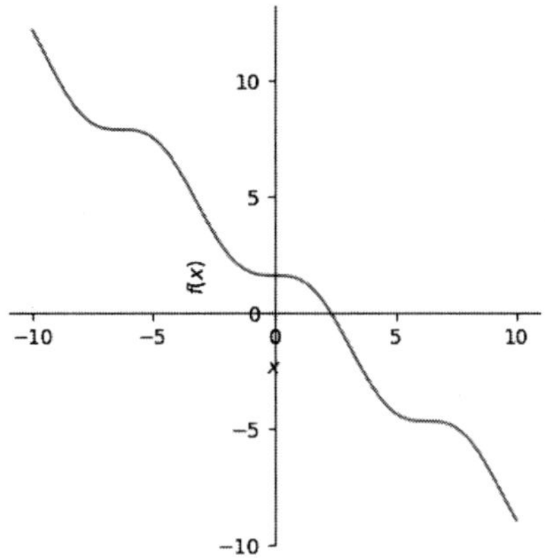

[316]: `<sympy.plotting.plot.Plot at 0x1a5f9e3de50>`

[317]:
```
# 위 그림을 확대, (0, pi) 사이에 해가 존재한다.
plot(g_x, (x, 0, pi), size=(4,4))
```

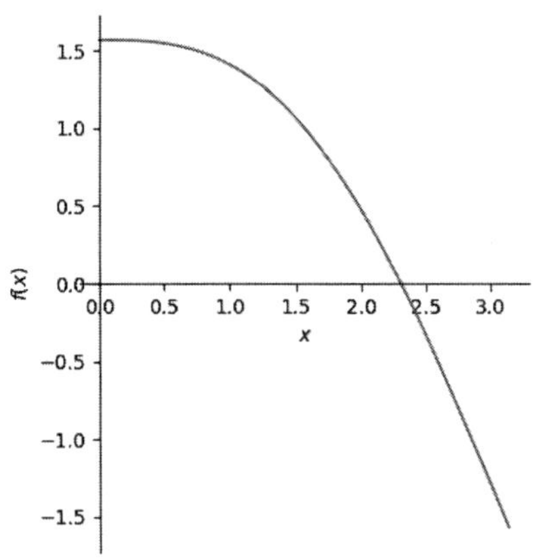

[317]: `<sympy.plotting.plot.Plot at 0x1a5f9e10a90>`

그림에서보면 2와 2.5사이에 해가 존재한다.

[318]:
```
# 직접해를 구하는 방법이 없다.
# solve(g_x,x,(0,pi))
```

[319]:
```
# 직접해를 못 구하지만 기호로만 표현
solveset(g_x,x, Interval(0,pi) )
```

[319]: $\left\{x \;\middle|\; x \in [0, \pi] \wedge -x + \sin(x) + \frac{\pi}{2} = 0\right\}$

[320]:
```
solveset(g_x,x,S.Reals)
```

[320]: $\left\{x \,\middle|\, x \in \mathbb{R} \wedge -x + \sin(x) + \frac{\pi}{2} = 0\right\}$

(라이브러리 넘파이(numpy)를 이용하여 수치적인 방법으로 구해보자.) - (2, 2.5)사이에 해가 존재한다.

- 수치적인 방법으로 그 해를 유추해보자.

[321]:
```
import numpy as np # 넘파이(numpy) 호출
```

[322]:
```
# 그림의 구간(2, 2.5) 사이를 100등분 배열로 균등분할함.
k=np.linspace(2, 2.5, 101)
```

[323]:
```
# 배열의 첫 번째 점(index=0)에서 10번째 점(index=9)까지만 보기
k[0:10]
```

[323]:
```
array([2.   , 2.005, 2.01 , 2.015, 2.02 , 2.025, 2.03 , 2.035, 2.04 ,
       2.045])
```

앞의 함수 $g_x = \sin(x) - (x - \pi/2)$에 배열 k를 대입한 새로운 배열 $g_k = g_x(k)$

[324]:
```
# 배열 k의 점들을 함수에 대입한 새로운 배열 g_k
g_k=np.sin(k)-(k-pi/2)
```

[325]:
```
# 새로운 배열의 첫 번째 점(index=0)에서 10번째 점(index=9)까지만 보기
g_k[0:10]
```

[325]:
```
array([-1.09070257317432 + pi/2, -1.09779466488149 + pi/2,
       -1.1049094366748 + pi/2, -1.11204683568505 + pi/2,
       -1.11920680847737 + pi/2, -1.12638930105257 + pi/2,
       -1.13359425884844 + pi/2, -1.14082162674115 + pi/2,
       -1.14807134904662 + pi/2, -1.15534336952191 + pi/2], dtype=object)
```

[326]:
```
# 새로운 배열(함수 값)들이 (양수, 음수) 사이에 있게하는 배열 k의 원소의 인덱스를 찾기
np.where((-0.01<g_k)&(g_k<0.01))
```

[326]:
```
(array([61, 62, 63], dtype=int64),)
```

즉, $-0.01 < g_k < 0.01$을 만족하는 배열 k의 원소들의 3개이고, 그들의 인덱스는 61, 62, 63 이다.

[327]:
```
g_k[61].evalf() # 배열 k의 index=61의 원소는 양수 0.00816이다.
```

[327]: 0.00816085145021767

[328]:
```
g_k[62].evalf() # 배열 k의 index=62의 원소는 음수 -0.00816이다.
```

[328]: −0.000198395145563274

[329]:
```
# 배열 k의 인덱스 62번째의 원소가 근사해이다, 즉 2.31이다.
k[62]
```

[329]: 2.31

[330]:
```
g_x.subs(x,k[62]) # 근사해의 함수 값
```

[330]: $-1.57099472194053 + \frac{\pi}{2}$

[331]:
```
_.evalf() # 근사해의 함수 값의 실수값
```

[331]: $-0.000198395145632\,74$

[332]:
```
k[62] in Interval.open(0,pi) # 근사해가 구간(0,pi)에 포함되는지 확인
```

[332]: True

따라서 $\sin(x) = x - \frac{\pi}{2}$를 만족하는 해가 $(0, \pi)$에 존재한다. 근사해는 2.31이다.
◀ 6장 내용 끝

6.5 연습문제

문제1] 수열의 일반항이 $a_n = 3^n + 1$ 일 때 $a_2 + a_4 + a_6$을 구하시오.

[ ]:

문제2] 초항이 -2이고, 공차가 3인 등차수열에서 $a_{10},\ S_{10}$을 구하시오.

[ ]:

문제3] 다음의 점화식 수열의 일반항을 구하시오.
(1) $a = 1,\ a_{n+1} = \frac{n}{n+1} a_n$ (2) $a = 2,\ a_{n+1} = 2a_n - 1$

[ ]:

문제4] 다음 유한급수의 합을 구하시오.
$\sum_{k=1}^{10} (2^{k-1} + 1)$

[ ]:

문제5] $2n + 1 \le a_n \le 2n + 4$를 만족하는 수열에 대하여 다음을 구하시오.

$$\lim_{n \to \infty} \frac{a_n}{3n}$$

[ ]:

문제6] 그래프를 이용하여 다음 극한값을 구하시오.

$$\lim_{x \to 0} \frac{|x|}{x}$$

[ ]:

문제7] $\lim_{x \to 2} f(x) = 4, \lim_{x \to 2} g(x) = 3$일 때 다음을 구하시오.

$$\lim_{x \to 2} \frac{f(x)^2 + 3g(x)}{g(x) + 1}$$

[ ]:

문제8] 다음이 $x = 1$에서 연속인지 아닌지를 판별하시오.
$f(x) = \dfrac{x+4}{x-1}$

[ ]:

문제9] 폐구간 $[-1, 2]$에서 다음 함수의 최댓값과 최솟값을 구하시오.
$f(x) = \log_{1/2}(x+4)$

[ ]:

문제10] 방정식 $x^3 - x + 3 = 0$은 개구간 $(-2, 1)$에서 적어도 하나의 실근을 가짐을 보이시오.

[ ]:

제 7 장
미분과 응용

7.1 미분계수와 도함수

정의 7.1] 평균변화율
함수 $f(x)$가 a에서 b까지 평균변화율은 다음과 같다.

$$\frac{\Delta y}{\Delta x} = \frac{f(b)-f(a)}{b-a}$$

의미] 두 점 $(a, f(a))$ 와 $(b, f(b))$을 지나는 직선의 기울기가 평균변화율이다.

정의 7.2] 순간변화율
함수 $f(x)$의 임의의 점 $x=a$에서 순간변화율은 다음과 같다.

$$\lim_{\Delta x \to 0} \frac{\Delta y}{\Delta x} = \lim_{b \to a} \frac{f(b)-f(a)}{b-a} = \lim_{\Delta x \to 0} \frac{f(a+\Delta x)-f(a)}{\Delta x} = f'(a)$$

(여기서, $\Delta x = b-a,\ \Delta y = f(b)-f(a)$이다.)
의미] $f'(a)$는 함수 $f(x)$의 그래프 위의 점 $(a, f(a))$를 지나는 접선의 기울기를 의미하며, 미분계수라고도 부른다.

- 편의상, $\Delta x = h$라고 두면 순간변화율은 다음과 같이 표현할 수도 있다.

$$\lim_{h \to 0} \frac{f(a+h)-f(a)}{h} = f'(a)$$

예제 7.1] 미분계수
함수 $f(x) = x^2 + x$의 $x=1$에서 미분계수 $f'(1)$를 구하시오.

[1]:
```
from sympy import *
x,y,a,h=symbols('x y a h')
```

[2]:
```
def f(x):
  return x**2+x
```

[3]:
```
f(x)
```

[3]: $x^2 + x$

[4]:
```
Limit( (f(1+h)-f(1))/h, h,0)
```

[4]: $\lim_{h \to 0^+} \left(\frac{h + (h+1)^2 - 1}{h} \right)$

[5]:
```
_.doit() # 1에서 미분계수
```

[5]: 3

예제 7.2] 함수 $g(x) = x^2 - 3x + 1$ 위의 점 $(1, -1)$에서 접선의 기울기와 접선의 방정식을 구하시오.

[6]:
```
def g(x):
  return x**2-3*x+1
```

[7]:
```
g(x)
```

[7]: $x^2 - 3x + 1$

[8]:
```
Limit( (g(1+h)-g(1))/h, h,0)
```

[8]: $\lim_{h \to 0^+} \left(\frac{-3h + (h+1)^2 - 1}{h} \right)$

[9]:
```
_.doit() # 접선의 기울기
```

[9]: -1

참고] 함수 $g(x)$ 위의 임의의 한 점 $(a, g(a))$을 지나는 접선의 방정식은 다음과 같다.

$$y - g(a) = g'(a)(x - a)$$

따라서 $g'(1) = -1$이므로 한 점 $(1, -1)$을 지나는 접선의 방정식은 다음과 같다.
$y - (-1) = (-1)(x - 1)$

[10]:
```
t_x=Eq( y-(-1), (-1)*(x-1)) # 접선의 방정식
```

[11]:
```
t_x
```

[11]: $y + 1 = 1 - x$

[12]:
```
simplify(t_x) # 접선의 방정식, t_x.simplify()도 가능
```

[12]: $x=-y$

(그림으로 관찰)

[13]:
```
plot(g(x), -x, (x,-1,5), size=(4,4) ) # 준 함수와 접선의 방정식 그리기
```

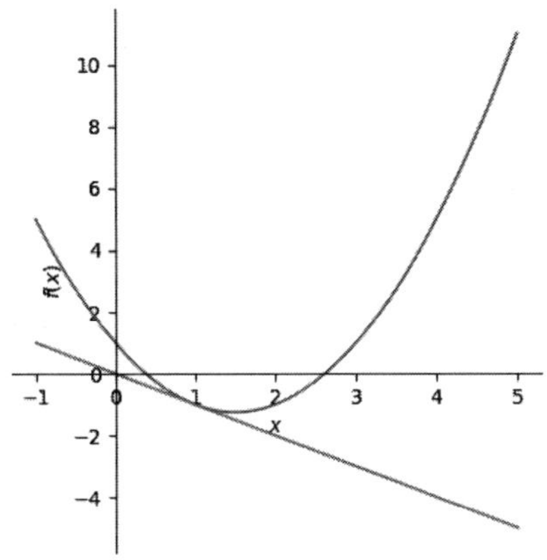

[13]: `<sympy.plotting.plot.Plot at 0x2915b357a90>`

[14]:
```
solve(g(x)-(-x),x) # 위 두 함수의 x축 교점
```

[14]: [1]

[15]:
```
g(1) # 위 두 함수의 y축 교점
```

[15]: -1

□ 도함수

정의 7.3] 미분가능한 함수 $y=f(x)$의 도함수는 다음과 같다.

$$f'(x)=\lim_{h\to o}\frac{f(x+h)-f(x)}{h}$$

도함수 표시]

$$f'(x)=\frac{dy}{dx}=\frac{d}{dx}f(x)$$

예제 7.3] 다음의 도함수를 구하시오.

(a) $f(x)=x^2+x$ (b) $g(x)=x^2-3x+1$

(a)

[16]:
```
from sympy import *
x,y,a,h=symbols('x y a h')
```

[17]:
```
def f(x):
  return x**2+x
```

[18]:
```
Limit( (f(x+h)-f(x))/h, h,0 )
```

[18]: $\lim_{h\to 0^+}\left(\frac{h-x^2+(h+x)^2}{h}\right)$

[19]:
```
_.doit()
```

[19]: $2x+1$

(b)

[20]:
```
def g(x):
  return x**2-3*x+1
```

[21]:
```
Limit( (g(x+h)-g(x))/h, h,0 )
```

[21]: $\lim_{h\to 0^+}\left(\frac{-3h-x^2+(h+x)^2}{h}\right)$

[22]:
```
_.doit()
```

[22]: $2x-3$

□ 연속성과 미분가능성

정리 7.4]

함수 $f(x)$가 점 $x=a$에서 미분가능하면, 함수 $f(x)$는 $x=a$에서 연속이다.

참고] 하지만 위 정리의 역은 성립하지 않는다.

다음의 예제를 참고하기 바란다.

예제 7.4] 함수 $f(x)=|x|$의 $x=0$에서 연속성과 미분가능성을 조사하시오.

(미분가능성)

[23]:
```
from sympy import *
x,y,h,dy,dx=symbols('x y h dy dx')
```

[24]:
```
def f(x):
  return abs(x)
```

[25]:
```
f(x)
```

[25]: $|x|$

[26]:
```
Eq(dy/dx, Limit( (f(x+h)-f(x))/h, h, 0) ) # f(x)의 도함수
```

[26]: $\frac{dy}{dx} = \lim_{h \to 0^+} \left(\frac{-|x| + |h + x|}{h} \right)$

[27]:
```
Limit( (f(0+h)-f(0))/h, h, 0, dir='-') # x=0에서 좌극한, 즉 좌도함수
```

[27]: $\lim_{h \to 0^-} \left(\frac{|h|}{h} \right)$

[28]:
```
_.doit()
```

[28]: -1

[29]:
```
Limit( (f(0+h)-f(0))/h, h, 0, dir='+') # x=0에서 우극한, 즉 우도함수
```

[29]: $\lim_{h \to 0^+} \left(\frac{|h|}{h} \right)$

[30]:
```
_.doit()
```

[30]: 1

따라서 $x = 0$에서 좌도함수$\neq$우도함수가 다르므로, 도함수가 존재하지 않는다, 즉 미분불가능이다.

(연속성)

[31]:
```
f(0) # 연속성 첫 번째 조건 성립
```

[31]: 0

[32]:
```
Limit(f(x),x,0,dir='-') # 좌극한
```

[32]: $\lim_{x \to 0^-} |x|$

[33]:
```
_.doit()
```

[33]: 0

[34]:
```
Limit(f(x),x,0,dir='+') # 우극한
```

[34]: $\lim_{x \to 0^+} |x|$

[35]:
```
_.doit()
```

[35]: 0

좌극한과 우극한이 같으므로 극한이 존재한다.

따라서 $x = 0$에서 연속이다.

함수의 그래프는 다음과 같다.

[36]:
```
plot(f(x), size=(4,4))
```

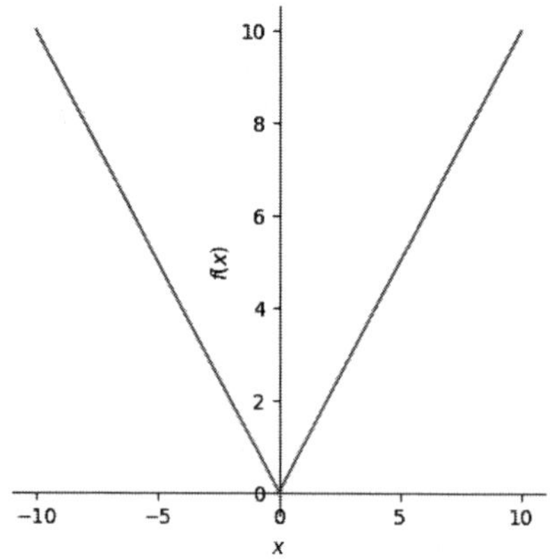

[36]: <sympy.plotting.plot.Plot at 0x2915c68cad0>

참고] 함수의 그래프에서 첨점(뾰족한 점)은 미분불가능한 점이다.

7.2 미분법

주어진 함수의 도함수를 구하기(미분법) 위해서, 매번 극한을 사용한다면 번거로울 것이다. 다음에서 도함수를 직접 구하는 파이썬 함수를 소개한다.

[37]:
```
from sympy import *
x,y,h=symbols('x y h')
f=Function('f')
```

[38]:
```
Derivative(f(x),x) # 계산이 숨겨진 도함수 식을 표시
```

[38]: $\frac{d}{dx}f(x)$

[39]:
```
_.doit() # 도함수 식의 계산
```

[39]: $\frac{d}{dx}f(x)$

[40]:
```
Derivative(f(x),x).doit()  # 도함수 식을 생략하고 바로 계산
```

[40]: $\frac{d}{dx}f(x)$

[41]:
```
diff(f(x),x) # doit()없이, 도함수 식을 계산
```

[41]: $\frac{d}{dx}f(x)$

예제 7.4] 함수 $y = \sqrt{x}$의 도함수를 정의를 이용하여 구하고, 그리고 파이썬 함수를 이용하여 구하시오.

[42]:
```
from sympy import *
x,y,h=symbols('x y h')
```

(도함수 정의를 이용)

[43]:
```
def g(x):
  return sqrt(x)
```

[44]:
```
g(x)
```

[44]: $\sqrt{x}$

[45]:
```
Limit( (g(x+h)-g(x))/h,h,0)
```

[45]: $\lim_{h \to 0^+} \left(\frac{-\sqrt{x} + \sqrt{h+x}}{h} \right)$

[46]:
```
_.doit()
```

[46]: $\frac{1}{2\sqrt{x}}$

(파이썬 함수 이용)

[47]:
```
Derivative(g(x),x)
```

[47]: $\frac{d}{dx}\sqrt{x}$

[48]:
```
_.doit()
```

[48]: $\frac{1}{2\sqrt{x}}$

[49]:
```
diff(g(x),x)
```

[49]: $\frac{1}{2\sqrt{x}}$

□ 기본 미분공식

정리 7.5] 사칙연산으로 이루어진 함수의 미분법

(1) $(cf(x))' = cf'(x)$ (c : 상수)

(2) $(f(x) \pm g(x))' = f'(x) \pm g'(x)$

(3) $(f(x)g(x))' = f'(x)g(x) + f(x)g'(x)$

(4) $\left(\frac{f(x)}{g(x)}\right)' = \frac{f'(x)g(x) - f(x)g'(x)}{g(x)^2}$ (여기서 $g(x) \neq 0$)

표시] 미분의 표현 기호

$$f'(x) = \frac{d}{dx}f(x)$$

미분의 기본공식]

(1) $\frac{d}{dx}(x^n) = nx^{n-1}$ ($n \neq 0$인 모든 실수)

(2) $\frac{d}{dx}(c) = 0$ (c : 상수)

예제 7.5] 다음 함수의 도함수를 구하시오.

$(a)\ f(x) = x^{2024} + 3x^3 - 1 \quad (b)\ g(x) = \frac{x}{x+1}$

(a)

[50]:
```
from sympy import *
x=symbols('x')
```

[51]:
```
f_x=x**(2024)+3*x**3-1
```

[52]:
```
f_x
```

[52]: $x^{2024} + 3x^3 - 1$

[53]:
```
Derivative(f_x,x) # 계산이 숨겨진 도함수 표현
```

[53]: $\frac{d}{dx}\left(x^{2024} + 3x^3 - 1\right)$

[54]:
```
_.doit() # 도함수 계산
```

[54]: $2024x^{2023} + 9x^2$

[55]:
```
diff(f_x,x) # 직접 도함수 계산
```

[55]: $2024x^{2023} + 9x^2$

(b)

[56]:
```
g_x=x/(x+1)
```

[57]:
```
g_x
```

[57]: $\frac{x}{x+1}$

[58]:
```
Derivative(g_x,x) # 계산이 숨겨진 도함수 표현
```

[58]: $\frac{d}{dx}\frac{x}{x+1}$

[59]:
```
_.doit() # 도함수 계산
```

[59]: $-\frac{x}{(x+1)^2} + \frac{1}{x+1}$

[60]:
```
diff(g_x,x) # 직접 도함수 계산
```

[60]: $-\frac{x}{(x+1)^2} + \frac{1}{x+1}$

[61]:
```
simplify(_) # 앞의 식을 간단히 표현하기
```

[61]: $\frac{1}{(x+1)^2}$

□ 삼각함수의 여러 가지 공식

삼각함수의 도함수를 공부하기 이전에 외워야 할 삼각함수의 여러 가지 공식을 파이썬으로 살펴본다.

정리 7.6] 삼각함수의 덧셈정리, 배각공식, 기타공식

(0) 사인 ↔ 코사인 변환

$$(a)\sin(\tfrac{\pi}{2}\times a\pm x)=\begin{cases}\pm\sin(x) & a: even\\ \pm\cos(x) & a: odd\end{cases}$$

$$(b)\cos(\tfrac{\pi}{2}\times a\pm x)=\begin{cases}\pm\cos(x) & a: even\\ \pm\sin(x) & a: odd\end{cases}$$

$$(c)\tan(\tfrac{\pi}{2}\times a\pm x)=\begin{cases}\pm\tan(x) & a: even\\ \pm\cot(x) & a: odd\end{cases}$$

- 오른쪽식에서 $\pm$는 왼쪽식의 각이 1사분면(모두 양수), 2사분면(사인만 양수), 3사분면(탄젠트만 양수), 4사분면(코사인만 양수)에 속하는 정도에 따라서 결정된다.

[62]:
```
from sympy import *
a=symbols('a')
```

[63]:
```
expr1=sin(a)
```

[64]:
```
expr1
```

[64]: $\sin(a)$

[65]:
```
expr1.rewrite(cos) # 사인함수를 코사인함수로 변환
```

[65]: $\cos\left(a-\frac{\pi}{2}\right)$

[66]:
```
expr2=cos(a)
```

[67]:
```
expr2
```

[67]: $\cos(a)$

[68]:
```
expr2.rewrite(sin) # 코사인함수를 사인함수로 변환
```

[68]: $\sin\left(a+\frac{\pi}{2}\right)$

(1) 덧셈공식

[69]:
```
from sympy import *
a,b=symbols('a b')
```

[70]:
```
expand_trig(sin(a+b)) # 삼각함수의 덧셈공식, 삼각함수 전개
```

[70]: $\sin(a)\cos(b)+\sin(b)\cos(a)$

[71]:
```
expand_trig(cos(a+b)) # 삼각함수의 덧셈공식
```

[71]: $-\sin(a)\sin(b)+\cos(a)\cos(b)$

[72]:
```
expand_trig(tan(a+b)) # 삼각함수의 덧셈공식
```

[72]: $\frac{\tan(a)+\tan(b)}{-\tan(a)\tan(b)+1}$

(예시)

[73]:
```
sin(75*pi/180) # 라디안 각으로 입력, 75=30+45
```

[73]: $\frac{\sqrt{2}}{4}+\frac{\sqrt{6}}{4}$

[74]:
```
cos(75*pi/180) # 라디안 각으로 입력, 75=30+45
```

[74]: $-\frac{\sqrt{2}}{4}+\frac{\sqrt{6}}{4}$

[75]:
```
tan(75*pi/180) # 라디안 각으로 입력, 75=30+45
```

[75]: $\sqrt{3}+2$

(위 공식을 반대로)

[76]:
```
trigsimp(sin(a)*cos(b)+cos(a)*sin(b)) # 전개된 삼각함수 간단히 모음
```

[76]: $\sin(a+b)$

[77]:
```
simplify(sin(a)*cos(b)+cos(a)*sin(b)) # 전개된 삼각함수 간단히 모음
```

[77]: $\sin(a+b)$

(2) 배각공식

[78]:
```
from sympy import *
a=symbols('a')
```

[79]:
```
expand_trig(sin(2*a))
```

[79]: $2\sin(a)\cos(a)$

[80]:
```
expand_trig(cos(2*a))
```

[80]: $2\cos^{2}(a) - 1$

[81]:
```
expand_trig(tan(2*a))
```

[81]: $\dfrac{2\tan(a)}{1 - \tan^{2}(a)}$

(3) 삼각함수의 합성

[82]:
```
from sympy import *
a=symbols('a')
```

(예시)

[83]:
```
trigsimp(sqrt(3)*sin(a)+cos(a))
```

[83]: $2\sin\left(a + \frac{\pi}{6}\right)$

[84]:
```
_.rewrite(cos)
```

[84]: $2\cos\left(a - \frac{\pi}{3}\right)$

(4) 반각공식(변환함수가 없다)

[85]:
```
from sympy import *
a=symbols('a')
```

[86]:
```
Eq(sin(a/2)**2,(1-cos(a))/2)
```

[86]: $\sin^{2}\left(\frac{a}{2}\right) = \frac{1}{2} - \frac{\cos(a)}{2}$

[87]:
```
factor(_) # 위 식을 인수분해
```

[87]: $\sin^{2}\left(\frac{a}{2}\right) = -\frac{\cos(a) - 1}{2}$

[88]:
```
Eq(cos(a/2)**2, (1+cos(a))/2)
```

[88]: $\cos^{2}\left(\frac{a}{2}\right) = \frac{\cos(a)}{2} + \frac{1}{2}$

[89]:
```
factor(_) # 위 식을 인수분해
```

[89]: $\cos^{2}\left(\frac{a}{2}\right) = \frac{\cos(a) + 1}{2}$

[90]:
```
Eq(tan(a/2)**2, (1-cos(a))/(1+cos(a)))
```

[90]: $\tan^{2}\left(\frac{a}{2}\right) = \frac{1 - \cos(a)}{\cos(a) + 1}$

(5) 합의 공식, 곱의 공식

[91]:
```
from sympy import *
a,b=symbols('a b')
```

(합차를 곱으로 변환)

[92]:
```
trigsimp(sin(a+b)+sin(a-b))
```

[92]: $2\sin(a)\cos(b)$

[93]:
```
trigsimp(sin(a+b)-sin(a-b))
```

[93]: $2\sin(b)\cos(a)$

[94]:
```
trigsimp(cos(a+b)+cos(a-b))
```

[94]: $2\cos(a)\cos(b)$

[95]:
```
trigsimp(cos(a+b)-cos(a-b))
```

[95]: $-2\sin(a)\sin(b)$

(예시)

[96]:
```
sin(105*pi/180)+sin(15*pi/180) # 합차를 곱으로 변환
```

[96]: $\frac{\sqrt{6}}{2}$

[97]:
```
sin(105*pi/180)-sin(15*pi/180) # 합차를 곱으로 변환
```

[97]: $\frac{\sqrt{2}}{2}$

[98]:
```
cos(105*pi/180)+cos(15*pi/180) # 합차를 곱으로 변환
```

[98]: $\frac{\sqrt{2}}{2}$

[99]:
```
cos(105*pi/180)-cos(15*pi/180) # 합차를 곱으로 변환
```

[99]: $-\frac{\sqrt{6}}{2}$

(곱을 합차로 변환: 변환 함수가 없음)

[100]:
```
Eq(sin(a)*cos(b),Rational(1,2)*(sin(a+b)+sin(a-b)) )
```

[100]: $\sin(a)\cos(b) = \frac{\sin(a-b)}{2} + \frac{\sin(a+b)}{2}$

[101]:
```
Eq(cos(a)*sin(b),Rational(1,2)*(sin(a+b)-sin(a-b)) )
```

[101]: $\sin(b)\cos(a) = -\frac{\sin(a-b)}{2} + \frac{\sin(a+b)}{2}$

[102]:
```
Eq(cos(a)*cos(b),Rational(1,2)*(cos(a+b)+cos(a-b)) )
```

[102]: $\cos(a)\cos(b) = \frac{\cos(a-b)}{2} + \frac{\cos(a+b)}{2}$

[103]:
```
Eq(sin(a)*sin(b),-Rational(1,2)*(cos(a+b)-cos(a-b)) )
```

[103]: $\sin(a)\sin(b) = \frac{\cos(a-b)}{2} - \frac{\cos(a+b)}{2}$

(예시)

[104]:
```
sin(75*pi/180)*cos(15*pi/180) # 곱을 합차로 공식 사용
```

[104]: $\left(\frac{\sqrt{2}}{4} + \frac{\sqrt{6}}{4}\right)^2$

[105]:
```
simplify(_)
```

[105]: $\frac{\sqrt{3}}{4} + \frac{1}{2}$

[106]:
```
factor(_)
```

[106]: $\frac{\sqrt{3}+2}{4}$

[107]:
```
cos(75*pi/180)*cos(15*pi/180) # 곱을 합차로 공식 사용
```

[107]: $\left(-\frac{\sqrt{2}}{4} + \frac{\sqrt{6}}{4}\right)\left(\frac{\sqrt{2}}{4} + \frac{\sqrt{6}}{4}\right)$

[108]:
```
simplify(_)
```

[108]: $\frac{1}{4}$

□ **삼각방정식**

(1) 삼각방정식1

[109]:
```
from sympy import *
x=symbols('x')
```

[110]:
```
eq1=Eq(2*cos(x)+1,0)
```

[111]:
```
eq1
```

[111]: $2\cos(x) + 1 = 0$

[112]:
```
solve(eq1,x)
```

[112]: [2*pi/3, 4*pi/3]

```
[113]: solveset(eq1,x, Interval(0,2*pi))
```

[113]: $\left\{\frac{2\pi}{3}, \frac{4\pi}{3}\right\}$

(2) 삼각방정식2

```
[114]: eq2=Eq(sin(x)-cos(2*x),0)
```

```
[115]: eq2
```

[115]: $\sin(x) - \cos(2x) = 0$

```
[116]: solve(eq2,x)
```

[116]: [-pi/2, pi/6, 5*pi/6]

```
[117]: solveset(eq2,x, Interval(0,2*pi))
```

[117]: $\left\{\frac{\pi}{6}, \frac{5\pi}{6}, \frac{3\pi}{2}\right\}$

(개별해로 불러오기)

```
[118]: sol=solve(eq2,x)
```

```
[119]: sol
```

[119]: [-pi/2, pi/6, 5*pi/6]

```
[120]: sol[2]
```

[120]: $\frac{5\pi}{6}$

```
[121]: sol[1]
```

[121]: $\frac{\pi}{6}$

```
[122]: sol[0]
```

[122]: $-\frac{\pi}{2}$

```
[123]: sol1=solveset(eq2,x, Interval(0,2*pi))
```

```
[124]: sol1 # 집합은 순서가 없기 때문에 인덱스로 불러올 수 없다.
```

[124]: $\left\{\frac{\pi}{6}, \frac{5\pi}{6}, \frac{3\pi}{2}\right\}$

[125]:
```
sol2=[ i for i in sol1] # 집합의 원소를 리스트화 한다.
```

[126]:
```
sol2
```

[126]: [pi/6, 5*pi/6, 3*pi/2]

[127]:
```
sol2[0]
```

[127]: $\frac{\pi}{6}$

[128]:
```
sol2[1]
```

[128]: $\frac{5\pi}{6}$

[129]:
```
sol2[2]
```

[129]: $\frac{3\pi}{2}$

(3) 삼각방정식3

[130]:
```
from sympy import *
x=symbols('x')
```

[131]:
```
eq3=Eq(sqrt(3)*sin(x)-cos(x),1)
```

[132]:
```
eq3
```

[132]: $\sqrt{3}\sin(x) - \cos(x) = 1$

[133]:
```
solve(eq3,x)
```

[133]: [pi/3]

[134]:
```
# solveset(eq3,x, Interval(-pi,pi)) # 구체적인 범위를 준다.
```

[135]:
```
f_x=sqrt(3)*sin(x)-cos(x)-1
```

[136]:
```
from ctypes import sizeof
plot(f_x, (x,-pi,pi), size=(4,4))
```

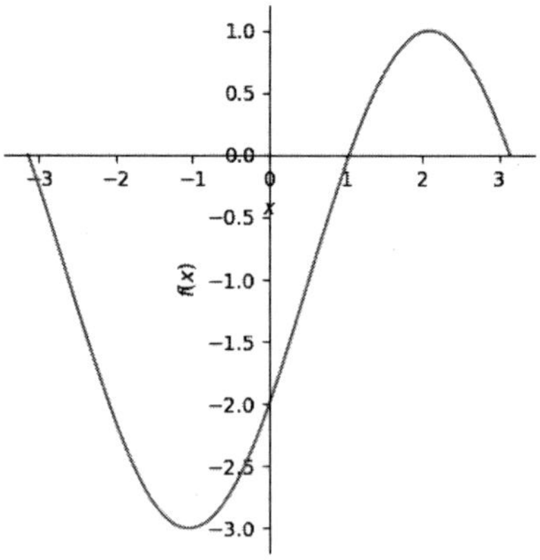

[136]: <sympy.plotting.plot.Plot at 0x2915e18f210>

[137]:
```
trigsimp(f_x)
```

[137]: $-2\cos\left(x+\frac{\pi}{3}\right)-1$

[138]:
```
trigsimp(eq3)
```

[138]: $-2\cos\left(x+\frac{\pi}{3}\right)=1$

(4) 복소수 전개

[139]:
```
from sympy import *
```

[140]:
```
cp=exp(pi/4*I) # 복소수
```

[141]:
```
cp
```

[141]: $e^{\frac{i\pi}{4}}$

[142]:
```
cpp=expand_complex(cp)
```

[143]:
```
cpp # 복소수 전개
```

[143]: $\frac{\sqrt{2}}{2}+\frac{\sqrt{2}i}{2}$

[144]:
```
re(cpp) # 실수부만 표현
```

[144]: $\frac{\sqrt{2}}{2}$

[145]:
```
im(cpp) # 허수부만 표현
```

[145]: $\frac{\sqrt{2}}{2}$

(5) 삼각방정식4

[146]:
```
from sympy import *
x=symbols('x')
```

[147]:
```
eq4=Eq(cos(2*x),2-3*sin(x))
```

[148]:
```
eq4
```

[148]: $\cos(2x) = 2 - 3\sin(x)$

[149]:
```
solve(eq4,x)
```

[149]:
```
[-3*pi/2,
 pi/6,
 pi/2,
 5*pi/6,
 I*(log(2) - 2*log(-sqrt(-sqrt(3) + I))),
 I*(log(2) - 2*log(-sqrt(sqrt(3) + I)))]
```

[150]:
```
solveset(eq4,x,Interval(-2*pi, 2*pi))
```

[150]: $\left\{-\frac{11\pi}{6}, -\frac{3\pi}{2}, -\frac{7\pi}{6}, \frac{\pi}{6}, \frac{\pi}{2}, \frac{5\pi}{6}\right\}$

[151]:
```
fx4=cos(2*x)+3*sin(x)-2
```

[152]:
```
fx4
```

[152]: $3\sin(x) + \cos(2x) - 2$

[153]:
```
plot(fx4,(x,-2*pi, 2*pi), size=(4,4))
```

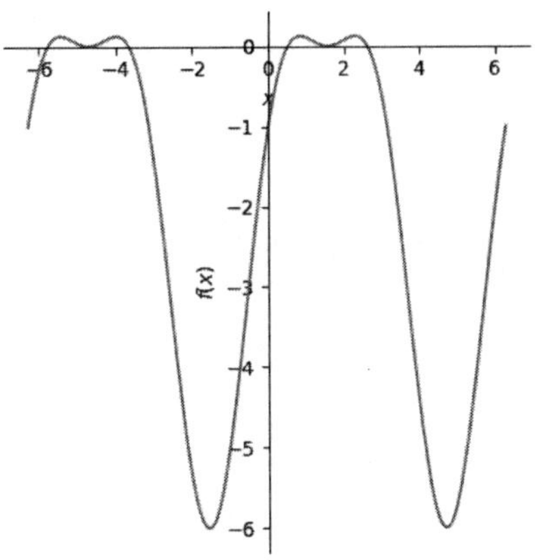

[153]: <sympy.plotting.plot.Plot at 0x2915e5c2450>

[154]:
```
sol4=solve(eq4,x) # 해를 좀 더 관찰
```

[155]:
```
sol4
```

[155]:
```
[-3*pi/2,
 pi/6,
 pi/2,
 5*pi/6,
 I*(log(2) - 2*log(-sqrt(-sqrt(3) + I))),
 I*(log(2) - 2*log(-sqrt(sqrt(3) + I)))]
```

[156]:
```
sol4[4] # 인덱스 4의 리스트 호출
```

[156]: $i\left(\log(2) - 2\log\left(-\sqrt{-\sqrt{3}+i}\right)\right)$

[157]:
```
re(sol4[4]) # 실수부
```

[157]: $-2\pi + 2\,\mathrm{atan}\left(\frac{\frac{\sqrt{2}}{4}+\frac{\sqrt{6}}{4}}{-\frac{\sqrt{2}}{4}+\frac{\sqrt{6}}{4}}\right)$

[158]:
```
im(sol4[4]) # 허수부
```

[158]: $-2\log\left(\sqrt{2}\right) + \log(2)$

예제 7.6] $0 < a < \pi/2,\ 0 < b < \pi/2$**이고,** $\sin(a) = \frac{1}{3},\ \cos(b) = \frac{3}{4}$ **일 때** $\cos(a+b)$**를 구하시오.**

[159]:
```
from sympy import *
x,a,b=symbols('x a b')
```

[160]:
```
a=asin(Rational(1,3)) # 1/3을 유리수로 표현
```

[161]:
```
a
```

[161]: $\mathrm{asin}\left(\frac{1}{3}\right)$

[162]:
```
b=acos(Rational(3,4)) # 3/4를 유리수로 표현
```

[163]:
```
b
```

[163]: $\mathrm{acos}\left(\frac{3}{4}\right)$

[164]:
```
cos(a)
```

[164]:

$\frac{2\sqrt{2}}{3}$

[165]:
```
sin(b)
```

[165]: $\frac{\sqrt{7}}{4}$

[166]:
```
cos(a+b) # 정답
```

[166]: $\cos\left(\operatorname{asin}\left(\frac{1}{3}\right) + \operatorname{acos}\left(\frac{3}{4}\right)\right)$

[167]:
```
trigsimp(_) # 정답을 간단하게 표현
```

[167]: $-\frac{\sqrt{7}}{12} + \frac{\sqrt{2}}{2}$

정리 7.7] 삼각함수의 극한

$$\lim_{x \to 0} \frac{\sin(x)}{x} = 1$$

예제 7.7] 다음의 극한값을 구하시오.

$(a) \lim_{x \to 0} \frac{\sin(2x)}{3x}$ $(b) \lim_{x \to 0} \frac{\tan(x)}{x}$

[168]:
```
from sympy import *
x=symbols('x')
```

(a)

[169]:
```
Limit(sin(2*x)/(3*x), x, 0)
```

[169]: $\lim_{x \to 0^+}\left(\frac{\sin(2x)}{3x}\right)$

[170]:
```
_.doit()
```

[170]: $\frac{2}{3}$

(b)

[171]:
```
Limit(tan(x)/(x), x, 0)
```

[171]: $\lim_{x \to 0^+}\left(\frac{\tan(x)}{x}\right)$

[172]:
```
_.doit()
```

[172]: 1

□ 삼각함수의 도함수(미분)

정리 7.8] 다음은 삼각함수들의 미분법이다.

[173]:
```
from sympy import *
x=symbols('x')
```

[174]:
```
Derivative(sin(x),x)
```

[174]: $\frac{d}{dx}\sin(x)$

[175]:
```
_.doit()
```

[175]: $\cos(x)$

(즉 다음과 같다.)

[176]:
```
Eq(Derivative(sin(x),x), diff(sin(x),x))
```

[176]: $\frac{d}{dx}\sin(x) = \cos(x)$

[177]:
```
Eq(Derivative(cos(x),x), diff(cos(x),x ) )
```

[177]: $\frac{d}{dx}\cos(x) = -\sin(x)$

[178]:
```
Eq(Derivative(tan(x),x), diff(tan(x),x) )
```

[178]: $\frac{d}{dx}\tan(x) = \tan^2(x) + 1$

(위 식의 우변을 간단히 하자.)

[179]:
```
_.rhs # 위의 오른쪽식, lhs는 왼쪽식을 나타냄
```

[179]: $\tan^2(x) + 1$

[180]:
```
trigsimp(_)
```

[180]: $\frac{1}{\cos^2(x)}$

(따라서 한번에 나타내면 다음과 같다.)

[181]:
```
Eq(Derivative(tan(x),x), trigsimp(diff(tan(x))))
```

[181]: $\frac{d}{dx}\tan(x) = \frac{1}{\cos^2(x)}$

예제 7.8] 다음 함수의 도함수를 구하라.

$(a)\ f(x) = \sin(x)\cos(x) \quad (b)\ g(x) = x^2\tan(x)$

(a)

[182]:
```
from sympy import *
x=symbols('x')
```

[183]:
```
f_x=sin(x)*cos(x)
```

[184]:
```
Derivative(f_x,x)
```

[184]: $\frac{d}{dx} \sin(x) \cos(x)$

[185]:
```
_.doit()
```

[185]: $-\sin^2(x) + \cos^2(x)$

(b)

[186]:
```
g_x=x**2 *tan(x)
```

[187]:
```
Derivative(g_x,x)
```

[187]: $\frac{d}{dx} x^2 \tan(x)$

[188]:
```
_.doit()
```

[188]: $x^2 \left(\tan^2(x) + 1\right) + 2x \tan(x)$

[189]:
```
trigsimp(_)
```

[189]: $\frac{x^2}{\cos^2(x)} + 2x \tan(x)$

□ 지수함수와 로그함수의 극한

정의 7.9] 다음은 지수함수와 로그함수들의 무한 극한을 구하는 방법이다.

[190]:
```
from sympy import *
x=symbols('x')
```

[191]:
```
Limit((1+ 1/x)**x,x,oo)
```

[191]: $\lim_{x \to \infty} \left(1 + \frac{1}{x}\right)^x$

[192]:
```
_.doit()
```

[192]: e

(즉 다음과 같다.)

[193]:
```
Eq(Limit((1+ 1/x)**x,x,oo), limit((1+ 1/x)**x,x,oo))
```

[193]: $\lim_{x \to \infty} \left(1 + \frac{1}{x}\right)^x = e$

예제 7.9]

$(a) \lim_{x \to \infty} (1 + \frac{1}{2x})^{3x} \quad (b) \lim_{x \to \infty} (x-1)^{\frac{1}{x-2}}$

[194]:
```
from sympy import *
x=symbols('x')
```

(a)

[195]:
```
Limit((1+1/(2*x))**(3*x),x,oo)
```

[195]: $\lim_{x \to \infty} \left(1 + \frac{1}{2x}\right)^{3x}$

[196]:
```
_.doit()
```

[196]: $e^{\frac{3}{2}}$

(b)

[197]:
```
Limit((x-1)**(1/(x-2)),x,2)
```

[197]: $\lim_{x \to 2^+} (x-1)^{\frac{1}{x-2}}$

[198]:
```
_.doit()
```

[198]: e

예제 7.10] 다음 함수의 극한값을 계산하시오.

$(a) \lim_{x \to 0} \frac{\log(1+3x)}{x} \quad (b) \lim_{x \to 0} \frac{2^x - 1}{3^x - 1}$

[199]:
```
from sympy import *
x=symbols('x')
```

(a)

[200]:
```
Limit(log(1+3*x)/x, x, 0)
```

[200]: $\lim_{x \to 0^+} \left(\frac{\log(3x+1)}{x}\right)$

[201]:
```
_.doit()
```

[201]: 3

(b)

[202]:
```
Limit((2**x-1)/(3**x-1), x, 0)
```

[202]: $\lim_{x \to 0^+} \left(\frac{2^x - 1}{3^x - 1}\right)$

[203]:
```
_.doit()
```

[203]: $\frac{\log(2)}{\log(3)}$

정리 7.10] 지수-로그함수의 미분

[204]:
```
from sympy import *
x,a=symbols('x a')
```

(1)

[205]:
```
Eq(Derivative(exp(x),x), diff(exp(x),x))
```

[205]: $\frac{d}{dx}e^{x} = e^{x}$

(2)

[206]:
```
Eq(Derivative(a**x,x), diff(a**x,x))
```

[206]: $\frac{\partial}{\partial x}a^{x} = a^{x}\log(a)$

(3)

[207]:
```
Eq(Derivative(log(x),x), diff(log(x),x))
```

[207]: $\frac{d}{dx}\log(x) = \frac{1}{x}$

(4)

[208]:
```
Eq(Derivative(log(x,a),x), diff(log(x,a),x) )
```

[208]: $\frac{\partial}{\partial x}\frac{\log(x)}{\log(a)} = \frac{1}{x\log(a)}$

예제 7.11] 다음 함수를 미분하시오.

$(a) f(x) = \frac{e^{x}}{x}\ (x \neq 0) \quad (b) g(x) = 3\log_{2}x - x\log x$

[209]:
```
from sympy import *
x=symbols('x')
```

(a)

[210]:
```
def f(x):
    return exp(x)/x
```

[211]:
```
f(x)
```

[211]: $\frac{e^{x}}{x}$

[212]:
```
Derivative(f(x),x)
```

[212]: $\frac{d}{dx}\frac{e^x}{x}$

[213]:
```
_.doit()
```

[213]: $\frac{e^x}{x} - \frac{e^x}{x^2}$

[214]:
```
simplify(_)
```

[214]: $\frac{(x-1)\,e^x}{x^2}$

(b)

[215]:
```
def g(x):
    return 3*log(x,2)-x*log(x)
```

[216]:
```
g(x)
```

[216]: $-x\log(x) + \frac{3\log(x)}{\log(2)}$

[217]:
```
Derivative(g(x),x)
```

[217]: $\frac{d}{dx}\left(-x\log(x) + \frac{3\log(x)}{\log(2)}\right)$

[218]:
```
_.doit()
```

[218]: $-\log(x) - 1 + \frac{3}{x\log(2)}$

7.3 고차도함수

□ 이계도함수

[219]:
```
from sympy import *
x,h=symbols('x h')
f=Function('f')
```

정리 7.11] 이계도함수(두 번 미분)

[220]:
```
Eq( Derivative(f(x),x,2),
     Limit( (Derivative(f(x+h),x)-Derivative(f(x),x))/h, h,0 ) )
```

[220]: $\frac{d^2}{dx^2}f(x) = \lim_{h\to 0^+}\left(\frac{-\frac{d}{dx}f(x) + \frac{\partial}{\partial x}f(h+x)}{h}\right)$

기호] $f''(x) = \frac{d^2y}{dx^2} = \frac{d^2}{dx^2}f(x)$

[221]:
```
# 이계 미분 표현, 계산은 Derivative(f(x),x,2).doit()이다.
Derivative(f(x),x,2)
```

[221]: $\frac{d^2}{dx^2}f(x)$

[222]:
```
_.doit() # 이계 미분 계산
```

[222]: $\frac{d^2}{dx^2}f(x)$

[223]:
```
diff(f(x),x,2) # 이계 미분 직접 계산
```

[223]: $\frac{d^2}{dx^2}f(x)$

예제 7.12] 다음 함수의 이계도함수를 구하시오.

(a) $f(x) = x^3 - 2x^2 + 1$ (b) $g(x) = \sin(x) + e^x$

[224]:
```
from sympy import *
x=symbols('x')
```

(a)

[225]:
```
f_x=x**3-2*x**2+1
```

[226]:
```
Derivative(f_x,x,2)
```

[226]: $\frac{d^2}{dx^2}\left(x^3 - 2x^2 + 1\right)$

[227]:
```
_.doit()
```

[227]: $2 \cdot (3x - 2)$

[228]:
```
diff(f_x,x,2)
```

[228]: $2 \cdot (3x - 2)$

(b)

[229]:
```
g_x=sin(x)+exp(x)
```

[230]:
```
Derivative(g_x,x,2)
```

[230]: $\frac{d^2}{dx^2}\left(e^x + \sin(x)\right)$

[231]:
```
_.doit()
```

[231]: $e^x - \sin(x)$

[232]:
```
diff(g_x,x,2)
```

[232]: $e^x - \sin(x)$

□ n계 도함수

예제 7.13] 다음 함수의 $f^{(3)}(x)$, $g^{(3)}(x)$를 구하시오.

$(a)\ f(x) = x^3 - 2x^2 + 1 \quad (b)\ g(x) = \sin(x) + e^x$

[233]:
```
from sympy import *
x=symbols('x')
```

(a)

[234]:
```
f_x=x**3-2*x**2+1
```

[235]:
```
Derivative(f_x,x,3)
```

[235]: $\frac{d^3}{dx^3}\left(x^3 - 2x^2 + 1\right)$

[236]:
```
_.doit()
```

[236]: 6

[237]:
```
diff(f_x,x,3)
```

[237]: 6

(b)

[238]:
```
g_x=sin(x)+exp(x)
```

[239]:
```
Derivative(g_x,x,3)
```

[239]: $\frac{d^3}{dx^3}\left(e^x + \sin(x)\right)$

[240]:
```
_.doit()
```

[240]: $e^x - \cos(x)$

[241]:
```
diff(g_x,x,3)
```

[241]: $e^x - \cos(x)$

7.4 합성함수와 역함수의 미분법

□ 합성함수 미분법

정리 7.12]

$$\{f(g(x))\}' = f'(g(x)) \cdot g'(x)$$

예제 7.14] 다음을 미분하시오.

$(a)\ f(x) = (x^2+2)^3 \quad (b)\ g(x) = \dfrac{1}{(x^4+1)^2}$

[242]:
```
from sympy import *
x=symbols('x')
```

(a)

[243]:
```
f_x=(x**2+2)**3
```

[244]:
```
Derivative(f_x,x)
```

[244]: $\frac{d}{dx}\left(x^2+2\right)^3$

[245]:
```
_.doit()
```

[245]: $6x\left(x^2+2\right)^2$

[246]:
```
diff(f_x,x)
```

[246]: $6x\left(x^2+2\right)^2$

(b)

[247]:
```
g_x=1/(x**4+1)**2
```

[248]:
```
Derivative(g_x,x)
```

[248]: $\frac{d}{dx}\frac{1}{\left(x^4+1\right)^2}$

[249]:
```
_.doit()
```

[249]: $-\frac{8x^3}{\left(x^4+1\right)^3}$

[250]:
```
diff(g_x,x)
```

[250]: $-\frac{8x^3}{\left(x^4+1\right)^3}$

예제 7.15] 다음을 미분하시오.

$(a)\ f(x) = \log(x^2+4) \quad (b)\ g(x) = \sin(\tan(x))$

[251]:
```
from sympy import *
x=symbols('x')
```

(a)

[252]:
```
f_x=log(x**2+4)
```

[253]:
```
Derivative(f_x,x)
```

[253]: $\frac{d}{dx}\log\left(x^2+4\right)$

[254]:
```
_.doit()
```

[254]: $\frac{2x}{x^2+4}$

[255]:
```
diff(f_x,x)
```

[255]: $\frac{2x}{x^2+4}$

(b)

[256]:
```
g_x=sin(tan(x))
```

[257]:
```
Derivative(g_x,x)
```

[257]: $\frac{d}{dx}\sin\left(\tan\left(x\right)\right)$

[258]:
```
_.doit()
```

[258]: $\left(\tan^2\left(x\right)+1\right)\cos\left(\tan\left(x\right)\right)$

[259]:
```
diff(g_x,x)
```

[259]: $\left(\tan^2\left(x\right)+1\right)\cos\left(\tan\left(x\right)\right)$

[260]:
```
trigsimp(_)
```

[260]: $\frac{\cos\left(\tan\left(x\right)\right)}{\cos^2\left(x\right)}$

□ 역함수의 미분법

$y = f(x)$(전단사함수) $\Leftrightarrow x = f^{-1}(y)$

$\Longrightarrow dx/dy = f^{-1}(y)'(\frac{dy}{dx} = \frac{1}{dx/dy})$

$\Longrightarrow f'(x) = \frac{1}{f^{-1}(y)'}(y = x)$

$\Longrightarrow f'(y) = \frac{1}{f^{-1}(x)'}$

$\Longrightarrow f^{-1}(x)' = \dfrac{1}{f'(y)}$: 역함수 미분

예제 7.16] $f(x) = x^3 + x + 1$의 역함수 $g(x)$를 구하고, $g'(1)$를 구하시오.

[261]:
```
from sympy import *
x,y=symbols('x y')
```

[262]:
```
def f(x):
 return x**3+x+1
```

[263]:
```
solve(f(x)-1,x) # x=0일 때 y=1을 의미, 즉 f(0)=1을 의미
```

[263]:
```
[0, -I, I]
```

[264]:
```
f(0) # x=0일 때 y=1을 의미 즉 f(0)=1, 역함수 g(y)=x에서는 g(1)=0이다.
```

[264]:
```
1
```

따라서 $g'(1) = \frac{1}{f'(0)}$ 이다.

[265]:
```
df_x=diff(f(x),x)
```

[266]:
```
1/df_x.subs(x,0) # 최종 답
```

[266]:
```
1
```

7.5 음함수와 매개변수 미분법

□ 음함수 미분법

x, y로 이루어진 방정식 $f(x,y) = 0$의 관계가 성립할 때, y를 x의 음함수라 한다. 방정식 $f(x,y) = 0$를 음함수 표현이라 한다.

(음함수 미분 방법)

음함수 표현은 미분해야 할 변수가 2개이므로, $\dfrac{dy}{dx}$ 또는 $\dfrac{dx}{dy}$ 처럼 2가지 미분이 존재할 수 있다.

1. $(\dfrac{dy}{dx})$을 구할 경우: 변수 x는 그대로 미분하고, 변수 y는 미분하고 연이어 $\dfrac{dy}{dx}$를 곱해 준다.
2. $(\dfrac{dx}{dy})$을 구할 경우: 변수 y는 그대로 미분하고, 변수 x는 미분하고 연이어 $\dfrac{dx}{dy}$를 곱해 준다.

참고] $f(x,y) = 0$일 경우, 파이썬 함수는 다음과 같다. - idiff(f(x,y), y. x) - idiff(f(x,y), x. y)

예제 7.17] 음함수 표현 $x^2 + 2y^2 - xy - 3x - 4y = 5$에 대하여 $\dfrac{dy}{dx}, \dfrac{dx}{dy}$를 각각 구하시오.

[267]:
```
from sympy import *
x,y=symbols('x y')
```

[268]:
```
Eq(x**2+2*y**2-x*y-3*x-4*y,5) # 음함수 표현 방정식
```

[268]: $x^2 - xy - 3x + 2y^2 - 4y = 5$

[269]:
```
fxy=x**2+2*y**2-x*y-3*x-4*y-5 # 음함수
```

[270]:
```
fxy
```

[270]: $x^2 - xy - 3x + 2y^2 - 4y - 5$

[271]:
```
idiff(fxy,y,x) # 음함수의 미분 dy/dx
```

[271]: $\frac{2x - y - 3}{x - 4y + 4}$

[272]:
```
idiff(fxy,x,y) # 음함수의 미분 dx/dy
```

[272]: $\frac{-x + 4y - 4}{-2x + y + 3}$

□ 매개변수 함수의 미분법

정리 7.13] 미분가능한 매개변수 함수 $x = f(t),\ y = g(t)$에 대하여, 다음이 성립한다.

$$\frac{dy}{dx} = \frac{\frac{dy}{dt}}{\frac{dx}{dt}} = \frac{g'(t)}{f'(t)}\ (f'(t) \neq 0)$$

예제 7.18] 다음의 매개변수 함수에 대하여, $\frac{dy}{dx}$를 구하시오.

$(a)\ x = -\cos(t),\ y = \sin(t)\quad (b)\ x = 2t + 1,\ y = t^3$

(a)

[273]:
```
from sympy import *
x,y,t=symbols('x y t')
```

[274]:
```
dx_dt=Derivative(-cos(t),t)
```

[275]:
```
dx_dt
```

[275]: $\frac{d}{dt}(-\cos(t))$

[276]:
```
_.doit()
```

[276]: $\sin(t)$

[277]:
```
dy_dt=Derivative(sin(t),t)
```

[278]:
```
dy_dt
```

[278]: $\frac{d}{dt}\sin(t)$

```
[279]: _.doit()
```

[279]: $\cos(t)$

```
[280]: dy_dx=dy_dt/dx_dt
```

```
[281]: dy_dx
```

[281]: $\frac{\frac{d}{dt}\sin(t)}{\frac{d}{dt}(-\cos(t))}$

```
[282]: _.doit() # -x/y이다.
```

[282]: $\frac{\cos(t)}{\sin(t)}$

```
[283]: _.subs({cos(t):-x, sin(t):y})
```

[283]: $-\frac{x}{y}$

(다른 방법)

```
[284]: #사선 길이 1, 밑변 길이 x, 수직 길이 sqrt(1-x^2)인 직각삼각형
t=acos(-x)
y=sin(t)
```

```
[285]: y # 위 직각삼각형 생각
```

[285]: $\sqrt{1-x^2}$

```
[286]: diff(y,x) # 미분 dy/dx하면 즉 -x/y가 답이다.
```

[286]: $-\frac{x}{\sqrt{1-x^2}}$

(b)

```
[287]: from sympy import *
x,y,t=symbols('x y t')
```

```
[288]: dx_dt=diff(2*t+1,t)
```

```
[289]: dx_dt
```

[289]: 2

```
[290]: dy_dt=diff(t**3,t)
```

[291]:
```
dy_dt
```

[291]: $3t^2$

[292]:
```
dy_dx=dy_dt/dx_dt
```

[293]:
```
dy_dx # t=(x-1)/2를 대입
```

[293]: $\frac{3t^2}{2}$

[294]:
```
_.subs(t,(x-1)/2)
```

[294]: $\frac{3\left(\frac{x}{2}-\frac{1}{2}\right)^2}{2}$

[295]:
```
simplify(_)
```

[295]: $\frac{3\left(x-1\right)^2}{8}$

(다른 방법)

[296]:
```
t1=solve(x-2*t-1,t)
```

[297]:
```
t1
```

[297]: [x/2 - 1/2]

[298]:
```
t1[0] # 준식에서 t=(x-1)/2
```

[298]: $\frac{x}{2}-\frac{1}{2}$

[299]:
```
y=t**3
```

[300]:
```
y
```

[300]: t^3

[301]:
```
y2=y.subs(t,t1[0])
```

[302]:
```
y2
```

[302]: $\left(\frac{x}{2}-\frac{1}{2}\right)^3$

[303]:
```
diff(y2,x)
```

[303]: $\frac{3\left(\frac{x}{2}-\frac{1}{2}\right)^2}{2}$

[304]:
```
simplify(_)
```

[304]: $\dfrac{3\,(x-1)^2}{8}$

7.6 로피탈 정리

정리 7.14] 롤의 정리
함수 $f(x)$가 $[a,b]$에서 연속이고, (a,b)에서 미분가능하고, $f(a)=f(b)$이면 $f'(c)=0$을 만족하는 $c\in(a,b)$가 적어도 하나 존재한다.

정리 7.15] 평균값 정리
함수 $f(x)$가 $[a,b]$에서 연속이고, (a,b)에서 미분가능하면 다음을 만족하는 $c\in(a,b)$가 적어도 하나 존재한다.

$$f'(c)=\frac{f(b)-f(a)}{b-a}$$

예제 7.19] $x>0$에 대하여 다음이 성립함을 보이시오.
$\frac{1}{x+1}<\log(x+1)-\log(x)<\frac{1}{x}$
[증명은 평균값 정리를 이용한다.]

[305]:
```
from sympy import *
x=symbols('x')
```

(그래프로 관찰)

[306]:
```
f_x=1/(x+1)
g_x=log(x+1)-log(x)
h_x=1/x
```

[307]:
```
# 그래프  관찰
plot(f_x,g_x,h_x, xlim=(-5,5), ylim=(-5,5), size=(4,4))
```

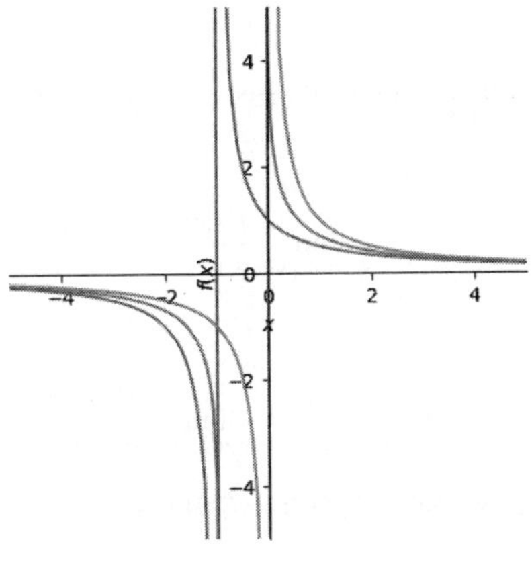

```
[307]: <sympy.plotting.plot.Plot at 0x2915de1b590>
```

```
[308]: # x > 0일 때 관찰
       plot(f_x,g_x,h_x, xlim=(0,5), ylim=(-2,5), size=(4,4))
```

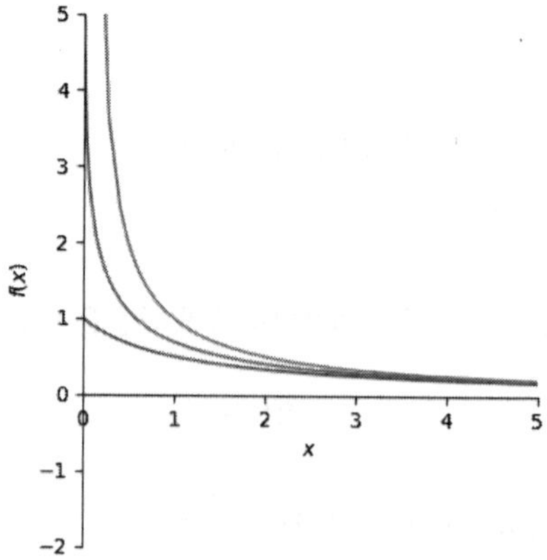


```
[308]: <sympy.plotting.plot.Plot at 0x2915b295bd0>
```

정리 7.16] 코시의 평균값 정리
두 함수 $f(x), g(x)$가 $[a,b]$에서 연속이고, (a,b)에서 미분가능하면 다음을 만족하는 $c \in (a,b)$가 적어도 하나 존재한다.

$$\frac{f'(c)}{g'(c)} = \frac{f(b)-f(a)}{g(b)-g(a)}$$

□ 로피탈 정리
미분을 이용하여 함수의 극한을 쉽게 구하게 해주는 정리가 로피탈 정리이다.
정리 7.17] 로피탈 정리(부정형: $\frac{0}{0}$, $\frac{\infty}{\infty}$)

함수 $f(x)$와 $g(x)$가 점 $x=a$ 또는 $\pm\infty$를 포함하는 개구간에서 미분가능하고, 그 개구간의 모든 x에서 $g'(x) \neq 0$이다.
만약

$$\lim_{x\to a,\ \pm\infty} f(x) = \{0,\ \pm\infty\} = \lim_{x\to a,\ \pm\infty} g(x)$$

일 때

$$\lim_{x\to a,\ \pm\infty} \frac{f'(x)}{g'(x)}$$

가 존재한다면 다음이 성립한다.

$$\lim_{x\to a,\ \pm\infty} \frac{f(x)}{g(x)} = \lim_{x\to a,\ \pm\infty} \frac{f'(x)}{g'(x)}$$

예제 7.20] 로피탈 정리를 이용하여 다음의 극한값을 구하시오.

[309]:
```
from sympy import *
x=symbols('x')
```

(a)

[310]:
```
f_x=(x-Rational(1,6)*x**3)/(sin(x))
```

[311]:
```
f_x
```

[311]: $\dfrac{-\frac{x^3}{6}+x}{\sin(x)}$

[312]:
```
Limit(f_x,x,0)
```

[312]: $\lim_{x\to 0^+}\left(\dfrac{-\frac{x^3}{6}+x}{\sin(x)}\right)$

[313]:
```
_.doit()
```

[313]: 1

(b)

[314]:
```
g_x=exp(x)/x**3
```

[315]:
```
g_x
```

[315]: $\dfrac{e^x}{x^3}$

[316]:
```
Limit(g_x,x,oo)
```

[316]: $\lim_{x\to\infty}\left(\dfrac{e^x}{x^3}\right)$

[317]:
```
_.doit()
```

[317]: ∞

예제 7.21] **미분가능한 함수** $f(x)$**가** $f(2)=2,\ f'(2)=4$**를 만족할 때 다음을 구하시오.**

$$\lim_{x\to 2}\frac{f^3(x)-8}{x^3-8}$$

[318]:
```
from sympy import *
x,y=symbols('x y')
f=Function('f')
```

[319]:
```
k=(f(x)**3-8)/(x**3-8) # 극한의 대상
```

[320]:
```
k
```

[320]: $\frac{f^3(x) - 8}{x^3 - 8}$

[321]:
```
# k를 분자와 분모로 분리, fraction(k)도 된다.
N_D=k.as_numer_denom() # 튜플로 분자와 분모로 분해
```

[322]:
```
N_D
```

[322]: (f(x)**3 - 8, x**3 - 8)

[323]:
```
# 분모가 0이므로, 분자도 0 이어야 한다.
Eq(N_D[0].subs(x,2),0)
```

[323]: $f^3(2) - 8 = 0$

[324]:
```
dn=diff(N_D[0],x) # 분자 미분
```

[325]:
```
dn
```

[325]: $3f^2(x)\frac{d}{dx}f(x)$

[326]:
```
dn.subs(x,2) # 분자 미분에 x=2 대입
```

[326]: $3f^2(2)\left.\frac{d}{dx}f(x)\right|_{x=2}$

[327]:
```
# 문제 주어진 조건을 위 식에 대입한다.
_.subs({f(2):2, diff(f(x)).subs(x,2):4 })
```

[327]: 48

(이제 분모 미분)

[328]:
```
dd=diff(N_D[1],x) # 분모 미분한다.
```

[329]:
```
dd
```

[329]: $3x^2$

[330]:
```
dd.subs(x,2) # 분모 미분에 x=2를 대입한다.
```

[330]: 12

따라서

[331]:
```
Eq(Limit(k,x,2),Rational(48, 12)) # 최종 답은 48/12
```

[331]: $\lim_{x \to 2^+}\left(\frac{f^3(x) - 8}{x^3 - 8}\right) = 4$

7.7 미분의 응용

□ 접선의 방정식

정리 7.18] 함수 $f(x)$가 $x=a$에서 미분가능할 때, 점 $(a, f(a))$를 지나는 접선의 방정식은 다음과 같다.

$$y - f(a) = f'(a)(x-a)$$

예제 7.22] 다음의 주어진 점을 지나는 접선의 방정식을 구하시오.
(a) $f(x) = x^3 + 2x - 1,\ (1,2)$ (b) $g(x) = \sin(x),\ (0,0)$

(a)

[332]:
```
from sympy import *
x,y=symbols('x y')
```

[333]:
```
def f(x):
  y=x**3+2*x-1
  return y
```

[334]:
```
f(x)
```

[334]: $x^3 + 2x - 1$

[335]:
```
m=diff(f(x),x).subs(x,1) # x=1에서 접선의 기울기
```

[336]:
```
m
```

[336]: 5

[337]:
```
Eq(y-2,m*(x-1))
```

[337]: $y - 2 = 5x - 5$

[338]:
```
factor(_)
```

[338]: $y - 2 = 5(x-1)$

[339]:
```
simplify(_)
```

[339]: $5x - y = 3$

(그림으로 관찰)

[340]:
```
plot(f(x), 5*x-3, xlim=(-5,5),ylim=(-10,10),size=(4,4))
```

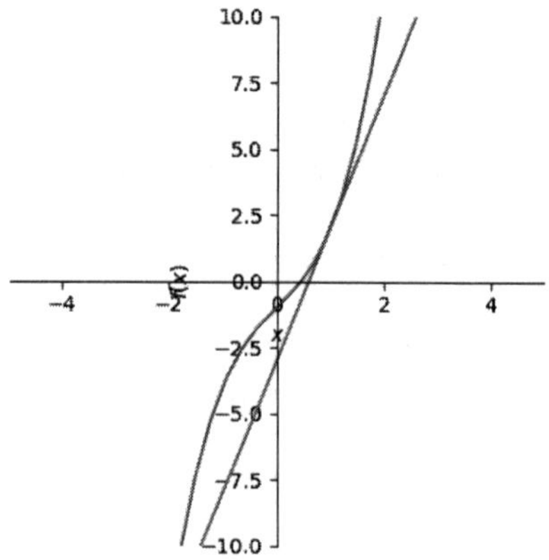

[340]: <sympy.plotting.plot.Plot at 0x2915e6a4c90>

[341]:
```
# 곡선과 접선의 x축 교점, 즉 x=-2, x=1
solve(Eq(x**3+2*x-1, (5*x-3)),x)
```

[341]: [-2, 1]

[342]:
```
f(1)
```

[342]: 2

따라서 $y = 5x - 3$은 $(1, 2)$에서 접선의 방정식이다.

(b)

[343]:
```
def g(x):
  y=sin(x)
  return y
```

[344]:
```
g(x)
```

[344]: $\sin(x)$

[345]:
```
m=diff(g(x),x).subs(x,0) # x=0에서 접선의 기울기
```

[346]:
```
m
```

[346]: 1

[347]:
```
Eq(y-0,m*(x-0)) # x=0에서 접선의 방정식
```

[347]: $y = x$

(그림으로 관찰)

[348]:
```
plot(g(x),x, xlim=(-4,4), ylim=(-5,5), size=(4,4))
```

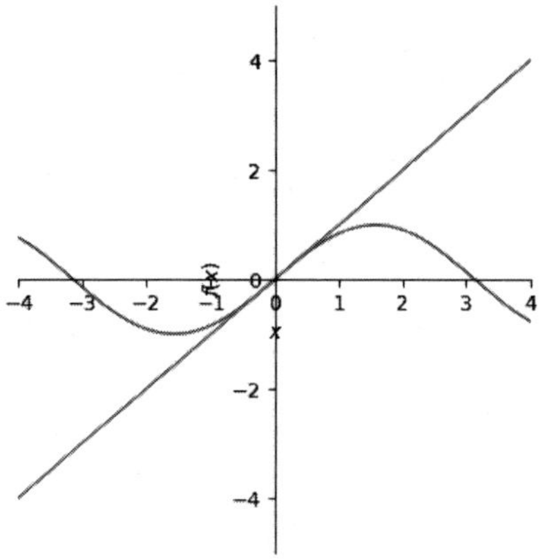

[348]: <sympy.plotting.plot.Plot at 0x2915c667e10>

[349]:
```
# 곡선과 접선의 x축 교점
solveset(sin(x)-x, x, Interval(-1,1))
```

[349]: $\{x \mid x \in [-1, 1] \wedge -x + \sin(x) = 0\}$

[350]:
```
0 in _
```

[350]: True

따라서 $y = x$는 $x = 0$에서 접선의 방정식이다.

예제 7.23] $y = \log(x)$에 접하고, 기울기가 1인 직선의 방정식을 구하시오.

[351]:
```
def h(x):
  return log(x)
```

[352]:
```
h(x)
```

[352]: $\log(x)$

[353]:
```
Eq(diff(h(x),x),1) # 기울기가 1인 방정식, 즉 x=1
```

[353]: $\frac{1}{x} = 1$

[354]:
```
h(1) # x=0에서 h(1)=0
```

[354]: 0

[355]:
```
Eq(y-0, 1*(x-1)) # (1,0)에서 접선의 방정식
```

[355]: $y = x - 1$

(그래프 관찰)

[356]:
```
plot(h(x), x-1, xlim=(-5,5), ylim=(-5,5), size=(4,4))
```

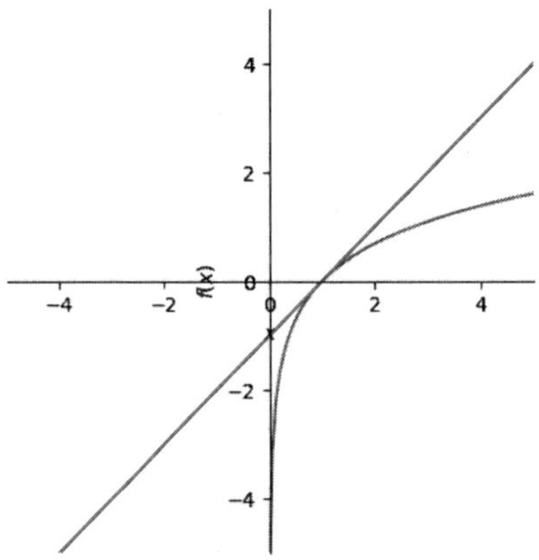

[356]: <sympy.plotting.plot.Plot at 0x2915e89dbd0>

[357]:
```
# 곡선과 접선의 x축 교점
solve(Eq(h(x),x-1), x)
```

[357]: [1, 1]

[358]:
```
h(1)
```

[358]: 0

따라서 $y = x - 1$은 기울기가 1이고, $(1, 0)$에서 곡선의 접선의 방정식이다.

예제 7.24] 다음에 주어진 점에서 다음에 주어진 함수에 접선을 그을 때 생기는 접선의 방정식을 구하시오.

$(a)\ y = x^2 + 1,\ (1, 1) \quad (b)\ y = x^3 - 3x^2 + 2x,\ (0, 3)$

(a)

[359]:
```
from sympy import *
x,y,t=symbols('x y t')
```

[360]:
```
y_x=x**2+1 # 주어진 함수
```

[361]:
```
y_x
```

[361]: $x^2 + 1$

[362]:
```
diff(y_x,x).subs(x,t) # x=t점에서 접선의 기울기
```

[362]: $2t$

[363]:
```
y_x.subs(x,t) # 접점 (t, t^2+1)
```

[363]: $t^2 + 1$

[364]:
```
Eq(y-(t**2+1), 2*t*(x-t))  # x=t점에서 접선의 방정식
```

[364]: $-t^2 + y - 1 = 2t(-t + x)$

[365]:
```
_.subs({x:1,y:1}) # 접선이 (1,1)을 지난다
```

[365]: $-t^2 = 2t(1 - t)$

[366]:
```
solve(_,t) # 해를 구하면 접점은 (0,1), (2,5)
```

[366]: [0, 2]

[367]:
```
# (0,1)에서 접선의 방정식, 앞에서 기울기는 2t
Eq(y-1,0*(x-1))
```

[367]: $y - 1 = 0$

[368]:
```
# (2,5)에서 접선의 방정식, 앞에서 기울기는 2t
Eq(y-5, 4*(x-2))
```

[368]: $y - 5 = 4x - 8$

[369]:
```
simplify(_)
```

[369]: $4x - y = 3$

따라서 $(1,1)$**에서 두 접선의 방정식은** $y = 4x - 3,\ y = 1$**이다.**
(그래프로 관찰)

[370]:
```
# 주어진 곡선과 (0,1),(2,5)에서 각각 접하는 접선의 방정식 2개
plot(x**2+1, 4*x-3, 1, xlim=(-5,5), ylim=(-5,5), size=(4,4))
```

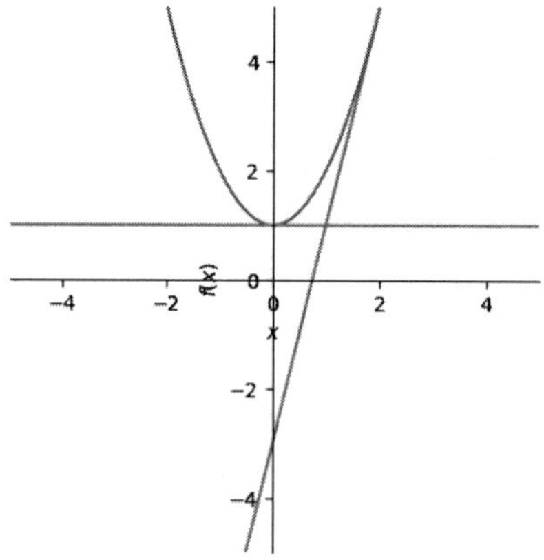


```
[370]: <sympy.plotting.plot.Plot at 0x2915e183090>
```

```
[371]: solve(Eq(4*x-3, 1), x) # 두 접선의 교점은 (1,1)이다.
```

```
[371]: [1]
```

(b)

```
[372]: from sympy import *
       x,y,t=symbols('x y t')
```

```
[373]: y_x=x**3-3*x**2+2 # 주어진 함수
       dy=diff(y_x,x).subs(x,t) # x=t점에서 접선의 기울기
       eq1=Eq(y-y_x.subs(x,t), dy*(x-t)) # 점 (t, y(t))에서 접선의 방정식
       eq2=eq1.subs({x:0,y:3}) # 위 접선의 방정식이 (0,3)을 지난다.
       sol1=solve(eq2,t) # 접점들을 구한다.
       for i in sol1: # 접점들을 대입하여 접선의 방정식을 구한다.
         eq3=Eq(y-y_x.subs(x,i) ,dy.subs(t,i)*(x-i) )
         print('접선의 방정식은{}이다.'.format(eq3))
```

```
접선의 방정식은 Eq(y - 9/8, 15*x/4 + 15/8)이다.
접선의 방정식은 Eq(y, 3 - 3*x)이다.
```

(위의 결과를 자세히 살펴보자.)

```
[374]: sol1
```

```
[374]: [-1/2, 1]
```

```
[375]: i=sol1[0] # 첫 번째 식을 살펴본다
```

[376]:
```
Eq(y-y_x.subs(x,i) ,dy.subs(t,i)*(x-i) )
```

[376]: $y - \frac{9}{8} = \frac{15x}{4} + \frac{15}{8}$

[377]:
```
simplify(_)
```

[377]: $15x - 4y = -12$

[378]:
```
solve(_,y)
```

[378]: [15*x/4 + 3]

[379]:
```
j=sol1[1] # 두 번째 식을 살펴본다
```

[380]:
```
Eq(y-y_x.subs(x,j) ,dy.subs(t,j)*(x-j) )
```

[380]: $y = 3 - 3x$

(그래프 관찰)

[381]:
```
plot(x**3-3*x**2+2, 3-3*x, 15*x/4+3, xlim=(-5,5), ylim=(-5,5), size=(4,4))
```

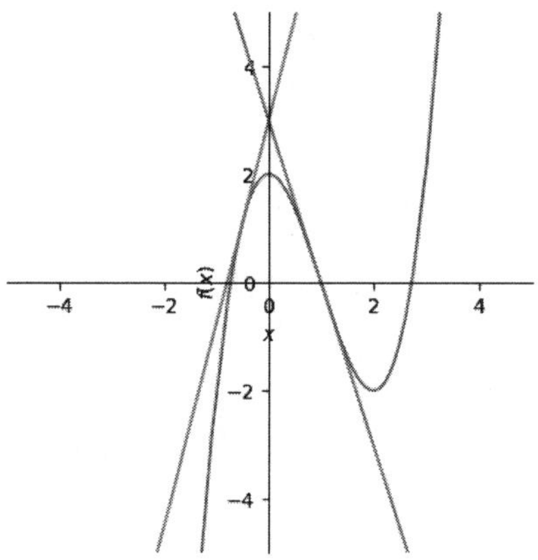

[381]: <sympy.plotting.plot.Plot at 0x2915e98c6d0>

[382]:
```
solve(Eq(3-3*x, 15*x/4+3), x) # 두 접선의 교점은 (0,3)이다.
```

[382]: [0]

□ 함수의 증가와 감소

실가함수 $f(x)$에서 $f'(c) = 0$을 만족하는 정의역의 내점 c와 도함수가 정의되지 않는 점을 임계점이라 한다.

정의역에서 임계점을 제외한 구간인 소구간을 생각하자.

함수 $y = f(x)$와 임의의 소구간의 두 점 x_1, x_2에 대하여,

1. $x_1 < x_2 \rightarrow f(x_1) < f(x_2)$일 때 $f(x)$는 증가한다.

2. $x_1 < x_2 \rightarrow f(x_1) > f(x_2)$일 때 $f(x)$는 감소한다.

함수 $f(x)$가 점 $x = a$에서 미분가능할 때

3. $f'(a) > 0$이면 함수 $f(x)$는 점 a에서 증가상태이다.

4. $f'(a) < 0$이면 함수 $f(x)$는 점 a에서 감소상태이다.

▶ 증가하는 구간과 감소하는 구간 찾기(미분 이용)

1. 임계점을 찾는다.

2. 정의역을 임계점을 제외한 소구간들로 분할한다.

3. 소구간의 임의의 점에서 미분계수가 양이면 그 소구간에서 함수는 증가이고, 음이면 그 소구간에서 함수는 감소이다.

예제 7.25] 다음 함수들의 증가와 감소를 관찰하시오.
$(a)\ f(x) = 2x^3 - 9x^2 + 12x + 4 \quad (b)\ g(x) = e^{2x}$

(a)

[383]:
```
from sympy import *
x=symbols('x')
```

[384]:
```
f_x=2*x**3-9*x**2+12*x+4 # 주어진 함수
```

[385]:
```
f_x
```

[385]: $2x^3 - 9x^2 + 12x + 4$

[386]:
```
cp=diff(f_x,x) # 도함수
```

[387]:
```
cp
```

[387]: $6x^2 - 18x + 12$

[388]:
```
solve(cp,x) # 임계점 구하기
```

[388]: [1, 2]

[389]:
```
inte=Interval(-oo,oo)-Interval(1,1)-Interval(2,2) # 소구간들 구하기
```

[390]:
```
inte
```

[390]: $(-\infty, 1) \cup (1, 2) \cup (2, \infty)$

[391]:
```
inte2=inte.args # 위 식을 각각으로 분할한다.
```

[392]:
```
inte2
```

[392]: (Interval.open(-oo, 1), Interval.open(1, 2), Interval.open(2, oo))

[393]:
```
inte2[0]
```

[393]: $(-\infty, 1)$

[394]:
```
inte2[0].start # 구간의 시작점
```

[394]: $-\infty$

[395]:
```
inte2[0].end # 구간의 끝점
```

[395]: 1

[396]:
```
inte2[1]
```

[396]: $(1, 2)$

[397]:
```
inte2[1].start # 구간의 시작점
```

[397]: 1

[398]:
```
inte2[1].end # 구간의 끝점
```

[398]: 2

[399]:
```
inte2[2]
```

[399]: $(2, \infty)$

[400]:
```
inte2[2].start # 구간의 시작점
```

[400]: 2

[401]:
```
inte2[2].end # 구간의 끝점
```

[401]: ∞

[402]:
```
cp.subs(x,0) # cp(0)>0,inte[0]은 증가구간
```

[402]: 12

[403]:
```
cp.subs(x,3/2) # cp(3/2)<0, inte[1]은 감소구간
```

[403]: -1.5

[404]:
```
cp.subs(x,3) # cp(3)>0, inte[2]은 증가구간
```

[404]: 12

(그래프 관찰)

[405]:
```
plot(f_x, xlim=(-4,4), ylim=(-5,10), size=(4,4))
```

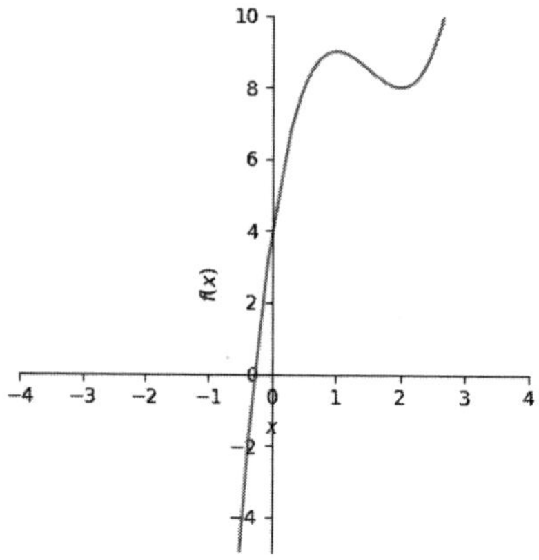

[405]: <sympy.plotting.plot.Plot at 0x2915ea1cad0>

(한번에 코딩하기)

[406]:
```
f_x=2*x**3-9*x**2+12*x+4 # 함수
d_x=diff(f_x,x) # 도함수
sol=solve(d_x,x) # 임계점
intev=S.Reals-Interval(sol[0],sol[0])-Interval(sol[1],sol[1]) # 소구간들로 분할
intev2=intev.args # 소구간들을 분할하여 리스트화

for i in intev2:
  if (i.start==-oo):
     if d_x.subs(x,i.end-0.5) > 0:
        print("구간{}에서 증가1".format(i))
     else:
        print("구간{}에서 감소1".format(i))

  elif (i.end==oo):
     if d_x.subs(x,i.start+0.5) > 0:
        print("구간{}에서 증가2".format(i))
     else:
```

```
        print("구간{}에서 감소2".format(i))

    else:
      if d_x.subs(x,1.5) > 0:
        print("구간{}에서 증가3".format(i))
      else:
        print("구간{}에서 감소3".format(i))
```

```
구간Interval.open(-oo, 1)에서 증가1
구간Interval.open(1, 2)에서 감소3
구간Interval.open(2, oo)에서 증가2
```

(b)

[407]:
```
g_x=exp(2*x)
```

[408]:
```
g_x
```

[408]: e^{2x}

[409]:
```
Derivative(g_x,x)
```

[409]: $\frac{d}{dx}e^{2x}$

[410]:
```
_.doit() # 도함수가 양수이다.
```

[410]: $2e^{2x}$

(그래프 관찰)

[411]:
```
plot(g_x,(x,-5,5), ylim=(-2,5), size=(4,4)) # 전구간에서 증가함수
```

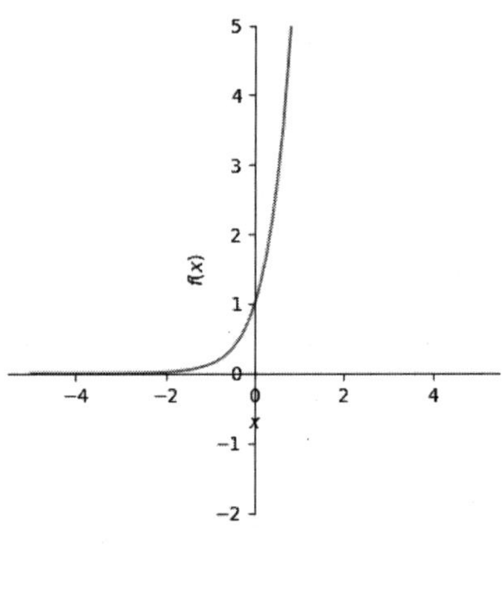

[411]: <sympy.plotting.plot.Plot at 0x2915e800b50>

□ 극값(극댓값, 극솟값)

▶ 극대점, 극소점, 변곡점 판별법

함수 $f(x)$의 임계점을 $x=a$라고 하자. 그리고 a를 포함하는 소구간을 S라 하자.

1. 소구간 S에서 점 a의 근방의 기울기가 양에서 음으로 변하면 $f(a)$는 극댓값이다.
2. 소구간 S에서 점 a의 근방의 기울기가 음에서 양으로 변하면 $f(a)$는 극솟값이다.

(함수가 n차 미분가능하다고 하자)

3. (2계 도함수 판정법) 점 a에서 $f''(a)>0$이면 $f(a)$는 극솟값이다.
4. (2계 도함수 판정법) 점 a에서 $f''(a)<0$이면 $f(a)$는 극댓값이다.
5. $f''(a)=0$ 이고 $f^{(3)}(a)\neq 0$이면 점 a를 변곡점이라 한다.
6. (일반적으로) 점 x에서 짝수 번 미분한 값이 0이고, 홀수 번 미분한 값이 0이 아니면 그 점 x를 변곡점이라 한다.

예제 7.26] 다음 함수의 극값을 구하시오.

$(a)\ f(x)=-2x^3-3x^2+1 \quad (b)\sin(x)+\cos(x)$ (단, $0\le x<2\pi$)

(a) 극값의 2계 도함수 판정법 3,4를 이용하자.

[412]:
```
from sympy import *
```

[413]:
```
f_x=-2*x**3-3*x**2+1 # 주어진 함수
```

[414]:
```
f_x
```

[414]: $-2x^3-3x^2+1$

[415]:
```
d_x=diff(f_x,x) # 도함수
```

[416]:
```
d_x
```

[416]: $-6x^2-6x$

[417]:
```
sol_x=solve(d_x,x) # 임계점
```

[418]:
```
sol_x
```

[418]: [-1, 0]

[419]:
```
d_xx=diff(f_x,x,2) # 2차 미분
```

[420]:
```
d_xx
```

[420]: $-6 \cdot (2x+1)$

[421]:
```
# (극값의 2계 판정법)극숫값을 가진다,
d_xx.subs(x, sol_x[0])
```

[421]: 6

[422]:
```
# (극값의 2계 판정법)극댓값을 가진다,
d_xx.subs(x, sol_x[1])
```

[422]: -6

[423]:
```
f_x.subs(x,sol_x[0]) # 극숫값
```

[423]: 0

[424]:
```
f_x.subs(x,sol_x[1]) # 극댓값
```

[424]: 1

(그래프 관찰)

[425]:
```
plot(f_x, xlim=(-5,5), ylim=(-5,5), size=(4,4) )
```

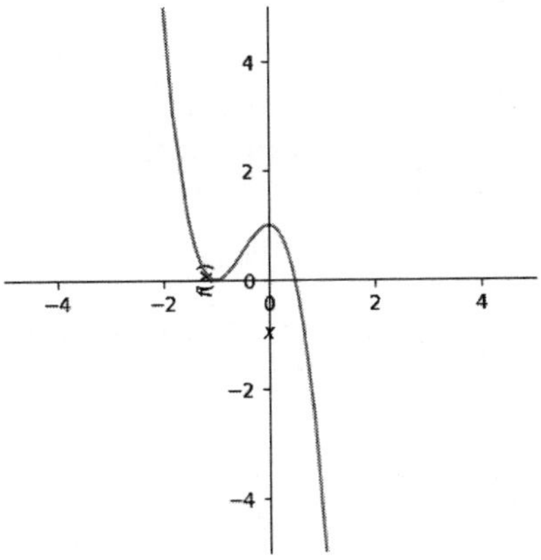

[425]: `<sympy.plotting.plot.Plot at 0x2915eaebf10>`

(b) 극값의 2계 도함수 판정법 3,4를 이용하자.

[426]:
```
from sympy import *
y=symbols('y')
```

[427]:
```
g_x=sin(x)+cos(x) # 주어진 함수
```

[428]:
```
g_x
```

[428]: $\sin(x) + \cos(x)$

[429]:
```
d_x=diff(g_x,x) # 도함수
```

[430]:
```
d_x
```

[430]: $-\sin(x) + \cos(x)$

[431]:
```
sol_x=solveset(d_x, x, Interval(0,2*pi)) # 임계점
```

[432]:
```
sol_x
```

[432]: $\left\{\frac{\pi}{4}, \frac{5\pi}{4}\right\}$

[433]:
```
sol=list(sol_x) # 리스트화
```

[434]:
```
sol
```

[434]: [pi/4, 5*pi/4]

[435]:
```
d_xx=diff(g_x,x,2) # 2차 미분
```

[436]:
```
d_xx
```

[436]: $-(\sin(x) + \cos(x))$

[437]:
```
d_xx.subs(x, sol[0]) # (2계 도함수 판별법) 음수(즉 극대점)
```

[437]: $-\sqrt{2}$

[438]:
```
d_xx.subs(x, sol[1]) # (2계 도함수 판별법) 양수(즉 극소점)
```

[438]: $\sqrt{2}$

[439]:
```
g_x.subs(x, sol[0]) # 극댓값
```

[439]: $\sqrt{2}$

[440]:
```
g_x.subs(x, sol[1]) # 극솟값
```

[440]: $-\sqrt{2}$

(그래프 관찰)

[441]:
```
plot(g_x, xlim=(0,2*pi), ylim=(-2,2), size=(4,4) )
```

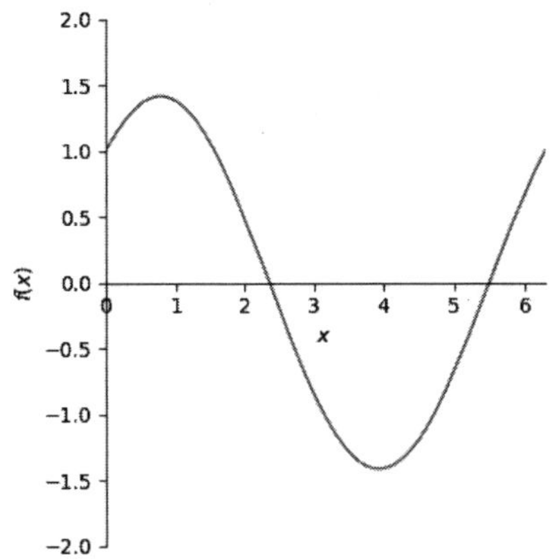

[441]: <sympy.plotting.plot.Plot at 0x2915e850990>

[442]:
```
eq1=Eq(g_x,y)
eq2=Eq(x,pi/4)
eq3=Eq(x,5*pi/4)
plot_implicit(Or(eq1,eq2,eq3), size=(4,4))
```

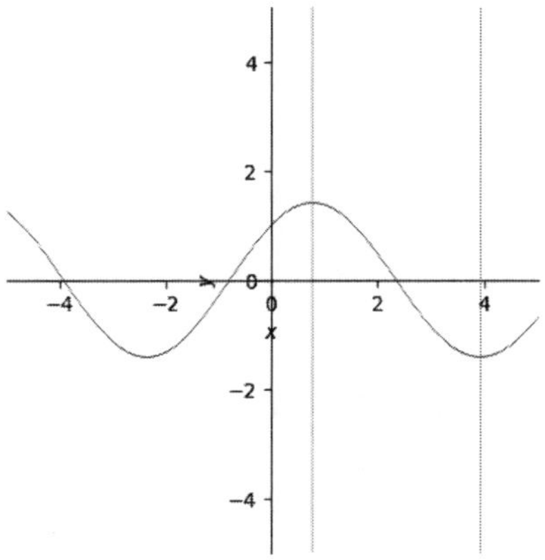

[442]: <sympy.plotting.plot.Plot at 0x2915e9c5890>

예제 7.27] 함수 $f(x) = 3x^4 - 4x^3$ 의 구간 $[-1, 2]$ 에서 최댓값과 최솟값을 구하시오.

힌트 1](1) 앞에서 배운 최대-최소 정리로부터 닫힌구간(폐구간)에서 연속인 함수는 반드시 최댓값과 최솟값을 가진다.

(2) {임계점}과 {폐구간의 양끝점}을 연속인 함수에 대입하여 제일 큰 값이 최댓값이고, 제일 작은 값이 최솟값이다.

[443]:
```
from sympy import *
x=symbols('x')
```

[444]:
```
f_x=3*x**4-4*x**3 # 주어진 함수
```

[445]:
```
f_x
```

[445]: $3x^4 - 4x^3$

[446]:
```
d_x=diff(f_x,x) # 도함수
```

[447]:
```
d_x
```

[447]: $12x^3 - 12x^2$

[448]:
```
d_xx=diff(f_x,x,2) # 2차 미분
```

[449]:
```
d_xx
```

[449]: $12x\,(3x - 2)$

[450]:
```
sol1=solveset(d_x, x,Interval(-1,2)) # 임계점
```

[451]:
```
sol1
```

[451]: $\{0, 1\}$

[452]:
```
sol=list(sol1) # 리스트화
```

[453]:
```
sol
```

[453]: [0, 1]

[454]:
```
d_xx.subs(x,sol[0]) # d_xx(0)=0 변곡점 후보
```

[454]: 0

[455]:
```
d_xx.subs(x,sol[1]) # d_xx(1)>0, 극소점
```

[455]: 12

[456]:
```
f_x.subs(x, sol[1]) # 극솟값 f_x(1)=-1
```

[456]: -1

[457]:
```
d_xxx=diff(f_x, x, 3) # 3차 미분(변곡점 체크 위해)
```

[458]:
```
d_xxx
```

[458]: $24 \cdot (3x - 1)$

[459]:
```
# d_xxx(0)!=0이므로, x=0은 변곡점이다.
d_xxx.subs(x, sol[0])
```

[459]: -24

[460]:
```
# 임계점, 양끝점 대입하여 최댓값
max(f_x.subs(x,-1), f_x.subs(x,sol[0]), f_x.subs(x,sol[1]), f_x.subs(x,2))
```

[460]: 16

[461]:
```
# 임계점, 양끝점 대입하여 최솟값
min(f_x.subs(x,-1), f_x.subs(x,sol[0]), f_x.subs(x,sol[1]), f_x.subs(x,2))
```

[461]: -1

(그래프 관찰)

[462]:
```
plot(f_x, xlim=(-2,3), ylim=(-4,16), size=(4,4) )
```

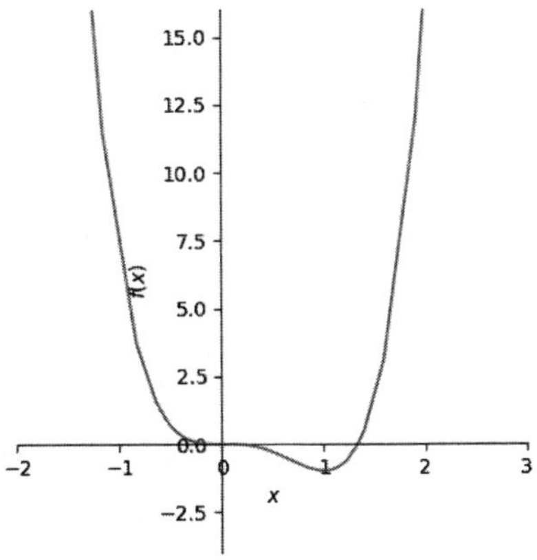

[462]: <sympy.plotting.plot.Plot at 0x2915ea6f890>

예제 7.28] 다음에서 변곡점을 구하시오.

$f(x) = 2x^3 + 18x^2 - 25x + 12$

[463]:
```
from sympy import *
x=symbols('x')
```

[464]:
```
f_x=2*x**3+18*x**2-25*x+12 # 주어진 함수
```

[465]:
```
f_x
```

[465]: $2x^3 + 18x^2 - 25x + 12$

[466]:
```
d2=diff(f_x,x,2) # 2차 미분
```

[467]:
```
d2
```

[467]: $12\,(x+3)$

[468]:
```
sol=solve(d2,x) # 변곡점 후보
```

[469]:
```
sol
```

[469]: [-3]

[470]:
```
 # x=-3에서 홀수 번째 미분값이 0이 아니다.
diff(f_x,x,3).subs(x, sol[0])
```

[470]: 12

[471]:
```
f_x.subs(x,sol[0]) # 변곡점  (-3, f_x(-3))
```

[471]: 195

따라서 변곡점은 $(-3, f(-3)) = (3, 195)$ 이다.
(그래프 관찰)

[472]:
```
plot(f_x, xlim=(-10,10), ylim=(-1, 500),size=(4,4) )
```

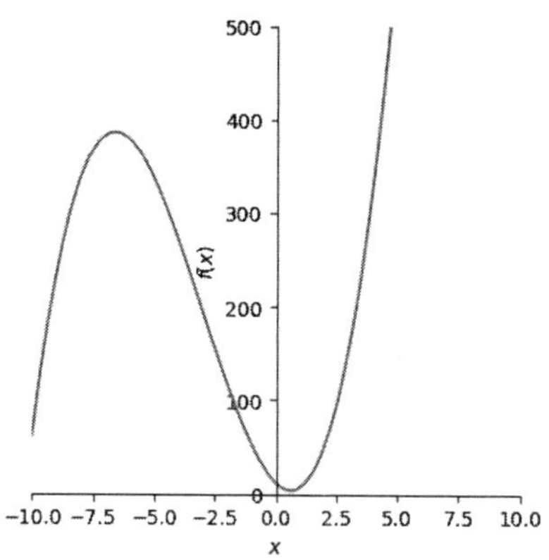

[472]: <sympy.plotting.plot.Plot at 0x2915fc3aad0>

예제 7.29] 다음 함수의 극대점, 극소점, 변곡점을 구하시오.
$g(x) = x^4 - 5x^2 + 8x + 4$

[473]:
```
from sympy import *
x=symbols('x')
```

[474]:
```
g_x=x**4-6*x**2+8*x+4 # 주어진 함수
```

[475]:
```
g_x
```

[475]: $x^4 - 6x^2 + 8x + 4$

[476]:
```
d_x=diff(g_x,x,1) # 1계 도함수
```

[477]:
```
d_x
```

[477]: $4x^3 - 12x + 8$

[478]:
```
sol1=solve(d_x,x) # 임계점
```

[479]:
```
sol1 # 임계점, 극값 후보
```

[479]: [-2, 1]

[480]:
```
d_xx=diff(g_x,x,2) # 2차 미분
```

[481]:
```
sol2=solve(d_xx,x) # 변곡점 후보
```

[482]:
```
sol2 # 변곡점 후보
```

[482]: [-1, 1]

[483]:
```
d_xx.subs(x, -2) # d_xx(-2)>0, -2는 극소점
```

[483]: 36

[484]:
```
d_xx.subs(x,1) # d_xx(1)=0, 변곡점 후보점: -1,1
```

[484]: 0

[485]:
```
# x=-1에서 홀수 번 미분값이 0이 아니므로 변곡점 맞다
diff(g_x,x,3).subs(x, -1)
```

[485]: -24

[486]:
```
# x=1에서 홀수 번 미분값이 0이 아니므로 변곡점 맞다
diff(g_x,x,3).subs(x, 1)
```

[486]: 24

따라서 극소점 -2, 변곡점 $\{-1, 1\}$을 가진다.
(극솟값과 변곡값을 구해보자.)

[487]:
```
g_x.subs(x,-2) # 극솟값
```

[487]: -20

[488]:
```
g_x.subs(x,-1) # 변곡값
```

[488]: -9

[489]:
```
g_x.subs(x,1) # 변곡값
```

[489]: 7

(그래프 관찰)

[490]:
```
plot(g_x, xlim=(-3,3), ylim=(-20,20), size=(4,4) )
```

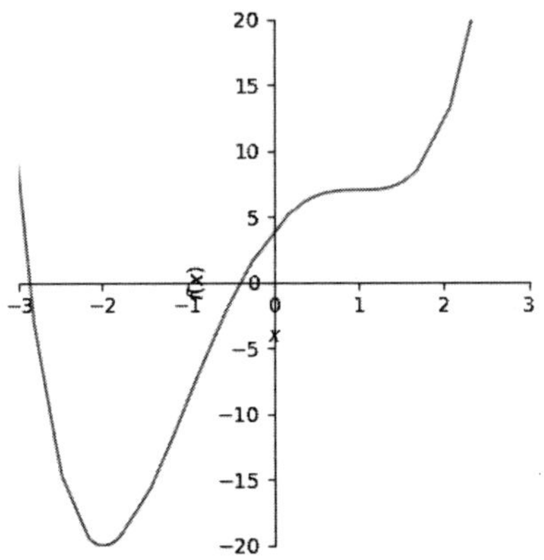

[490]: <sympy.plotting.plot.Plot at 0x2915fe0acd0>

□ 음함수 그래프 그리기

[491]:
```
from sympy import *
x,y=symbols('x y')
```

(한 개의 음함수 그래프 그리기)

[492]:
```
equ1=Eq(x**2+y**2,1) # 음함수  표현
```

[493]:
```
equ1
```

[493]: $x^2 + y^2 = 1$

[494]:
```
# x, y 범위1
plot_implicit(equ1,xlim=(-3,3),ylim=(-3,3),line_color="red",
              title="circle",size=(4,4) )
```

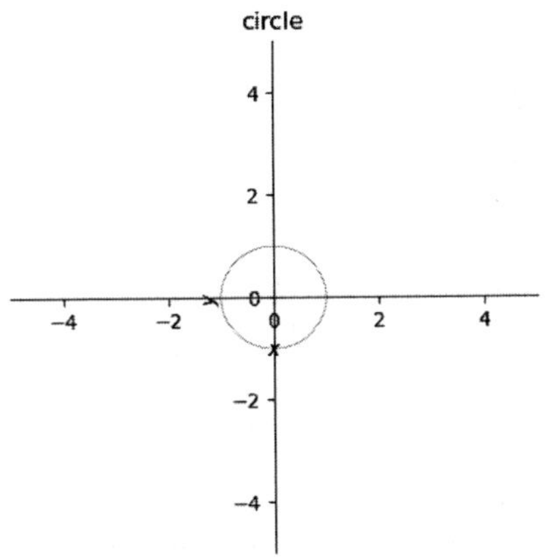

[494]: <sympy.plotting.plot.Plot at 0x2915fe08e90>

[495]:
```
# x, y 범위2
plot_implicit(equ1,(x,-3,3),(y,-3,3),line_color="blue",
              title="circle",size=(4,4))
```

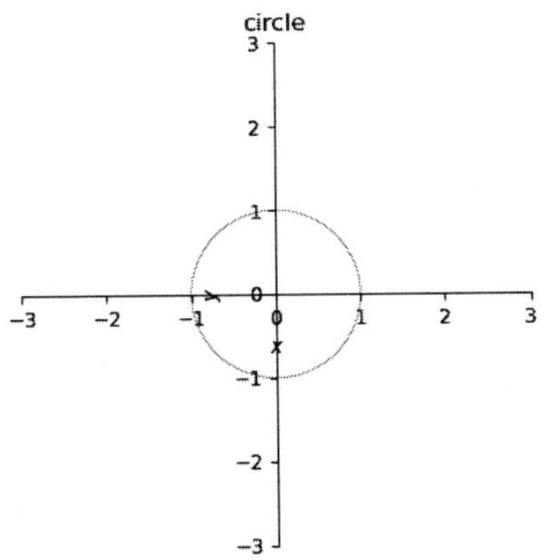

[495]: <sympy.plotting.plot.Plot at 0x2915ec12610>

(한 좌표에 두 개 이상의 그림을 동시에 그리기)

[496]:
```
equ2=Eq(x**2+y**2,3) # 음함수  표현
equ3=Eq((x-2)**2+y**2,1) # 음함수  표현
```

[497]:
```
equ2
```

[497]: $x^2 + y^2 = 3$

[498]:
```
equ3
```

[498]: $y^2 + (x-2)^2 = 1$

[499]:
```
equ23 = Or(equ2, equ3) # 두 음함수 표현의 합
```

[500]:
```
plot_implicit(equ23, (x, -5, 5), (y, -5, 5), size=(4,4))
```

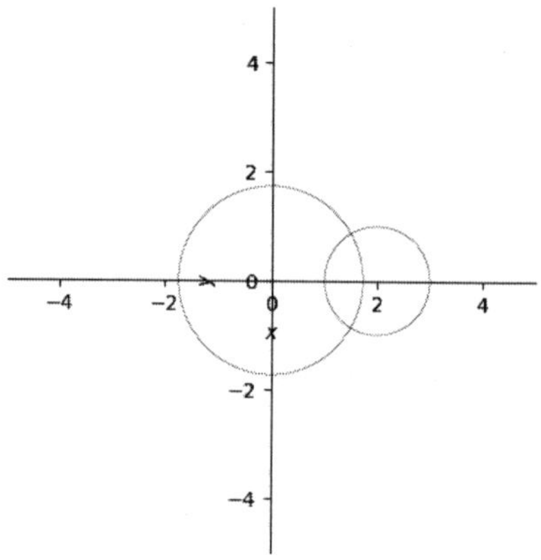

[500]: <sympy.plotting.plot.Plot at 0x2915fc90d90>

[501]:
```
eq1=Eq(y,x+1) # y=x+1
eq2=Eq(x,1) # x=1
eq12=Or(eq1,eq2) # 두 식의 합
plot_implicit(eq12, size=(4,4) ) # 그래프 관찰
```

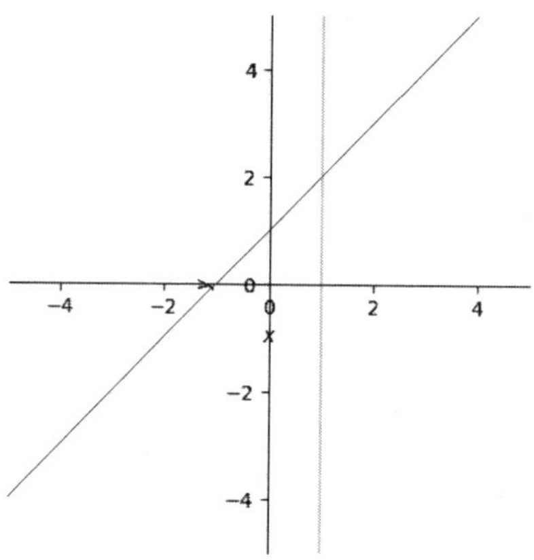

[501]: <sympy.plotting.plot.Plot at 0x2915fdf8b10>

□ 부등식 영역 그리기

[502]:
```
from sympy import *
x,y=symbols('x y')
```

[503]:
```
# 한 개의 부등식
plot_implicit(y>x**2, xlim=(-3,3), ylim=(-1,5), line_color="yellow",
             size=(4,4) )
```

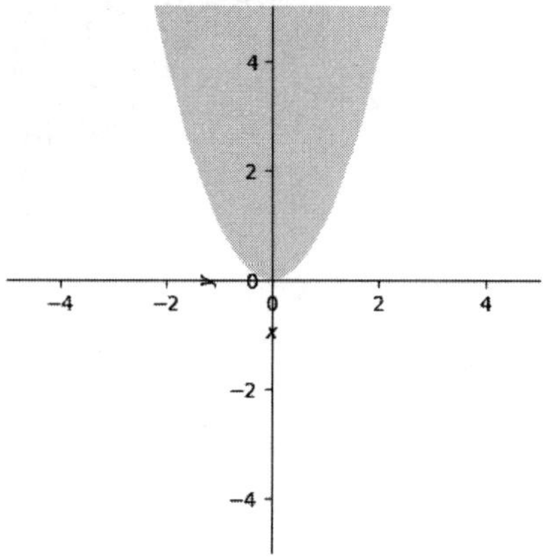

[503]: `<sympy.plotting.plot.Plot at 0x2915fd4a550>`

[504]:
```
# 두 개의 부등식 영역의 교집합
plot_implicit(And(y>x**2, x+y>2),xlim=(-4,4),ylim=(-1,5),line_color="pink",
             size=(4,4))
```

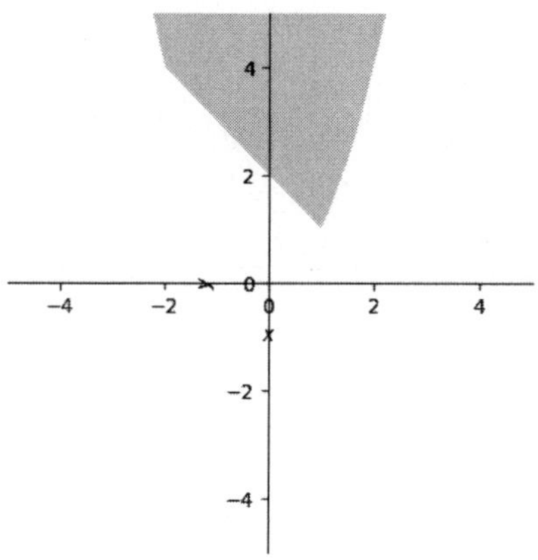

[504]: `<sympy.plotting.plot.Plot at 0x2915fed4950>`

[505]:
```
# 두 개의 부등식 영역의 합집합
plot_implicit(Or(y>x**2, x+y>2),xlim=(-4,4),ylim=(-1,5),line_color="green",
             size=(4,4))
```

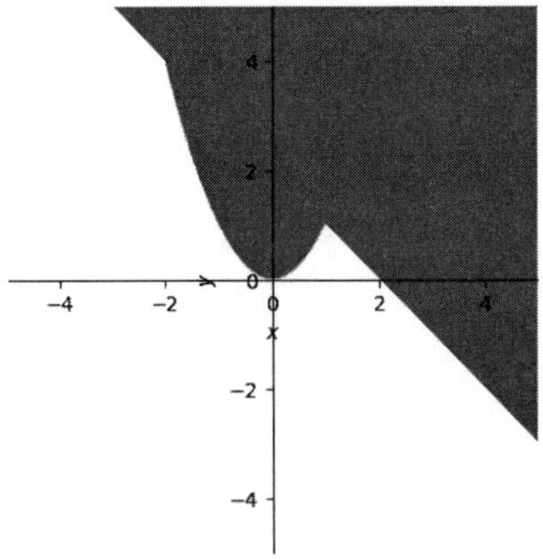

```
[505]: <sympy.plotting.plot.Plot at 0x29160016d50>
```

□ 부등식의 해 구하기

```
[506]: from sympy import *
       x,y=symbols('x y')
```

```
[507]: ineq=x**2-4<0 # 부등식
```

```
[508]: ineq
```

[508]: $x^2 - 4 < 0$

```
[509]: solve(ineq,x) # 부등식의 해 구하기
```

[509]: $-2 < x \wedge x < 2$

```
[510]: solve_univariate_inequality(ineq, x) # 부등식의 해 구하기
```

[510]: $-2 < x \wedge x < 2$

◀ 7장 내용 끝

7.8 연습문제

문제1] 함수 $f(x)$가 다음과 같을 때 $x = 0$에서 미분가능성을 조사하시오.

$$f(x) = \begin{cases} x\ \sin(\frac{1}{x}) & (x \neq 0) \\ 0 & (x = 0) \end{cases}$$

```
[ ]:
```

문제2] 두 함수 $y = g(u) = \dfrac{u}{u+1}$, $u = f(x) = \dfrac{x}{x+1}$에 대하여 $\dfrac{dy}{dx}$를 구하시오.

[ ]:

문제3] 음함수 표현 $x = y^5 - y$에 대하여 $\dfrac{dy}{dx}$를 구하시오.

[ ]:

문제4] 곡선 $x^3 + y^3 - 9xy = 0$ 위의 점 $(2, 4)$에서 접선과 접선의 방정식을 구하시오.

[ ]:

문제5] 방정식 $\sin(x) + \sin(y) = xy$에 대하여 $\dfrac{dy}{dx}$를 구하시오.

[ ]:

문제6] $y = \cos(x) + \sin(x)$의 3차 미분을 구하시오.

[ ]:

문제7] 연속함수 $f(x) = x^3 - 3ax + b$의 극댓값이 6이고, 극솟값이 2가 되도록 a, b를 구하시오.

[ ]:

문제8] $y = \sin(x)(1 + \cos(x))$와 $[0, 2\pi]$에서 극값을 구하시오.

[ ]:

문제9] $f(x) = \sqrt[3]{(x-1)^2}$의 극값을 판정하시오.

[ ]:

문제10] 함수 $y = x^3 - x^2$의 극값을 조사하고, 변곡점을 구하시오.

[ ]:

제 8 장 적분과 응용

8.1 부정적분

정의 8.1] 함수 $f(x)$가 $F'(x) = f(x)$를 만족하는 $F(x)$를 $f(x)$의 부정적분(원시함수)이라고 하고, 다음과 같이 표현한다.

$$\int f(x)dx = F(x) + c \text{ (여기서, } c\text{는 적분상수)}$$

부정적분의 파이썬 함수는 다음과 같다.

- Integral(함수, 변수)
- integrate(함수, 변수)

(계산 결과에서 적분상수 c는 생략된다)
예제 8.1] 다음을 부정적분 하시오.
(a) $\int 3x^2 dx$ (b) $\int e^x dx$

(a)

[1]:
```
from sympy import *
x=symbols('x')
```

[2]:
```
f_x=3*x**2
```

[3]:
```
f_x
```

[3]: $3x^2$

[4]:
```
Integral(f_x,x) # 계산이 내포된 부정적분
```

[4]: $\int 3x^2\,dx$

[5]:
```
# 부정적분 계산, 적분상수 c는 생략됨
_.doit()
```

[5]: x^3

[6]:
```
# 부정적분을 바로 계산함, 적분상수는 생략됨
integrate(f_x,x)
```

[6]: x^3

(b)

[7]:
```
Integral(exp(x),x) # 계산이 내포된 부정적분
```

[7]: $\int e^x\,dx$

[8]:
```
_.doit() # 부정적분 계산
```

[8]: e^x

[9]:
```
integrate(exp(x),x) # 부정적분을 바로 계산함
```

[9]: e^x

□ 부정적분의 성질

정리 8.2] 두 함수 $f(x), g(x)$에 대하여 다음이 성립한다.

[10]:
```
from sympy import *
x,k=symbols('x k')
f=Function('f')
g=Function('g')
```

[11]:
```
Eq(Integral((f(x)+g(x)),x),Integral(f(x),x)+Integral(g(x),x))
```

[11]: $\int (f(x)+g(x))\,dx = \int f(x)\,dx + \int g(x)\,dx$

[12]:
```
Eq(Integral((f(x)-g(x)),x),Integral(f(x),x)-Integral(g(x),x))
```

[12]: $\int (f(x)-g(x))\,dx = \int f(x)\,dx - \int g(x)\,dx$

[13]:
```
Eq(Integral(k*f(x),x), k*Integral(f(x),x) )
```

[13]: $\int kf(x)\,dx = k\int f(x)\,dx$

정리 8.3]

$$\int x^n dx = \frac{1}{n+1}x^{n+1} + c \ (n \neq -1)$$

$$\int x^{-1}dx = \ln|x| + c$$

예제 8.2] 다음을 부정적분 하시오.

[14]:
```
from sympy import *
```

(a)

[15]:
```
Integral(2*x**2-x+3,x)
```

[15]: $\int \left(2x^2 - x + 3\right)\, dx$

[16]:
```
_.doit()
```

[16]: $\frac{2x^3}{3} - \frac{x^2}{2} + 3x$

[17]:
```
integrate(2*x**2-x+3,x)
```

[17]: $\frac{2x^3}{3} - \frac{x^2}{2} + 3x$

(b)

[18]:
```
Integral((x-1)*(x-3),x)
```

[18]: $\int (x-3)(x-1)\, dx$

[19]:
```
_.doit()
```

[19]: $\frac{x^3}{3} - 2x^2 + 3x$

[20]:
```
integrate((x-1)*(x-3),x)
```

[20]: $\frac{x^3}{3} - 2x^2 + 3x$

예제 8.3] 다음을 만족하는 $f(x)$를 구하시오.

$f'(x) = 4x^3 - 2x + 1,\ f(0) = 2$

[21]:
```
from sympy import *
x,c=symbols('x c')
f=Function('f')
```

[22]:
```
def d(x):    # 주어진 도함수
  return 4*x**3-2*x+1
```

[23]:
```
d(x)
```

[23]: $4x^3 - 2x + 1$

[24]:
```
Eq(f(x),integrate(d(x),x)+c) # d(x)를 부정적분한
```

[24]: $f(x) = c + x^4 - x^2 + x$

[25]:
```
_.subs(x,0) # f(0)=2 적용
```

[25]: $f(0) = c$

[26]:
```
_.subs(f(0),2) # c=2
```

[26]: $2 = c$

[27]:
```
Eq(f(x),integrate(d(x),x)+c).subs(c,2) # 완성된 부정적분 식
```

[27]: $f(x) = x^4 - x^2 + x + 2$

8.2 여러 가지 함수들의 적분

다음에서 삼각함수, 지수함수 등 보다 다양한 함수들에 대한 부정적분을 살펴본다.
예제 8.4] 다음을 부정적분 하시오.

[28]:
```
from sympy import *
```

(a)

[29]:
```
Integral(x+1/x-1/x**2,x)
```

[29]: $\int \left(x + \frac{1}{x} - \frac{1}{x^2}\right) dx$

[30]:
```
_.doit()
```

[30]: $\frac{x^2}{2} + \log(x) + \frac{1}{x}$

[31]:
```
integrate(x+1/x-1/x**2,x)
```

[31]: $\frac{x^2}{2} + \log(x) + \frac{1}{x}$

(b)

[32]:
```
Integral((sqrt(x)+4)/x,x)
```

[32]: $\int \frac{\sqrt{x} + 4}{x} dx$

[33]:
```
_.doit()
```

[33]: $2\sqrt{x} + 4\log(x)$

[34]:
```
integrate((sqrt(x)+4)/x,x)
```

[34]: $2\sqrt{x} + 4\log(x)$

□ 삼각함수의 부정적분

정리 8.4] 삼각함수의 부정적분은 다음과 같다.

[35]:
```
from sympy import *
x,c=symbols('x c')
```

(1)

[36]:
```
Eq(Integral(sin(x),x), integrate(sin(x),x)+c)
```

[36]: $\int \sin(x)\,dx = c - \cos(x)$

(단계별 과정)

[37]:
```
Integral(sin(x),x)
```

[37]: $\int \sin(x)\,dx$

[38]:
```
_.doit()
```

[38]: $-\cos(x)$

[39]:
```
integrate(sin(x),x)
```

[39]: $-\cos(x)$

(2)

[40]:
```
Eq(Integral(cos(x),x), integrate(cos(x),x)+c)
```

[40]: $\int \cos(x)\,dx = c + \sin(x)$

(단계별 과정)

[41]:
```
Integral(cos(x),x)
```

[41]: $\int \cos(x)\,dx$

[42]:
```
_.doit()
```

[42]: $\sin(x)$

[43]:
```
integrate(cos(x),x)
```

[43]: $\sin(x)$

(3)

[44]:
```
Eq(Integral(sec(x)**2,x), integrate(sec(x)**2,x)+c)
```

[44]: $\int \sec^2(x)\,dx = c + \frac{\sin(x)}{\cos(x)}$

[45]:
```
trigsimp(_)
```

[45]: $\int \sec^2(x)\,dx = c + \tan(x)$

(단계별 과정)

[46]:
```
Integral(sec(x)**2,x)
```

[46]: $\int \sec^2(x)\,dx$

[47]:
```
_.doit()
```

[47]: $\frac{\sin(x)}{\cos(x)}$

[48]:
```
trigsimp(_)
```

[48]: $\tan(x)$

[49]:
```
integrate(sec(x)**2,x)
```

[49]: $\frac{\sin(x)}{\cos(x)}$

[50]:
```
trigsimp(_)
```

[50]: $\tan(x)$

예제 8.5] 다음을 부정적분 하시오.

[51]:
```
from sympy import *
```

(a)

[52]:
```
Integral(tan(x)**2+1-2*cos(x),x)
```

[52]: $\int \left(-2\cos(x) + \tan^2(x) + 1\right)\,dx$

[53]:
```
_.doit()
```

[53]: $-2\sin(x) + \frac{\sin(x)}{\cos(x)}$

[54]:
```
trigsimp(_)
```

[54]: $-2\sin(x) + \tan(x)$

[55]:
```
Eq(Integral(tan(x)**2+1-2*cos(x),x), integrate(tan(x)**2+1-2*cos(x),x) )
```

[55]: $$\int \left(-2\cos(x) + \tan^2(x) + 1\right) dx = -2\sin(x) + \frac{\sin(x)}{\cos(x)}$$

[56]:
```
trigsimp(_)
```

[56]: $$\int \left(-2\cos(x) + \frac{1}{\cos^2(x)}\right) dx = -2\sin(x) + \tan(x)$$

(b)

[57]:
```
Integral(2*sin(x)**2/(1+cos(x)),x)
```

[57]: $$\int \frac{2\sin^2(x)}{\cos(x)+1}\, dx$$

[58]:
```
_.doit()
```

[58]: $$\frac{2x\tan^2\left(\frac{x}{2}\right)}{\tan^2\left(\frac{x}{2}\right)+1} + \frac{2x}{\tan^2\left(\frac{x}{2}\right)+1} - \frac{4\tan\left(\frac{x}{2}\right)}{\tan^2\left(\frac{x}{2}\right)+1}$$

[59]:
```
trigsimp(_)
```

[59]: $2x - 2\sin(x)$

[60]:
```
Eq( Integral(2*sin(x)**2/(1+cos(x)),x), integrate(2*sin(x)**2/(1+cos(x)),x) )
```

[60]: $$\int \frac{2\sin^2(x)}{\cos(x)+1}\, dx = \frac{2x\tan^2\left(\frac{x}{2}\right)}{\tan^2\left(\frac{x}{2}\right)+1} + \frac{2x}{\tan^2\left(\frac{x}{2}\right)+1} - \frac{4\tan\left(\frac{x}{2}\right)}{\tan^2\left(\frac{x}{2}\right)+1}$$

[61]:
```
trigsimp(_)
```

[61]: $$\int \frac{2\sin^2(x)}{\cos(x)+1}\, dx = 2x - 2\sin(x)$$

□ 지수함수의 부정적분

정리 8.5] 지수함수의 부정적분은 다음과 같다.

[62]:
```
from sympy import *
x,a,c=symbols('x a c')
```

(1)

[63]:
```
Integral(exp(x),x)
```

[63]: $$\int e^x\, dx$$

[64]:
```
_.doit()
```

[64]: e^x

[65]:
```
Eq(Integral(exp(x),x), integrate(exp(x),x)+c)
```

[65]: $\int e^x\,dx = c + e^x$

(2)

[66]:
```
Integral(a**x,x)
```

[66]: $\int a^x\,dx$

[67]:
```
_.doit()
```

[67]: $\begin{cases} \frac{a^x}{\log(a)} & \text{for } \log(a) \neq 0 \\ x & \text{otherwise} \end{cases}$

[68]:
```
Eq(Integral(a**x,x), integrate(a**x,x)+c)
```

[68]: $\int a^x\,dx = c + \begin{cases} \frac{a^x}{\log(a)} & \text{for } \log(a) \neq 0 \\ x & \text{otherwise} \end{cases}$

예제 8.6] 다음 함수의 부정적분을 구하시오.

[69]:
```
from sympy import *
```

(a)

[70]:
```
Integral(exp(x)-3**(x+1),x)
```

[70]: $\int \left(-3^{x+1} + e^x\right) dx$

[71]:
```
_.doit()
```

[71]: $-\frac{3^{x+1}}{\log(3)} + e^x$

[72]:
```
Eq(Integral(exp(x)-3**(x+1),x), integrate(exp(x)-3**(x+1),x))
```

[72]: $\int \left(-3^{x+1} + e^x\right) dx = -\frac{3^{x+1}}{\log(3)} + e^x$

(b)

[73]:
```
Integral( (exp(2*x)-x)/(exp(x)-sqrt(x)),x )
```

[73]: $\int \frac{-x + e^{2x}}{-\sqrt{x} + e^x}\,dx$

[74]:
```
_.doit()
```

[74]: $\frac{2x^{\frac{3}{2}}}{3} + e^{x}$

[75]:
```
Eq(Integral( (exp(2*x)-x)/(exp(x)-sqrt(x)),x ),
             integrate( (exp(2*x)-x)/(exp(x)-sqrt(x)),x ))
```

[75]: $\int \frac{-x + e^{2x}}{-\sqrt{x} + e^{x}}\, dx = \frac{2x^{\frac{3}{2}}}{3} + e^{x}$

8.3 치환적분법

정의 8.6] 치환적분법

$$\int f(g(t))g'(t)\, dt = \int f(x)\, dx \ (x = g(t) : \text{ 치환})$$

예제 8.7] **다음 함수의 부정적분을 구하시오.**

[76]:
```
from sympy import *
x=symbols('x')
```

(a)

[77]:
```
Integral((3*x+2)**4,x)
```

[77]: $\int (3x+2)^{4}\, dx$

[78]:
```
_.doit()
```

[78]: $\frac{81x^{5}}{5} + 54x^{4} + 72x^{3} + 48x^{2} + 16x$

[79]:
```
simplify(_)
```

[79]: $\frac{x\left(81x^{4} + 270x^{3} + 360x^{2} + 240x + 80\right)}{5}$

(분자, 분모를 분리하여 살펴보자.)

[80]:
```
sep=fraction(_)
# 유리식을 분모와 분자를 (분자, 분모)로 분리 시킴,
# 연산의 연결을 분리하는 것은 (.args)를 사용한다.
```

[81]:
```
sep
```

[81]: (x*(81*x**4 + 270*x**3 + 360*x**2 + 240*x + 80), 5)

[82]:
```
expand(sep[0])
```

[82]: $81x^5 + 270x^4 + 360x^3 + 240x^2 + 80x$

[83]:
```
factor(_)
```

[83]: $x\left(81x^4 + 270x^3 + 360x^2 + 240x + 80\right)$

[84]:
```
sep[0]/sep[1]
```

[84]: $\frac{x\left(81x^4 + 270x^3 + 360x^2 + 240x + 80\right)}{5}$

(치환적분으로 해보자.)

[85]:
```
from sympy import *
x,t=symbols('x t')
```

[86]:
```
f_x=(3*x+2)**4
```

[87]:
```
Integral(f_x,x)
```

[87]: $\int (3x+2)^4\, dx$

[88]:
```
f_t=f_x.subs(3*x+2,t)
```

[89]:
```
f_t
```

[89]: t^4

[90]:
```
integrate(f_t,t).subs(t,3*x+2) # 적분상수  생략됨
```

[90]: $\frac{(3x+2)^5}{5}$

위 식과 답이 좀 달라 보인다.
이유는 계산에 나타난 상수는 적분상수 c와 같이 또 다른 적분상수로 처리되기 때문이다.

(b)

[91]:
```
Integral(cos(2*x+1),x)
```

[91]: $\int \cos(2x+1)\, dx$

[92]:
```
_.doit()
```

[92]: $\frac{\sin(2x+1)}{2}$

[93]:
```
Eq(Integral(cos(2*x+1),x),integrate(cos(2*x+1),x) )
```

[93]: $\int \cos(2x+1)\, dx = \frac{\sin(2x+1)}{2}$

예제 8.8] 다음 부정적분을 구하시오.

[94]:
```
from sympy import *
```

(a)

[95]:
```
Integral(2*x*exp(x**2+1),x)
```

[95]: $\int 2xe^{x^2+1}\,dx$

[96]:
```
_.doit()
```

[96]: e^{x^2+1}

[97]:
```
Eq(Integral(2*x*exp(x**2+1),x), integrate(2*x*exp(x**2+1),x))
```

[97]: $\int 2xe^{x^2+1}\,dx = e^{x^2+1}$

(b)

[98]:
```
Integral(tan(x)*sec(x)**2,x)
```

[98]: $\int \tan(x)\sec^2(x)\,dx$

[99]:
```
_.doit()
```

[99]: $\frac{1}{2\cos^2(x)}$

[100]:
```
_.rewrite(sin) # sin(x)로 변환
```

[100]: $\frac{1}{2\sin^2\left(x+\frac{\pi}{2}\right)}$

(다른 방법) $\sec^2(x) = \tan^2(x) + 1$ 이용

[101]:
```
Integral(tan(x)*(tan(x)**2+1),x) # sec^2(x)=tan^2(x)+1로 바꿈
```

[101]: $\int \left(\tan^2(x)+1\right)\tan(x)\,dx$

[102]:
```
_.doit()
```

[102]: $\frac{\tan^2(x)}{2}$

[103]:
```
trigsimp(_)
```

[103]: $\frac{\tan^2(x)}{2}$

따라서 두 결과는 같은 답이다.

□ 분모를 미분하면 분자가 되는 유리식의 부정적분
미분가능한 함수 $f(x)$에 대하여 다음이 성립한다.

$$\int \frac{f'(x)}{f(x)} dx = \log|f(x)| + c$$

예제 8.9] 다음 부정적분을 구하시오,

[104]:
```
from sympy import *
x=symbols('x')
```

(a)

[105]:
```
rat=3*x**2/(x**3+2)
```

[106]:
```
rat
```

[106]: $\frac{3x^2}{x^3+2}$

[107]:
```
Integral(rat,x)
```

[107]: $\int \frac{3x^2}{x^3+2}\, dx$

[108]:
```
_.doit() # 이때  로그의  정의로부터  진수는  절댓값이다.
```

[108]: $\log\left(x^3+2\right)$

[109]:
```
Eq(Integral(3*x**2/(x**3+2),x), integrate(3*x**2/(x**3+2),x))
```

[109]: $\int \frac{3x^2}{x^3+2}\, dx = \log\left(x^3+2\right)$

(b)

[110]:
```
rat1=1/(x*log(x))
```

[111]:
```
rat1
```

[111]: $\frac{1}{x\log(x)}$

[112]:
```
Integral(rat1,x)
```

[112]: $\int \frac{1}{x\log(x)}\, dx$

[113]:
```
_.doit()
```

[113]: $\log(\log(x))$

[114]:
```
Eq(Integral(1/(x*log(x)),x), integrate(1/(x*log(x)),x))
```

[114]: $\int \frac{1}{x \log(x)} dx = \log(\log(x))$

8.4 부분적분법

정의 8.7] 부분적분법
미분가능한 두 함수 $f(x), g(x)$에 대하여 다음이 성립한다.

$$\int f'(x)g(x)fd = f(x)g(x) - \int f(x)g'(x)dx$$

정리 8.8] 로그함수의 부정적분을 부분적분법으로 구하면 다음과 같다.

[115]:
```
from sympy import *
x,a=symbols('x a')
```

(1)

[116]:
```
Eq(Integral(log(x),x), integrate(log(x),x))
```

[116]: $\int \log(x)\, dx = x \log(x) - x$

(2)

[117]:
```
Eq(Integral(log(x,a),x), integrate(log(x,a),x))
```

[117]: $\int \frac{\log(x)}{\log(a)} dx = \frac{x \log(x)}{\log(a)} - \frac{x}{\log(a)}$

예제 8.10] 다음을 부정적분 하시오.

[118]:
```
from sympy import *
```

(a)

[119]:
```
Integral(2*x*exp(x),x)
```

[119]: $\int 2xe^{x}\, dx$

[120]:
```
_.doit()
```

[120]: $(2x - 2)\, e^{x}$

[121]:
```
expand(_)
```

[121]: $2xe^{x} - 2e^{x}$

[122]:
```
Eq(Integral(2*x*exp(x),x), integrate(2*x*exp(x),x) )
```

[122]: $\int 2xe^x\,dx = (2x-2)\,e^x$

(b)

[123]:
```
Integral(x*log(x),x)
```

[123]: $\int x\log(x)\,dx$

[124]:
```
_.doit()
```

[124]: $\frac{x^2\log(x)}{2} - \frac{x^2}{4}$

[125]:
```
Eq(Integral(x*log(x),x), integrate(x*log(x),x) )
```

[125]: $\int x\log(x)\,dx = \frac{x^2\log(x)}{2} - \frac{x^2}{4}$

예제 8.11] 다음을 부정적분 하시오.

$\int e^x\sin(x)dx$

[126]:
```
Integral(exp(x)*sin(x),x)
```

[126]: $\int e^x\sin(x)\,dx$

[127]:
```
_.doit()
```

[127]: $\frac{e^x\sin(x)}{2} - \frac{e^x\cos(x)}{2}$

[128]:
```
factor(_)
```

[128]: $-\frac{(-\sin(x)+\cos(x))\,e^x}{2}$

[129]:
```
Eq(Integral(exp(x)*sin(x),x), integrate(exp(x)*sin(x),x))
```

[129]: $\int e^x\sin(x)\,dx = \frac{e^x\sin(x)}{2} - \frac{e^x\cos(x)}{2}$

[130]:
```
factor(_)
```

[130]: $\int e^x\sin(x)\,dx = -\frac{(-\sin(x)+\cos(x))\,e^x}{2}$

8.5 정적분

정의 8.9] 정적분
구간 $[a, b]$에서 연속인 함수 $f(x)$에 대한 정적분은 다음이 정의된다. .

$$\int_a^b f(x)dx = \lim_{n\to\infty}\sum_{k=1}^{n} f(x_k)\Delta x \ (\quad , \Delta x = \frac{b-a}{n}, \ x_k = a + k\Delta x)$$

정적분을 위한 파이썬 함수는 다음과 같다. - Integral(f(x), (x, a, b)) - integrate(f(x), (x, a, b))
예제 8.12] 다음 정적분을 정의에 따라서 구하시오.

$$\int_0^3 3x^2 dx$$

[131]:
```
from sympy import *
x,k,n=symbols('x k n')
```

[132]:
```
def f(x):
  return 3*x**2
```

[133]:
```
f(x)
```

[133]: $3x^2$

[134]:
```
Dx=(3-0)/n # 델타엑스
```

[135]:
```
Dx
```

[135]: $\frac{3}{n}$

[136]:
```
xk=0+k*Dx # 엑스케이
```

[137]:
```
xk
```

[137]: $\frac{3k}{n}$

[138]:
```
Sum(f(xk)*Dx,(k,1,n)) # 부분합, 직사각형들의 합
```

[138]: $\sum_{k=1}^{n} \frac{81k^2}{n^3}$

[139]:
```
Limit(Sum(f(xk)*Dx,(k,1,n)),n,oo ) # 극한값, 정적분 정의
```

[139]: $\lim_{n\to\infty}\sum_{k=1}^{n} \frac{81k^2}{n^3}$

[140]:
```
_.doit()
```

[140]: 27

□ 미적분학의 기본정리(정적분과 미분)

정리 8.10] 함수 $f(x)$가 구간 $[a,b]$에서 연속일 때, 정적분과 미분 사이의 관계는 다음과 같다.

$$\frac{d}{dx}\int_a^x f(t)dt = f(x)\ (\ ,\ a < x < b)$$

예제 8.13] 다음을 만족하는 함수 $f(x)$와 상수 a를 구하시오.

$$\int_2^x f(t)dt = e^x + x - a$$

[141]:
```
from sympy import *
x,t,a=symbols('x t a')
f=Function('f')
```

[142]:
```
def F(x,f_t):  # 주어진 원시함수(부정적분)
    return Integral(f(t),(t,2,x))
```

[143]:
```
F(x,f(x)) # 원시함수(부정적분) 보기
```

[143]: $\int_2^x f(t)\,dt$

[144]:
```
F(2,f(t)) # x=2 대입
```

[144]: $\int_2^2 f(t)\,dt$

[145]:
```
_.doit() # x=2 대입한 계산값
```

[145]: 0

[146]:
```
def DIT(x,f_t): # 양변에 미분한 결과
   return diff( F(x,f(t)),x )
```

[147]:
```
DIT(x,f(x)) # f_t자리에 f(x)를 대입한 결과 보기
```

[147]: $f(x)$

[148]:
```
Eq(DIT(x,f(t)),diff(exp(x)+x-a,x)) # 양변 미분한 결과의 방정식 만들기
```

[148]: $f(x) = e^x + 1$

따라서 $f(x)$를 구했다.

[149]:
```
Eq(F(2,f(t)), (exp(x)+x-a).subs(x,2)) # 원시함수의 식에 x=2를 대입한다.
```

[149]: $\int_2^2 f(t)\,dt = -a + 2 + e^2$

[150]:
```
_.doit() # 좌변이 0이므로 a를 구할 수 있다.
```

[150]: $0 = -a + 2 + e^2$

[151]:
```
simplify(_)
```

[151]: $a = 2 + e^2$

따라서 a값을 구했다.

정리 8.11] 미적분학의 기본정리

$F(x)$가 구간 $[a, b]$에서 연속함수 $f(x)$의 원시함수(부정적분)일 때, 다음이 성립한다.

$$\int_a^b f(t)dt = F(b) - F(a)$$

예제 8.14] 다음을 정적분 하시오.

(a)

[152]:
```
from sympy import *
```

[153]:
```
Integral(2*x**2-x,(x,0,2))
```

[153]: $\int_0^2 \left(2x^2 - x\right)\, dx$

[154]:
```
_.doit()
```

[154]: $\frac{10}{3}$

[155]:
```
Eq(Integral(2*x**2-x,(x,0,2)), integrate(2*x**2-x,(x,0,2)))
```

[155]: $\int_0^2 \left(2x^2 - x\right)\, dx = \frac{10}{3}$

(b)

[156]:
```
Integral(cos(x),(x,pi/2,pi))
```

[156]: $\int_{\frac{\pi}{2}}^{\pi} \cos(x)\, dx$

[157]:
```
_.doit()
```

[157]: -1

[158]:
```
Eq(Integral(cos(x),(x,pi/2,pi)),integrate(cos(x),(x,pi/2,pi)))
```

[158]: $\int_{\frac{\pi}{2}}^{\pi} \cos(x)\, dx = -1$

((b)의 내용을 그림으로 관찰)

[159]:
```
from sympy import *
x,y=symbols('x y')
eq1=Eq(y,cos(x))
eq2=Eq(x,pi/2)
eq3=Eq(x,pi)
plot_implicit(Or(eq1,eq2,eq3),(x,-5,5), size=(4,4))
```

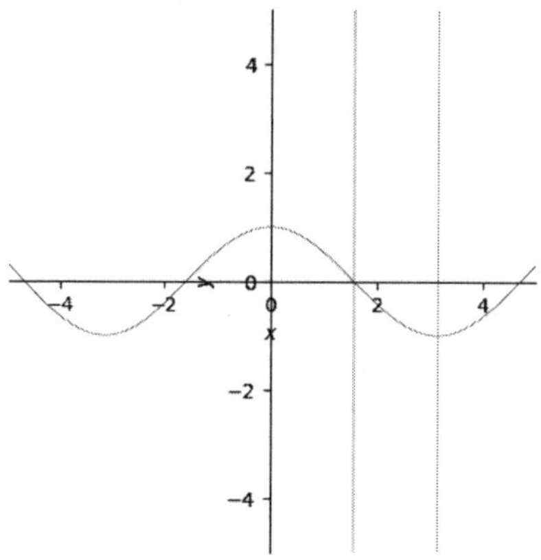

[159]: <sympy.plotting.plot.Plot at 0x280f6294b90>

정리 8.12] 정적분의 성질
함수 $f(x), g(x)$가 a, b, c를 포함하는 구간에서 연속일 때 다음이 성립한다.

[160]:
```
from sympy import *
x,k,a,b,c=symbols('x k a b c')
f=Function('f')
g=Function('g')
```

(1)

[161]:
```
Eq(Integral(k*f(x),(x,a,b)), k*Integral(f(x),(x,a,b)))
```

[161]: $$\int_a^b kf(x)\,dx = k\int_a^b f(x)\,dx$$

(2)

[162]:
```
Eq(Integral(f(x)+g(x),(x,a,b)), Integral(f(x),(x,a,b))+Integral(g(x),(x,a,b)) )
```

[162]: $$\int_a^b (f(x)+g(x))\,dx = \int_a^b f(x)\,dx + \int_a^b g(x)\,dx$$

(3)

[163]:
```
Eq(Integral(f(x)-g(x),(x,a,b)), Integral(f(x),(x,a,b))-Integral(g(x),(x,a,b)) )
```

[163]: $$\int_a^b (f(x) - g(x))\, dx = \int_a^b f(x)\, dx - \int_a^b g(x)\, dx$$

(4)

[164]:
```
Eq(Integral(f(x),(x,a,b)), -Integral(f(x),(x,b,a))  )
```

[164]: $$\int_a^b f(x)\, dx = -\int_b^a f(x)\, dx$$

(5)

[165]:
```
Eq(Integral(f(x),(x,a,b)), Integral(f(x),(x,a,c))+Integral(g(x),(x,c,b)) )
```

[165]: $$\int_a^b f(x)\, dx = \int_a^c f(x)\, dx + \int_c^b g(x)\, dx$$

예제 8.15] 다음의 정적분을 구하시오.

[166]:
```
from sympy import *
```

(a)

[167]:
```
Integral(x**3-x+1,(x,0,3))-Integral(x**3+x+1,(x,0,3))
```

[167]: $$-\int_0^3 \left(x^3 + x + 1\right)\, dx + \int_0^3 \left(x^3 - x + 1\right)\, dx$$

[168]:
```
_.doit()
```

[168]: -9

(b)

[169]:
```
Integral(x**3-exp(x),(x,0,1))+Integral(x**3-exp(x),(x,1,2))
```

[169]: $$\int_0^1 \left(x^3 - e^x\right)\, dx + \int_1^2 \left(x^3 - e^x\right)\, dx$$

[170]:
```
_.doit()
```

[170]: $5 - e^2$

(c)

[171]:
```
Integral((2*x-1)**3,(x,0,2))
```

[171]: $$\int_0^2 (2x - 1)^3\, dx$$

[172]:
```
_.doit()
```

[172]: 10

(d)

[173]:
```
Integral(2*x*exp(x**2),(x,0,1))
```

[173]: $\int_0^1 2xe^{x^2}\,dx$

[174]:
```
_.doit()
```

[174]: $-1+e$

정리 8.13] 부분적분법과 정적분

두 함수 $f(x)$, $g(x)$가 미분가능하고, 그것의 도함수가 연속일 때 다음이 성립한다.

$$\int_a^b f'(x)g(x)dx = [f(x)g(x)]_b^a - \int_a^b f(x)g'(x)dx$$

예제 8.16] 다음의 정적분을 구하시오.

(a)

[175]:
```
Integral(log(x),(x,1,exp(2)))
```

[175]: $\int_1^{e^2} \log(x)\,dx$

[176]:
```
_.doit()
```

[176]: $1+e^2$

(b)

[177]:
```
Integral(x*cos(x),(x,0,pi))
```

[177]: $\int_0^{\pi} x\cos(x)\,dx$

[178]:
```
_.doit()
```

[178]: -2

8.6 적분의 응용

□ 넓이

정리 8.14] 구간 $[a,b]$에서 연속인 함수 $y=f(x)$가 두 직선 $x=a, x=b$와 x축으로 둘러싸인 넓이 S는 다음과 같다.

$$S = \int_a^b |f(x)|\, dx$$

여기서, 함수가 x축의 위쪽이면 피적분 함수는 $|f(x)| = f(x)$이고, x축의 아래쪽이면 $|f(x)| = -f(x)$가 된다.

예제 8.17] 곡선 $y = \sin(x)$와 두 직선 $x = \frac{\pi}{3}$, $x = \frac{5\pi}{4}$와 x축으로 둘러싸인 도형의 넓이를 구하시오.

[179]:
```
from sympy import *
x,y=symbols('x y')
```

[180]:
```
eq1=Eq(y,sin(x))
```

[181]:
```
eq1
```

[181]: $y = \sin(x)$

[182]:
```
eq2=Eq(x, pi/3)
```

[183]:
```
eq2
```

[183]: $x = \frac{\pi}{3}$

[184]:
```
eq3=Eq(x, 5*pi/4)
```

[185]:
```
eq3
```

[185]: $x = \frac{5\pi}{4}$

[186]:
```
plot_implicit(Or(eq1,eq2,eq3),(x,0,2*pi),(y,-1,1.5), size=(4,4))
```

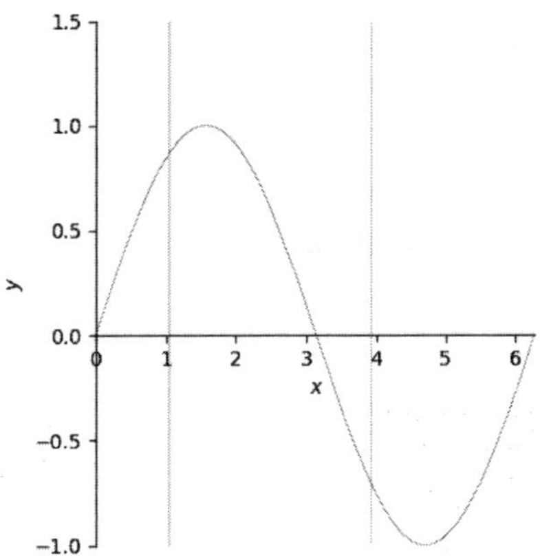

[186]:
```
<sympy.plotting.plot.Plot at 0x280f79a1590>
```

(이제 정적분을 이용하여 위의 면적을 구해보자.)

[187]:
```
solveset(sin(x),x,Interval(0, 2*pi))
```

[187]: $\{0, \pi, 2\pi\}$

[188]:
```
Integral(sin(x),(x,pi/3,pi))+Integral(-sin(x),(x,pi,5*pi/4))
```

[188]: $\int_{\pi}^{\frac{5\pi}{4}} (-\sin(x))\,dx + \int_{\frac{\pi}{3}}^{\pi} \sin(x)\,dx$

[189]:
```
_.doit()
```

[189]: $\frac{5}{2} - \frac{\sqrt{2}}{2}$

예제 8.18] 함수 $y = \log(x-1)$과 두 직선 $y = -1,\ y = 2$와 그리고 y축으로 둘러싸인 도형의 넓이를 구하시오.

[190]:
```
from sympy import *
x,y=symbols('x y')
```

[191]:
```
plot(log(x-1),-1,2,(x,-2,10),(y,-1,3), size=(4,4))
```

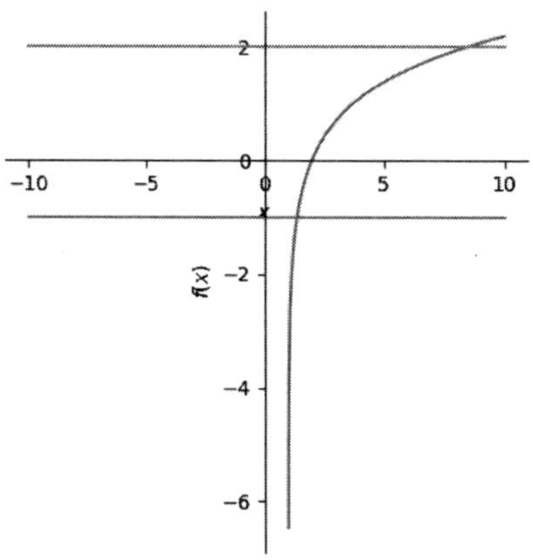

[191]: <sympy.plotting.plot.Plot at 0x280f81be750>

[192]:
```
# y=log(x-1)을 x-1=e^y 즉 x=e^y +1로 구함
eq=Eq(y,log(x-1))
solve(eq,x) # 음함수 식을 x로 해를 구함
```

[192]: [exp(y) + 1]

[193]:
```
Integral(exp(y)+1,(y,-1,2))
```

[193]: $\displaystyle\int_{-1}^{2} (e^y + 1)\, dy$

[194]:
```
_.doit()
```

[194]: $-\frac{1}{e} + 3 + e^2$

정리 8.15] 구간 $[a, b]$에서 연속인 두 함수 $f(x),\ g(x)$가 두 함수와 두 직선 $x = a,\ x = b$로 둘러싸인 넓이 S는 다음과 같다.

$$S = \int_a^b |f(x) - g(x)| dx$$

여기서, 구간에서 $f(x) > g(x)$이면 피적분함수는 $|f(x) - g(x)| = f(x) - g(x)$이고, $f(x) < g(x)$이면 $|f(x) - g(x)| = -(f(x) - g(x)) = g(x) - f(x)$이 된다.

예제 8.19] 다음 두 함수로 둘러싸인 도형의 넓이를 구하시오.

(a) $f(x) = x + 1,\ g(x) = x^2 - 3x + 4$

(b) $f(x) = \sin(x),\ \ g(x) = \cos(x),\ \ x = 0, x = \pi/2$

(a)

[195]:
```
from sympy import *
x,y=symbols('x y')
```

[196]:
```
f_x=x+1
g_x=x**2-3*x+4
```

[197]:
```
f_x
```

[197]: $x + 1$

[198]:
```
g_x
```

[198]: $x^2 - 3x + 4$

[199]:
```
plot(f_x, g_x, xlim=(0,5),ylim=(0,5), size=(4,4))
```

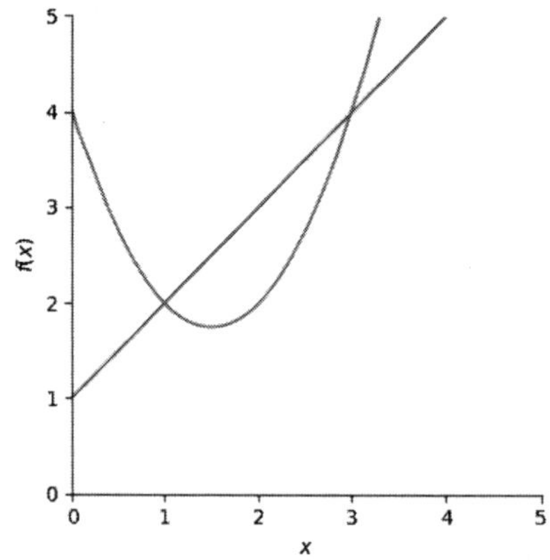

[199]: <sympy.plotting.plot.Plot at 0x280f934df10>

[200]:
```
solve(f_x-g_x,x) # 두 함수의 교점
```

[200]: [1, 3]

[201]:
```
Integral(f_x-g_x, (x,1,3))
```

[201]: $$\int_1^3 \left(-x^2 + 4x - 3\right) dx$$

[202]:
```
_.doit()
```

[202]: $$\frac{4}{3}$$

(b)

[203]:
```
eq1=Eq(y,sin(x))
eq2=Eq(y,cos(x))
eq3=Eq(x,0)
eq4=Eq(x, pi/2)
```

[204]:
```
plot_implicit(Or(eq1,eq2,eq3,eq4),(x,0,4),(y,0,2), size=(4,4))
```

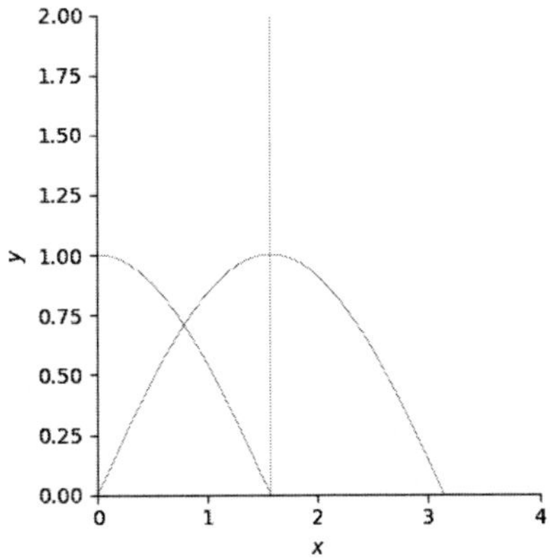

[204]: <sympy.plotting.plot.Plot at 0x280f93af590>

[205]:
```
solveset(sin(x)-cos(x),x, Interval(0,pi/2)) # 두 함수의 교점
```

[205]: $\left\{\frac{\pi}{4}\right\}$

[206]:
```
Integral(cos(x)-sin(x),(x,0,pi/4))+Integral(sin(x)-cos(x),(x,pi/4, pi/2))
```

[206]: $\int_{\frac{\pi}{4}}^{\frac{\pi}{2}} (\sin(x) - \cos(x))\, dx + \int_{0}^{\frac{\pi}{4}} (-\sin(x) + \cos(x))\, dx$

[207]:
```
_.doit()
```

[207]: $-2 + 2\sqrt{2}$

[208]:
```
factor(_)
```

[208]: $2\left(-1 + \sqrt{2}\right)$

□ 부피

정리 8.16] 단면적을 알 때 입체도형의 부피

입체도형의 구간 $[a, b]$를 x축에 수직으로 자른 단면적의 넓이가 $S(x)$일 때, 입체도형의 부피 V는 다음과 같다.

$$V = \int_a^b S(x)dx$$

예제 8.20] 원뿔의 꼭짓점을 아래로 세워서 물을 담으려고 한다. 물의 높이가 $x$cm일 때 수면의 넓이는 πx^2cm이다. 그릇에 담긴 물의 부피를 구하시오.

[209]:
```
from sympy import *
x=symbols('x')
```

[210]:
```
S_x=pi*x**2 # 단면적의 넓이(주어짐)
```

[211]:
```
S_x
```

[211]: πx^2

[212]:
```
Integral(S_x,(x,0,10))
```

[212]: $\int_0^{10} \pi x^2\, dx$

[213]:
```
_.doit()
```

[213]: $\frac{1000\pi}{3}$

정리 8.17] 회전체의 부피

(1) 구간 $[a,b]$에서 연속인 함수 $y=f(x)$와 두 직선 $x=a, x=b$ 그리고 x축으로 둘러싸인 영역을 x축을 중심으로 회전할 때 생기는 입체도형의 부피 V는 다음과 같다.

$$V=\int_a^b \pi f^2(x)dx$$

(2) 구간 $[c,d]$에서 연속인 함수 $x=g(y)$와 두 직선 $y=c, y=d$ 그리고 y축으로 둘러싸인 영역을 y축을 중심으로 회전할 때 생기는 입체도형의 부피 V는 다음과 같다.

$$V=\int_a^b \pi g^2(y)dy$$

예제 8.21] 반지름이 r인 구의 부피 V를 구하시오.

Hint] $x^2+y^2=r^2$를 x 또는 y축으로 회전하면 반지름이 r인 구가 생긴다.

[214]:
```
from sympy import *
x,r=symbols('x r')
```

[215]:
```
eq=Eq(x**2+y**2, r**2) # 반지름이 r인 원의 방정식
```

[216]:
```
eq
```

[216]: $x^2+y^2=r^2$

[217]:
```
plot_implicit(eq.subs(r,3), size=(4,4)) # 반지름이 3인 원의 그래프
```

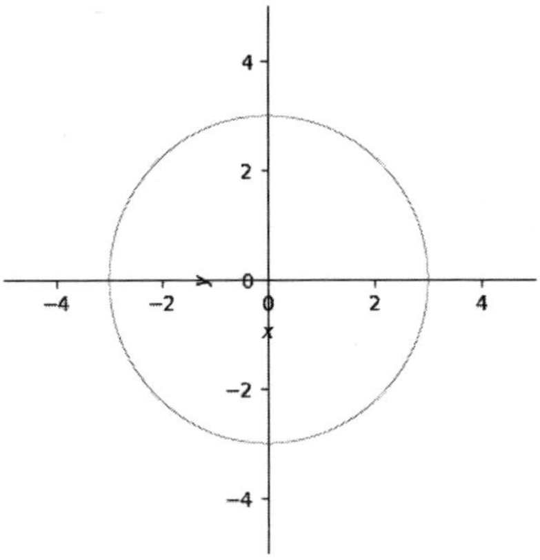

[217]: <sympy.plotting.plot.Plot at 0x280f92929d0>

[218]:
```
solveset(eq, y, S.Reals)
```

[218]: $\mathbb{R} \cap \left\{-\sqrt{r^2 - x^2}, \sqrt{r^2 - x^2}\right\}$

이제, 구간 $[-r, r]$와 위 반원 함수 $\sqrt{r^2 - x^2}$를 x을 따라서 회전하면 구의 부피가 나온다.

[219]:
```
Integral( pi*(sqrt(r**2-x**2)**2),(x, -r,r) )
```

[219]: $\int_{-r}^{r} \pi \left(r^2 - x^2\right) dx$

[220]:
```
_.doit()
```

[220]: $\frac{4\pi r^3}{3}$

예제 8.22]

다음으로 둘러싸인 영역을 각 주어진 축으로 회전 시 생기는 입체의 부피를 구하시오.

$(a)\ y = x^2,\ x = 0,\ x = 2,\ x$축 $(b)\ y = \log(x),\ y = -1, y = 2,\ y$축

(a)

[221]:
```
from sympy import *
x,y=symbols('x y')
```

[222]:
```
eq1=Eq(y, x**2)
eq2=Eq(x,0)
eq3=Eq(x,2)
```

[223]:
```
plot_implicit(Or(eq1,eq2,eq3), size=(4,4))
```

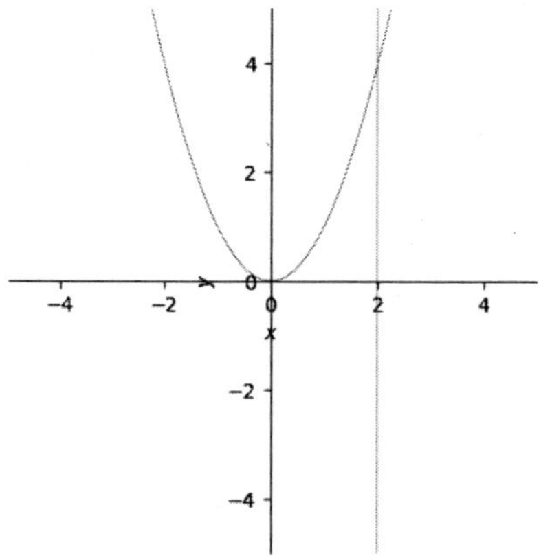

[223]: <sympy.plotting.plot.Plot at 0x280f92e56d0>

[224]:
```
Integral(pi*(x**2)**2,(x,0,2))
```

[224]: $\int_0^2 \pi x^4\, dx$

[225]:
```
_.doit()
```

[225]: $\frac{32\pi}{5}$

(b)

[226]:
```
from sympy import *
x,y=symbols('x y')
```

[227]:
```
y_x=log(x)
```

[228]:
```
plot(y_x, -1, 2, (x, -5, 5),(y,-2,2), size=(4,4))
```

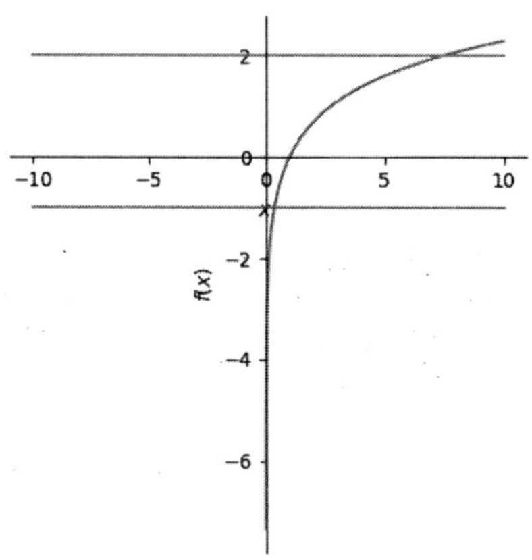

[228]: <sympy.plotting.plot.Plot at 0x280f94bd910>

[229]:
```
eq4=Eq(y,log(x))
```

[230]:
```
eq4
```

[230]: $y = \log(x)$

[231]:
```
solve(eq4, x)
```

[231]: [exp(y)]

[232]:
```
Integral(pi*exp(y)**2, (y,-1,2))
```

[232]: $\int_{-1}^{2} \pi e^{2y}\, dy$

[233]:
```
_.doit()
```

[233]: $-\frac{\pi}{2e^2} + \frac{\pi e^4}{2}$

[234]:
```
factor(_, pi) # 위 식을 인수분해
```

[234]: $\frac{\pi\left(-\frac{1}{2} + \frac{e^6}{2}\right)}{e^2}$

[235]:
```
collect(__,pi) # 위 식을 파이로 묶기
```

[235]: $\pi\left(-\frac{1}{2e^2} + \frac{e^4}{2}\right)$

◀ 8장 내용 끝

8.7 연습문제

문제1] $f(0) = 1,\ f'(0) = -2,\ f''(0) = -1$를 만족하는 함수 $y = f(x)$를 구하시오.

[ ]:
```

```

문제2] 부정적분 $\int \frac{1}{\sqrt{9-x^2}} dx$의 답이 $-\cos^{-1}\frac{x}{3} + c$임을 보이시오.

[ ]:
```

```

문제3] 반각공식을 이용하여 부정적분 $\int \sqrt{1+\cos(4x)}\ (0 \le x \le \pi/4)$을 구하시오.

[ ]:
```

```

문제4] 부정적분 $\int \cot^6(x)dx$을 구하시오.

[ ]:

문제5] 다음 부정적분을 구하시오.

$$\int \frac{x+1}{x(x-1)^2(x+2)}dx$$

[ ]:

문제6] 다음 부정적분을 구하시오.

$$\int \frac{1}{\sin(x)+\cos(x)}dx$$

[ ]:

문제7] 다음을 정적분으로 표시하시오.

$$\lim_{n\to\infty}\sum_{k=1}^{n}\frac{k}{n^2+k^2}$$

[ ]:

문제8] 다음 정적분의 최댓값과 최솟값을 구하시오.

$$\int_0^2 \sqrt{1+x^2}dx$$

[ ]:

문제9] 다음을 이상적분으로 구하시오.

$$\int_{-1}^{1}\frac{1}{x^2}dx$$

[ ]:

문제10] 다음 두 곡선으로 둘러싸인 영역의 면적을 구하시오.

$$y=x^4,\ y=2x-x^2$$

[ ]:

문제11] 다음 두 곡선으로 둘러싸인 영역의 면적을 구하시오.

$$y^2=4x,\ 4x-3y=4$$

[ ]:

문제12] 사이클로이드 $x=a(t-\sin(t)),\ y=a(1-\cos(t))\ (0\le t\le 2\pi)$와 x축 사이에 있는 부분의 면적을 구하시오.

[ ]:

문제13] 평면 곡선 $y = 1 - \frac{x^2}{4}$ 을 x축과 y축으로 둘러싸인 1사분면 영역을 밑면으로 하는 입체가 있다. x축과 수직인 단면은 항상 정사각형이라고 할 때 이 입체의 부피를 구하시오.

[ ]:

문제14] 두 함수 $y = x^2$ 과 $y = x^3$ 이 1사분면에서 이루는 영역을 y축으로 회전시킬 때 회전체의 부피를 구하시오.

[ ]:

문제15] 곡선 $x = \sqrt{4 - y^2}$ 와 y축으로 둘러싸인 영역을 $x = -1$을 회전축으로 회전 시 회전체의 부피를 구하시오.

[ ]:

제 9 장
확률과 확률분포

9.1 순열과 조합

□ 순열(permutation)

정의 9.1] 서로 다른 n개에서 r $(n \geq r)$개를 선택하여 일렬로 나열하는 경우의 수를 n개에서 r개를 선택하는 순열이라고 하고, 기호로 ${}_nP_r$를 사용한다.

정리 9.2] ${}_nP_r = \dfrac{n!}{(n-k)!} = n(n-1)(n-2)\cdots(n-r+1)$ $(0 < r \leq n)$

(정의를 이용한 순열의 계산)

[1]:
```
from sympy import *
n=symbols('n')
```

[2]:
```
factorial(n) # 팩토리얼 함수
```

[2]: $n!$

[3]:
```
factorial(5) # 5!
```

[3]: 120

[4]:
```
from sympy import *
n,k=symbols('n k')
def permut(n,k): # 순열의 정의를 사용
   return factorial(n)/factorial(n-k)
```

[5]:
```
permut(n,k)
```

[5]: $\dfrac{n!}{(-k+n)!}$

[6]:
```
# 5개에서 2개를 뽑아 순서 있게 나열하는 경우의 수
permut(5,2)
```

[6]: 20

(math 모듈로 순열의 계산))

[7]:
```
from math import *
perm(5,2) # math에 있는 순열함수 호출
```

[7]: 20

[8]:
```
from math import *
perm(7,3) # math에 있는 순열함수 호출
```

[8]: 210

예제 9.1] 동의대학교 수학과의 윤이는 학교 건물 8곳 중에서 서로 다른 3곳을 방문하려고 한다. 순서를 정해서 건물을 방문하는 경우의 수를 구하시오.

[9]:
```
from sympy import *
def permut(n,k):
  return factorial(n)/factorial(n-k)
permut(8,3) # 순열의 정의를 사용
```

[9]: 336

[10]:
```
from math import *
perm(8,3) # math에 있는 순열함수 호출
```

[10]: 336

예제 9.2] 다음을 만족하는 자연수 n, r을 구하시오.

$(a)\ {}_6P_3 = 6{}_nP_2 \quad (b)\ {}_5P_r = 60$

(a)

[11]:
```
from sympy import *
n,r=symbols('n r')
```

[12]:
```
def permut(n,k):
  return factorial(n)/factorial(n-k)
```

[13]:
```
Eq(permut(6,3),6*permut(n,2))
```

[13]: $120 = \frac{6n!}{(n-2)!}$

[14]:
```
simplify(_)
```

[14]: $n^2 - n = 20$

[15]:
```
solveset(_,n,Interval(0,oo)) # n이 자연수이다.
```

[15]: $\{5\}$

(b)

[16]:
```
equ=Eq(permut(5,r),60)
```

[17]:
```
equ
```

[17]: $\frac{120}{(5-r)!} = 60$

[18]:
```
factorint(60) # 정수로 인수분해
```

[18]: {2: 2, 3: 1, 5: 1}

[19]:
```
fraction(equ.lhs) # 왼쪽식을 분자, 분모로 분할
```

[19]: (120, factorial(5 - r))

[20]:
```
Eq(_[1],2)
```

[20]: $(5-r)! = 2$

(직접적으로 팩토리얼 방정식을 풀 수 없기에 수동으로 푼다.)

[21]:
```
for r in range(6): # r=0,1,2,3,4,5
  if factorial(5-r)==2:
    print('답 r= {}'.format(r))
  else:
    print('답 아님:{}'.format(r))
```

```
답 아님:0
답 아님:1
답 아님:2
답 r=3
답 아님:4
답 아님:5
```

예제 9.3] 문자 a, b, c, d에 대하여 다음을 구하시오.

(a) 4개의 문자를 일렬로 나열하는 경우의 수

(b) b, d가 이웃하도록 4개의 문자를 나열하는 경우의 수

[22]:
```
from sympy import *
def permut(n,k):
  return factorial(n)/factorial(n-k)
```

(a)

[23]:
```
permut(4,4)
```

[23]: 24

(b)

[24]:
```
permut(3,3)*permut(2,2) # a,{d,b},c를 나열하는 경우 x {b, d}를 나열하는 경우
```

[24]: 12

□ 조합(combination)

정의 9.3] 서로 다른 n개에서 순서를 고려하지 않고, r $(n \geq r)$개를 선택하는 경우의 수를 조합이라 하고, 기호로 ${}_nC_r$로 표시한다.

정리 9.4] 조합의 계산은 다음과 같다.

$${}_nC_r = \frac{n!}{r!(n-r)!} \ (0 < r \leq n)$$

파이썬을 이용하는 3가지 방법을 소개한다.

(방법1) 공식 이용

[25]:
```
from sympy import *
n,r=symbols('n r')
def combi(n,r):
  return factorial(n)/(factorial(r)*factorial(n-r))
```

[26]:
```
combi(n,r)
```

[26]: $\frac{n!}{r!\,(n-r)!}$

[27]:
```
# 6개에서 2개를 뽑는 경우의 수(순서 무시)
combi(6,2)
```

[27]: 15

[28]:
```
combi(5,3) # 5개에서 3개를 뽑는 경우의 수
```

[28]: 10

(방법2) 이항계수 이용: binomial(n,k) $= {}_nC_k$

[29]:
```
from sympy import *
```

[30]:
```
binomial(6,2)
```

[30]: 15

[31]:
```
binomial(5,3)
```

[31]: 10

(방법3) math 모듈 이용

[32]:
```
from math import *
comb(6,2)
```

[32]: 15

[33]:
```
from math import *
comb(5,3)
```

[33]: 10

예제 9.4] 상자에서 서로 다른 색의 구슬이 7개 들어있다. 한 번에 2개의 공을 뽑을 때 나올 수 있는 경우의 수를 구하시오.

[34]:
```
combi(7,2)
```

[34]: 21.0

[35]:
```
binomial(7,2)
```

[35]: 21

[36]:
```
from math import *
comb(7,2)
```

[36]: 21

정리 9.5] 다음이 성립한다.

$$_nC_r =_n C_{n-r}\ (0 < r \leq n)$$

예제 9.5] 다음을 만족하는 자연수 n, r을 구하시오.

(a) $_{n+2}C_n = 6$

(b) $_9C_{r+2} =_9 C_{2r-2}$

(a)

[37]:
```
from sympy import *
n,r=symbols('n r')
```

[38]:
```
def combi(n,r):
   return factorial(n)/(factorial(r)*factorial(n-r))
```

[39]:
```
equ=Eq(combi(n+2, n),6)
```

[40]:
```
equ
```

[40]: $\frac{(n+2)!}{2n!} = 6$

[41]:
```
leq=simplify(equ.lhs)
```

[42]:
```
leq
```

[42]: $\frac{(n+1)\,(n+2)}{2}$

[43]:
```
Eq(leq,6)
```

[43]: $\frac{(n+1)\,(n+2)}{2} = 6$

[44]:
```
solve(_,n)
```

[44]: [-5, 2]

(b)

[45]:
```
def combi(n,r):
   return factorial(n)/(factorial(r)*factorial(n-r))
```

[46]:
```
equ2=Eq(combi(9,r+2), combi(9,2*r-2))
```

[47]:
```
equ2
```

[47]: $\frac{362880}{(7-r)!\,(r+2)!} = \frac{362880}{(11-2r)!\,(2r-2)!}$

[48]:
```
leq2=fraction(equ2.lhs)
```

[49]:
```
leq2
```

[49]: (362880, factorial(7 - r)*factorial(r + 2))

[50]:
```
simplify(_)
```

[50]: $\left(362880,\ (7-r)!\,(r+2)!\right)$

[51]:
```
req2=fraction(equ2.rhs)
```

[52]:
```
req2
```

[52]: (362880, factorial(11 - 2*r)*factorial(2*r - 2))

[53]:
```
simplify(_)
```

[53]: $\left(362880,\ (11-2r)!\,(2r-2)!\right)$

[54]:
```
Eq(leq2[1],req2[1])
```

[54]: $(7-r)!\,(r+2)! = (11-2r)!\,(2r-2)!$

(수동으로)

[55]:
```
for r in range(6): # r=0,1,2,3,4,5
  if factorial(7-r)*factorial(r+2)==factorial(11-2*r)*factorial(2*r-2):
    print('답  r= {}'.format(r))
  else:
    print('답  아님:{}'.format(r))
```

```
답  아님:0
답  아님:1
답  아님:2
답  r= 3
답  r= 4
답  아님:5
```

9.2 이항정리

정리 9.6] 이항정리

$(a+b)^n =_n C_0 a^n +_n C_1 a^{n-1} b + \cdots_n C_r a^{n-r} b^r + \cdots +_n C_n b^n = \sum_{r=0}^{n} {}_nC_r a^{n-r} b^r \ (n \in N)$

각 항의 계수 ${}_nC_r$을 이항계수라 한다.

이항계수는 조합으로 파이썬 함수는 다음과 같다.

- ${}_nC_r = binomial(n,k)$

[56]:
```
from sympy import *
n, a,b=symbols('n a b')
```

[57]:
```
(a+b)**10
```

[57]: $(a+b)^{10}$

[58]:
```
expand(_)
```

[58]: $a^{10}+10a^9b+45a^8b^2+120a^7b^3+210a^6b^4+252a^5b^5+210a^4b^6+120a^3b^7+45a^2b^8+10ab^9+b^{10}$

[59]:
```
for i in range(0,11):
  coeff=binomial(10,i)
  print("C(10,{})={}".format(i,coeff))
```

```
C(10,0)=1
C(10,1)=10
C(10,2)=45
C(10,3)=120
C(10,4)=210
C(10,5)=252
C(10,6)=210
C(10,7)=120
C(10,8)=45
C(10,9)=10
C(10,10)=1
```

예제 9.6] 다음의 식을 전개하시오.
$(a)\ (x-3y)^3 \quad (b)\ (a+\frac{1}{a})^4$

[60]:
```
from sympy import *
x,y,a=symbols('x y a')
```

(a)

[61]:
```
(x-3*y)**3
```

[61]: $(x-3y)^3$

[62]:
```
expand(_)
```

[62]: $x^3-9x^2y+27xy^2-27y^3$

(b)

[63]:
```
(a+1/a)**4
```

[63]: $\left(a+\frac{1}{a}\right)^4$

[64]:
```
expand(_)
```

[64]: $a^4 + 4a^2 + 6 + \frac{4}{a^2} + \frac{1}{a^4}$

예제 9.7]

$\left(x - \frac{2}{x^2}\right)^9$ 을 전개할 때 x^6의 계수를 구하시오.

[65]:
```
expand((x - 2/(x**2))**9)
```

[65]: $x^9 - 18x^6 + 144x^3 - 672 + \frac{2016}{x^3} - \frac{4032}{x^6} + \frac{5376}{x^9} - \frac{4608}{x^{12}} + \frac{2304}{x^{15}} - \frac{512}{x^{18}}$

[66]:
```
list=_.args
```

[67]:
```
list
```

[67]:
```
(-672,
 x**9,
 -4608/x**12,
 -4032/x**6,
 -512/x**18,
 -18*x**6,
 144*x**3,
 2016/x**3,
 2304/x**15,
 5376/x**9)
```

[68]:
```
list[5]
```

[68]: $-18x^6$

□ 이항계수의 성질

자연수 n에 대하여 이항계수의 성질은 다음과 같다.

$$\sum_{r=0}^{n} {}_nC_r = {}_nC_0 + {}_nC_1 + {}_nC_2 + \cdots + {}_nC_n = 2^n$$

$${}_{n+1}C_r = {}_nC_{r-1} + {}_nC_r$$

예제 9.8] 다음의 값을 구하시오.

$$\sum_{k=1}^{20} {}_{20}C_k$$

[69]:
```
from sympy import *
n,k=symbols('n k')
```

(이항계수 성질)

[70]:
```
Sum(binomial(20,k),( k,0,20))
```

[70]: $\sum_{k=0}^{20} \binom{20}{k}$

[71]:
```
_.doit()
```

[71]: 1048576

[72]:
```
summation(binomial(20,k),( k,0,20))
```

[72]: 1048576

[73]:
```
v=factorint(_)
```

[74]:
```
v  # 딕셔너리 {key:value}
```

[74]: {2: 20}

즉 2^{20} 이다.
(주어진 문제)

[75]:
```
Sum(binomial(20,k),( k,1,20))
```

[75]: $\sum_{k=1}^{20} \binom{20}{k}$

[76]:
```
_.doit()
```

[76]: 1048575

[77]:
```
summation(binomial(20,k),( k,1,20))
```

[77]: 1048575

[78]:
```
w=factorint(_)
```

[79]:
```
w
```

[79]: {3: 1, 5: 2, 11: 1, 31: 1, 41: 1}

[80]:
```
summation(binomial(20,k),( k,0,20))-summation(binomial(20,k),( k,1,20))
```

[80]: 1

문제의 답은 $2^{20}-1$ 임을 알 수 있다.
(딕셔너리 {key:value}을 key, value를 호출하는 방법을 복습하자.)

```
[81]: v[2]  # v[키값], v["키"]=해당값 호출
```

```
[81]: 20
```

```
[82]: v.values() # 모든 값 호출
```

```
[82]: dict_values([20])
```

```
[83]: # list(v.values()) # 모든 값을 리스트화
```

```
[84]: v.keys() # 모든 키 호출
```

```
[84]: dict_keys([2])
```

```
[85]: # list(v.keys()) # 모든 키를 리스트화
```

```
[86]: # list(v.keys())[0]
```

```
[87]: # list(v.values())[0]
```

```
[88]: # Pow(list(v.keys())[0], list(v.values())[0])-1
```

```
[89]: 2**20-1
```

```
[89]: 1048575
```

따라서 문제의 답은 $2^{20}-1$이다.

9.3 확률

정의 9.7]
표본공간을 S라 할 때 사건 A가 일어날 가능성을 확률이라하고, 기호는 $P(A)$로 내고, 다음과 같이 정의한다.

$$P(A)=\frac{n(A)}{n(S)}$$

- $n(S)$, $n(A)$은 집합 S, A의 개수를 의미한다.

예제 9.9] 흰 공 4개와 검은 공 3개가 들어있는 주머니에서, 임의로 공을 3개 꺼낼 때, 흰 공 2개와 검은 공 1개가 나올 확률을 구하시오.

[90]:
```
from sympy import binomial
# 주어진 조건에 따라 3개의 공(흰 공 2개와 검은 공 1개)를 선택하는
# 방법의 수를 계산합니다.
전체 공의 수 = 7
흰 공의 수 = 4
검은 공의 수 = 3
# 3개의 공을 선택하는 모든 방법의 수
S= binomial(전체 공의 수, 3)
# 흰 공 2개와 검은 공 1개를 선택하는 방법의 수
A= binomial(흰 공의 수, 2)*binomial(검은 공의 수, 1)
# 각 경우에 대한 확률을 계산합니다.
P_A= A/S
print("흰 공 2개와 검은 공 1개가 나올 확률:", P_A)
```

```
흰 공 2개와 검은 공 1개가 나올 확률: 18/35
```

예제 9.10]
주사위 한 개를 던지는 실험에서 다음을 구하시오.

(a) 짝수인 눈이 나올 확률

(b) 4보다 큰 눈이 나올 확률

(a)

[91]:
```
from sympy import *
# 라이브러리 sympy.stats는 수학적 확률분포를 다루는 데 사용한다.
from sympy.stats import *
```

[92]:
```
# (의미) a는 6면의 주사위의 이름을 의미한다. 즉 a라는 주사위를 나타냄.
Die('a',6)
```

[92]: a

[93]:
```
# (의미) x는 주사위a를 실행하면 생성된 확률변수(x=1,2,3,4,5,6),즉 x~Die('a',6)
x=Die('a',6)
```

[94]:
```
density(x).dict # 확률분포 P(X=x)를 의미한다. 즉 이산확률밀도함수(PDF)이다.
```

[94]: {1: 1/6, 2: 1/6, 3: 1/6, 4: 1/6, 5: 1/6, 6: 1/6}

[95]:
```
# 확률변수 x를 2로 나누어 나머지가 0인,즉 짝수인 확률변수
P(Eq(x%2,0))
```

[95]: $\frac{1}{2}$

(b)

[96]:
```
P(x > 4) # 4보다 큰 확률변수
```

[96]: $\frac{1}{3}$

예제 9.11] 한 개의 주사위를 던질 때 다음을 구하시오.

(a) 짝수이거나 4보다 큰 눈이 나올 확률

(b) 2 이하이거나 5 이상인 눈이 나올 확률

(a)

[97]:
```
from sympy import *
from sympy.stats import *
```

[98]:
```
y=Die('b',6) # b 주사위의 확률변수
```

[99]:
```
P(Eq(y%2,0)|(y>4)) # 조건문에서 and=, or=|이다.
```

[99]: $\frac{2}{3}$

(b)

[100]:
```
P((y<3)|(y>4))
```

[100]: $\frac{2}{3}$

예제 9.12] 1부터 15까지 자연수가 적힌 카드 15장 중에서 임의로 카드를 2장을 뽑는다고 가정하자. 이때, 적어도 카드 한 장은 짝수일 확률을 구하시오.
계산식:
n(S)= ${}_{15}C_2$: 카드 15장에서 2개를 선택 경우의 수
n(A)=${}_{8}C_2$: 8장의 홀수 카드에서 2개를 선택 경우의 수
1-P(A): 적어도 카드 한 장은 짝수일 확률

[101]:
```
from sympy.stats import *
```

[102]:
```
n_S=binomial(15,2)
```

[103]:
```
n_S
```

[103]: 105

[104]:
```
n_A=binomial(8,2)
```

[105]:
```
n_A
```

[105]: 28

[106]:
```
P_A=n_A/n_S # 두 장 모두 홀수일 확률
```

[107]:
```
P_A
```

[107]: $\frac{4}{15}$

[108]:
```
1-P_A # 적어도 한 장은 짝수일 확률
```

[108]: $\frac{11}{15}$

□ 동전던지기

[109]:
```
from sympy import *
from sympy.stats import *
```

[110]:
```
x=Coin('c') # 동전 이름이 c이고, 확률변수가 x이다.
```

[111]:
```
density(x).dict # H(앞), T(뒷)
```

[111]: {H: 1/2, T: 1/2}

(3개의 동전던지기)

[112]:
```
x=Coin('c1') # c1 동전의 확률변수 x
y=Coin('c2') # c2 동전의 확률변수 y
z=Coin('c3') # c3 동전의 확률변수 z
```

[113]:
```
density(x+y+z).dict # 동전을 세 번 던질 때 확률분포
```

[113]: {3*H: 1/8, 2*H + T: 3/8, H + 2*T: 3/8, 3*T: 1/8}

[114]:
```
coin = DiscreteUniform('coin', [0, 1])  # [0, 1]은 [앞면, 뒷면]을 나타냄

# 앞면이 나올 확률 계산
probability_heads = P(Eq(coin, 0)) # P(coin=0)

print("동전을 던졌을 때 앞면이 나올 확률:", probability_heads)
```

동전을 던졌을 때 앞면이 나올 확률: 1/2

□ 주사위 던지기

[115]:
```
from sympy import *
from sympy.stats import *
```

[116]:
```
x=Die('a',6) # a주사위의 확률변수 x
y=Die('b',6) # b주사위의 확률변수 x
```

[117]:
```
P(y<=2)
```

[117]: $\frac{1}{3}$

[118]:
```
P(y>=4)
```

[118]: $\frac{1}{2}$

[119]:
```
P(y<2) # P(y=1)
```

[119]: $\frac{1}{6}$

[120]:
```
P(Eq(y,1)) # P(y=1)
```

[120]: $\frac{1}{6}$

[121]:
```
P(y<7)-P(y<6) # P(y=6)
```

[121]: $\frac{1}{6}$

[122]:
```
P(Eq(y,6)) # P(y=6)
```

[122]: $\frac{1}{6}$

[123]:
```
density(x+y).dict # 두 개의 주사위의 두 눈의 합에 대한 확률분포
```

[123]:
```
{2: 1/36,
 3: 1/18,
 4: 1/12,
 5: 1/9,
 6: 5/36,
 7: 1/6,
 8: 5/36,
 9: 1/9,
 10: 1/12,
 11: 1/18,
 12: 1/36}
```

[124]:
```
density(abs(x-y)).dict # 두 주사위의 두 눈의 차에 대한 확률분포
```

[124]:
```
{0: 1/6, 1: 5/18, 2: 2/9, 3: 1/6, 4: 1/9, 5: 1/18}
```

[125]:
```
Eq(x%2,0) # 2의 배수 집합{2,4,6}, 즉 짝수의 집합
```

[125]: $a \bmod 2 = 0$

[126]:
```
P(_)
```

[126]: $\frac{1}{2}$

[127]:
```
Eq(x%4,0) # 4의 배수 집합{4}
```

[127]: $a \bmod 4 = 0$

[128]:
```
P(_)
```

[128]: $\frac{1}{6}$

[129]:
```
Eq(4%x,0) # 4의 약수 집합{1, 2, 4}
```

[129]: $4 \bmod a = 0$

[130]:
```
P(_)
```

[130]: $\frac{1}{2}$

[131]:
```
P(Eq(x%2,0)&(Eq(4%x,0))) # {2,4,6}^{1,2,4}={2,4}
```

[131]: $\frac{1}{3}$

[132]:
```
P(Eq(x%2,0)|(Eq(4%x,0))) # {2,4,6}U{1,2,4}={1,2,4,6}
```

[132]: $\frac{2}{3}$

□ 조건부확률

정의 9.8] 두 사건 A, B에 대하여, 사건 A가 일어났을 때 사건 B가 발생할 조건부확률은 다음과 같다.

$$P(B|A) = \frac{P(A \cap B)}{P(A)}$$

[133]:
```
from sympy import *
from sympy.stats import *
x,y=symbols('x y')
```

[134]:
```
x,y=Die('d1',6), Die('d2',6)
```

[135]:
```
P(x>3) # {4,5,6}의 확률
```

[135]: $\frac{1}{2}$

```
[136]: P(x>3, x>5) # x>5 즉 {6}중에서 x>3일 확률
```

[136]: 1

```
[137]: P(Eq(x,5), x>2) # x>2 즉 {3,4,5,6}중에서 x=5일 확률
```

[137]: $\frac{1}{4}$

```
[138]: P(x>y)
```

[138]: $\frac{5}{12}$

예제 9.13] 주사위 한 개를 던져서 나온 눈이 짝수일 때, 4의 약수일 확률을 구하시오.

```
[139]: from sympy import *
       from sympy.stats import *
```

```
[140]: X = Die('X', 6)
```

```
[141]: # A=Eq(X%2,0)={2,4,6}, B=Eq(4%X,0)={1,2,4}일 때 A^B={2,4}
       P_AB=P(Eq(4%X,0)&Eq(X%2,0))
```

```
[142]: P_AB
```

[142]: $\frac{1}{3}$

```
[143]: P_A=P(Eq(X%2,0))
```

```
[144]: P_A
```

[144]: $\frac{1}{2}$

```
[145]: result=P_AB/P_A
```

```
[146]: result
```

[146]: $\frac{2}{3}$

정의 9.9] 다음을 만족하는 두 사건 A, B를 서로 독립이라고 한다.

$$P(B|A) = P(B)P(A|B) = P(A)P(A \cap B) = P(A)P(B)\ (P(A) \neq 0, P(B) \neq 0)$$

예제 9.14] 주사위 한 개를 던질 때 홀수의 눈이 나오는 사건을 A, 4이하의 눈이 나오는 사건을 B라고 하자. 두 사건의 독립성을 조사하시오.

[147]:
```
from sympy import *
from sympy.stats import *
y = Die('y', 6)
```

[148]:
```
P_A=P(Eq(y%2,1))
```

[149]:
```
P_A
```

[149]: $\frac{1}{2}$

[150]:
```
P_B=P(y<5)
```

[151]:
```
P_B
```

[151]: $\frac{2}{3}$

[152]:
```
P_AB=P(Eq(y%2,1)&(y<5))
```

[153]:
```
P_AB
```

[153]: $\frac{1}{3}$

[154]:
```
P_AB==P_A*P_B
```

[154]: True

따라서 두 사건은 독립이다.

9.4 평균과 표준편차

□ 평균, 분산, 표준편차(numpy 모듈 사용)
정의 9.10] 데이터 $\{x_1, x_2, \cdots, x_n\}$의 평균 $E(X)$, 분산 $V(X)$ 그리고 표준편차 $\sigma(X)$는 다음과 같다.

$$E(x) = \frac{1}{n}\sum_{i=1}^{n} x_i V(X) = \frac{1}{n}\sum_{i=1}^{n}(x_i - E(X))^2 = E(X^2) - (E(X))^2 \sigma(X) = \sqrt{V(X)}$$

▶ 심파이(sympy)에서 위의 공식으로 함수를 정의하여 평균, 분산, 표준편차를 구할 수 있다.
아래는 통계 패키지인 넘파이(numpy)를 사용한 예이다.

[155]:
```
import numpy as np
from sympy import *
```

[156]:
```
# SymPy 기호 생성
x, y, z = symbols('x y z')
# NumPy 배열에 SymPy 기호 사용
```

```
data = np.array([x, y, z]) # 배열인 경우
data1=[x,y,z] # 리스트인 경우
```

[157]:
```
np.mean(data) # 배열의 평균
```

[157]: $\frac{x}{3}+\frac{y}{3}+\frac{z}{3}$

[158]:
```
np.mean(data1) # 리스트의 평균
```

[158]: $\frac{x}{3}+\frac{y}{3}+\frac{z}{3}$

[159]:
```
np.var(data) # 배열의 분산
```

[159]: $\frac{\left(-\frac{x}{3}-\frac{y}{3}+\frac{2z}{3}\right)\left(-\frac{\overline{x}}{3}-\frac{\overline{y}}{3}+\frac{2\overline{z}}{3}\right)}{3}+\frac{\left(-\frac{x}{3}+\frac{2y}{3}-\frac{z}{3}\right)\left(-\frac{\overline{x}}{3}+\frac{2\overline{y}}{3}-\frac{\overline{z}}{3}\right)}{3}+\frac{\left(\frac{2x}{3}-\frac{y}{3}-\frac{z}{3}\right)\left(\frac{2\overline{x}}{3}-\frac{\overline{y}}{3}-\frac{\overline{z}}{3}\right)}{3}$

[160]:
```
factor(_)
```

[160]: $\frac{2x\overline{x}-x\overline{y}-x\overline{z}-y\overline{x}+2y\overline{y}-y\overline{z}-z\overline{x}-z\overline{y}+2z\overline{z}}{9}$

[161]:
```
np.var(data1) # 리스트의 분산
```

[161]: $\frac{\left(-\frac{x}{3}-\frac{y}{3}+\frac{2z}{3}\right)\left(-\frac{\overline{x}}{3}-\frac{\overline{y}}{3}+\frac{2\overline{z}}{3}\right)}{3}+\frac{\left(-\frac{x}{3}+\frac{2y}{3}-\frac{z}{3}\right)\left(-\frac{\overline{x}}{3}+\frac{2\overline{y}}{3}-\frac{\overline{z}}{3}\right)}{3}+\frac{\left(\frac{2x}{3}-\frac{y}{3}-\frac{z}{3}\right)\left(\frac{2\overline{x}}{3}-\frac{\overline{y}}{3}-\frac{\overline{z}}{3}\right)}{3}$

[162]:
```
factor(_)
```

[162]: $\frac{2x\overline{x}-x\overline{y}-x\overline{z}-y\overline{x}+2y\overline{y}-y\overline{z}-z\overline{x}-z\overline{y}+2z\overline{z}}{9}$

예제 9.15] **수학과 학생들의 중간시험 점수가** $\{95, 90, 90, 70, 92, 88, 80, 85\}$ **일 때 평균, 분산, 표준편차를 구하시오.**

[163]:
```
X=[95,90,90,70,92,88,80,85]
```

[164]:
```
np.mean(X) # 평균
```

[164]: 86.25

[165]:
```
np.var(X) # 분산
```

[165]: 55.6875

[166]:
```
np.std(X) # 표준편차
```

[166]: 7.46240577829965

9.5 확률분포

[167]:
```
from sympy.stats import *
```

[168]:
```
 # 확률분포, 즉{확률변수:확률}
density={0:0.05, 1:0.10, 2:0.30, 3:0.25, 4:0.20, 5:0.10}
```

[169]:
```
density
```

[169]: {0: 0.05, 1: 0.1, 2: 0.3, 3: 0.25, 4: 0.2, 5: 0.1}

[170]:
```
# a라는 이름을 가진 확률분포에 대한 유한랜덤변수를 생성
x=FiniteRV('a', density)
```

[171]:
```
E(x) # 평균
```

[171]: 2.75

[172]:
```
P(x>=4) # 누적확률
```

[172]: 0.3

[173]:
```
variance(x) # 분산
```

[173]: 1.6875

□ 이산확률분포

주어진 확률분포의 기댓값과 분산은 다음과 같다.

$$E(x) = \sum_{i=1}^{n} x_i P(x_i) V(x) = \sum_{i=1}^{n} (x_i - E(x))^2 P(x_i) = E(x^2) - (E(x))^2$$

예제 9.16] 빨간 공 4개, 파란 공 5개가 들어있는 주머니에서 3개의 공의 꺼낼 때 파란 공의 개수를 확률변수로 하는 확률분포를 구하시오.

[174]:
```
from sympy import *
```

[175]:
```
def P(x):
  if x==0: # 파란 공 0개
    print( binomial(4,3)/binomial(9,3))
  elif x==1: # 파란 공 1개
    print( binomial(4,2)*binomial(5,1)/binomial(9,3))
  elif x==2: # 파란 공 2개
    print( binomial(4,1)*binomial(5,2)/binomial(9,3))
  elif x==3: # 파란 공 3개
```

```
    print( binomial(5,3)/binomial(9,3))
  else:
    print('잘못 입력')
```

[176]:
```
P(3)
```

5/42

[177]:
```
def Q(y): # 위를 이용한 확률밀도함수(PDF)
  p=binomial(4,3-y)*binomial(5,y)/binomial(9,3)
  return p
```

[178]:
```
for j in range(0,4): # 확률변수에 따른 확률분포
  print('X={}:P(X)={}'.format(j,Q(j)))
```

```
X=0:P(X)=1/21
X=1:P(X)=5/14
X=2:P(X)=10/21
X=3:P(X)=5/42
```

예제 9.17] 동전 3개를 던져서 앞면이 나오는 횟수를 확률변수라 할 때 X의 평균, 분산, 표준편차를 구하시오.

[179]:
```
from sympy.stats import *
x=Coin('c1') # c1 동전의 확률변수 x
y=Coin('c2') # c2 동전의 확률변수 y
z=Coin('c3') # c3 동전의 확률변수 z
```

[180]:
```
density(x+y+z).dict # 동전을 세 번 던질 때 확률분포
```

[180]: {3*H: 1/8, 2*H + T: 3/8, H + 2*T: 3/8, 3*T: 1/8}

[181]:
```
x1 = DiscreteUniform('coin1', [0, 1])  # [0, 1]은 [앞면, 뒷면]을 나타냄
x2 = DiscreteUniform('coin2', [0, 1])  # [0, 1]은 [앞면, 뒷면]을 나타냄
x3 = DiscreteUniform('coin3', [0, 1])  # [0, 1]은 [앞면, 뒷면]을 나타냄
# 앞면이 나올 확률 계산
density(x1+x2+x3).dict # 확률분포, 앞면(X)={0,1,2,3}
```

[181]: {0: 1/8, 1: 3/8, 2: 3/8, 3: 1/8}

[182]:
```
Y=density(x1+x2+x3).dict # 확률분포
```

[183]:
```
Y
```

[183]: {0: 1/8, 1: 3/8, 2: 3/8, 3: 1/8}

[184]:
```
y=FiniteRV('b', Y) # 확률분포
```

[185]:
```
E(y) # 기댓값
```

[185]: $\frac{3}{2}$

[186]:
```
variance(y) # 분산
```

[186]: $\frac{3}{4}$

[187]:
```
sqrt(_) # 표준편차
```

[187]: $\frac{\sqrt{3}}{2}$

□ 이항분포

참 또는 거짓이 발생하는 n번 독립시행에서 사건 A가 일어날 확률이 p일 때 확률변수 X는 $\{0, 1, 2, \cdots n\}$ 중에서 하나를 취한다. 그리고 확률밀도함수(또는 확률질량함수)는 다음과 같다.

$$P(X = x) =_n C_x \; p^x \; (1-p)^{n-x}$$

위와 같은 확률밀도함수를 가지는 확률분포를 이항분포라 하고, 다음과 같이 표시한다.

$$X \sim B(n, p)$$

이때 기댓값은 $E(X) = np$이고, 분산은 $V(X) = np(1-p)$이다.

예제 9.18] 동전 한 개를 3번 던져서 뒷면이 나오는 횟수를 확률변수 X로 하는 실험에서 X의 분산과 표준편차를 구하시오.

(힌트. $X \sim B(3, 1/2)$)

[188]:
```
from sympy import *
from sympy.stats import *
```

[189]:
```
# x ~ B('이름', 횟수, 확률)
X=Binomial('coin',3, Rational(1,2))
```

[190]:
```
X
```

[190]: $coin$

[191]:
```
density(X).dict
```

[191]: {0: 1/8, 1: 3/8, 2: 3/8, 3: 1/8}

[192]:
```
P(Eq(X,0)) # P(X=0), 확률밀도함수
```

[192]: $\frac{1}{8}$

[193]:
```
P(X<2) # 누적확률
```

[193]: $\frac{1}{2}$

[194]:
```
P(X<=3) # 누적확률
```

[194]: 1

[195]:
```
E(X) # 기댓값
```

[195]: $\frac{3}{2}$

[196]:
```
variance(X) # 분산
```

[196]: $\frac{3}{4}$

[197]:
```
sqrt(variance(X)) # 표준편차
```

[197]: $\frac{\sqrt{3}}{2}$

□ **연속확률분포**

확률변수 X가 어떤 구간의 모든 실수값을 가질 때 X를 연속확률변수라 한다.

□ **정규분포**

정규분포는 평균 μ, 분산 σ^2 (즉 표준편차 σ)를 가지는 연속확률분포이고, 연속확률변수 X가 정규분포를 따른다는 표시는 다음과 같다.

$$X \sim N(\mu, \sigma^2)$$

그리고 정규분포의 확률밀도함수(PDF) $f(x)$는 다음과 같다.

$$f(x) = \frac{1}{\sigma\sqrt{2\pi}} e^{-\frac{(x-\mu)^2}{2\sigma^2}}$$

(평균, 분산, 표준편차)

$E(aX + b) = aE(X) + b$

$V(aX + b) = a^2V(X)$

$\sigma(aX + b) = |a|\ \sigma(X)$

□ **표준정규분포**

$X \sim N(\mu, \sigma)$**일 때 확률변수**

$$Z = \frac{X - \mu}{\sigma}$$

은 표준정규분포 $N(0,1)$을 따른다. 이때 $Z = \frac{X - \mu}{\sigma}$를 표준화라고 한다.

(정규분포의 파이썬 표현)

[198]:
```
from sympy import *
from sympy.stats import *
```

[199]:
```
x, mu,sigma=symbols('x mu sigma') # 수학변수들 선언
```

[200]:
```
# x~Normal('이름', 평균, 표준편차), 정규분포
X=Normal('norm', mu, sigma)
```

[201]:
```
X
```

[201]: $norm$

[202]:
```
density(X) # 확률변수 X를 가지는 정규분포 호출
```

[202]: $\text{NormalDistribution}\left(\mu, \sigma\right)$

[203]:
```
# 정규분포의 확률밀도함수(PDF),수학변수 x는 소문자
density(X)(x)
```

[203]: $\frac{\sqrt{2}e^{-\frac{(-\mu+x)^2}{2\sigma^2}}}{2\sqrt{\pi}\sigma}$

[204]:
```
E(X) # 정규분포의 평균
```

[204]: μ

[205]:
```
variance(X) # 정규분포의 분산
```

[205]: σ^2

[206]:
```
std(X) # 정규분포의 표준편차
```

[206]: $\sqrt{\sigma^2}$

[207]:
```
P(X<mu) # 정규분포의 확률, -oo에서 mu까지 누적확률
```

[207]: $\begin{cases} \frac{1}{2} & \text{for } |\arg(\sigma)| \leq \frac{\pi}{4} \\ \int_{-\infty}^{0} \frac{\sqrt{2}e^{-\frac{z^2}{2\sigma^2}}}{2\sqrt{\pi}\sigma}\,dz & \text{otherwise} \end{cases}$

[208]:
```
P(X> ) # 정규분포의 확률, mu에서 oo까지 누적확률
```

[208]: $\begin{cases} \frac{1}{2} & \text{for } |\arg(\sigma)| \leq \frac{\pi}{4} \\ \int_{0}^{\infty} \frac{\sqrt{2}e^{-\frac{z^2}{2\sigma^2}}}{2\sqrt{\pi}\sigma}\,dz & \text{otherwise} \end{cases}$

[209]:
```
cdf(X)(mu) #-oo에서 mu까지 누적확률
```

[209]: $\frac{1}{2}$

[210]:
```
1-cdf(X)(mu) # mu에서 oo까지 누적확률
```

[210]: $\frac{1}{2}$

[211]:
```
a,b=symbols('a b') # 수학변수들 선언
```

[212]:
```
E(a*X+b) # 평균 공식
```

[212]: $a\mu + b$

[213]:
```
variance(a*X+b) # 분산 공식
```

[213]: $-a^2\mu^2 + 2a^2\left(\frac{\mu^2}{2} + \frac{\sigma^2}{2}\right)$

[214]:
```
simplify(_) # 분산 공식의 간편식
```

[214]: $a^2\sigma^2$

[215]:
```
std(a*X+b) # 표준편차 공식
```

[215]: $\sqrt{-a^2\mu^2 + 2a^2\left(\frac{\mu^2}{2} + \frac{\sigma^2}{2}\right)}$

[216]:
```
simplify(_) # 표준편차 공식의 간편식
```

[216]: $\sqrt{a^2\sigma^2}$

[217]:
```
cdf(X)(mu) # 누적확률
```

[217]: $\frac{1}{2}$

[218]:
```
# -oo에서부터 누적확률이 1/2이 되는 임계점 mu를 찾기
solve( Eq( cdf(X)(x), 0.5), x)
```

[218]: [mu]

(표준화를 이용한 표준정규분포의 파이썬 표현)

[219]:
```
from sympy import *
from sympy.stats import *
```

[220]:
```
Z=(X-mu)/(sigma) # 표준화
```

[221]:
```
density(Z) # Z ~ N(0,1)을 의미한다.
```

[221]: $\left(y \mapsto \frac{\sqrt{2}e^{-\frac{y^2}{2}}\left|\sigma\right|}{2\sqrt{\pi}\sigma}\right)$

[222]:
```
density(Z)(x) # 표준정규분포의 pdf
```

[222]: $\frac{\sqrt{2}e^{-\frac{x^2}{2}}\left|\sigma\right|}{2\sqrt{\pi}\sigma}$

[223]:
```
E(Z) # 표준정규분포의 평균
```

[223]: 0

[224]:
```
variance(Z) # 표준정규분포의 분산
```

[224]: $-\frac{\mu^2}{\sigma^2} + \frac{2\left(\frac{\mu^2}{2} + \frac{\sigma^2}{2}\right)}{\sigma^2}$

[225]:
```
simplify(_)
```

[225]: 1

[226]:
```
std(Z) # 표준정규분포의 표준편차
```

[226]: $\sqrt{-\frac{\mu^2}{\sigma^2} + \frac{2\left(\frac{\mu^2}{2} + \frac{\sigma^2}{2}\right)}{\sigma^2}}$

[227]:
```
simplify(_)
```

[227]: 1

[228]:
```
P(Z>0)
```

[228]: $\frac{\left|\sigma\right|}{2\sigma}$

[229]:
```
P(Z<0)
```

[229]: $\frac{\left|\sigma\right|}{2\sigma}$

[230]:
```
cdf(Z)(0) # 0에서 왼쪽으로 누적확률
```

[230]: $\frac{\left|\sigma\right|}{2\sigma}$

(표준정규분포 $Z \sim N(0,1)$의 파이썬 표현)

[231]:
```
from sympy import *
from sympy.stats import *
```

[232]:
```
Z=Normal('norm1',0,1)
```

[233]:
```
density(Z)
```

[233]: NormalDistribution $(0, 1)$

[234]:
```
x=symbols('x')
```

[235]:
```
pdf_x=density(Z)(x) # 확률밀도함수(PDF) f(x)
```

[236]:
```
pdf_x
```

[236]: $\frac{\sqrt{2}e^{-\frac{x^2}{2}}}{2\sqrt{\pi}}$

[237]:
```
E(Z)
```

[237]: 0

[238]:
```
variance(Z)
```

[238]: 1

[239]:
```
std(Z)
```

[239]: 1

[240]:
```
P(Z<0)
```

[240]: $\frac{1}{2}$

[241]:
```
P(Z>0)
```

[241]: $\frac{1}{2}$

[242]:
```
cdf(Z)(0)
```

[242]: $\frac{1}{2}$

[243]:
```
cdf(Z)(oo)
```

[243]: 1

[244]:
```
plot(pdf_x, size=(4,4)) # 확률밀도함수 pdf의 그래프
```

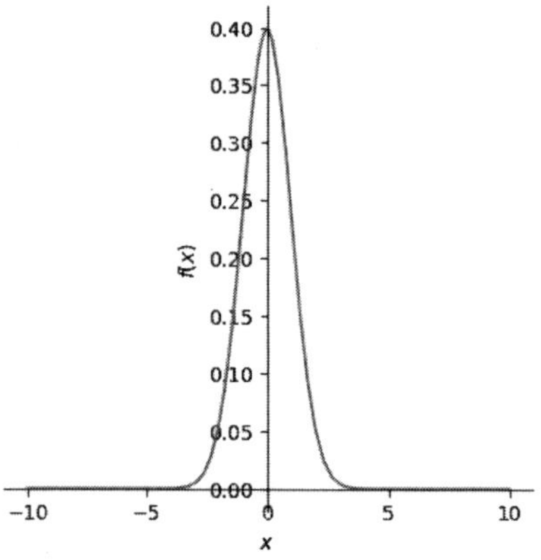

[244]: <sympy.plotting.plot.Plot at 0x1f14e543450>

예제 9.19] $X \sim N(2,9)$ **일 때 다음을 구하시오.**
(a) $P(2 \le X \le 8)$ (b) $P(X \le -1)$

(a)

[245]:
```
from sympy import *
from sympy.stats import *
x=symbols('x')
```

[246]:
```
X=Normal('a',2, 3) # 문제에서 9는 분산이고, 표준편차는 3이다.
```

[247]:
```
X
```

[247]: a

[248]:
```
density(X)
```

[248]: $\mathrm{NormalDistribution}\,(2,3)$

[249]:
```
density(X)(x)
```

[249]: $\frac{\sqrt{2}e^{-\frac{(x-2)^2}{18}}}{6\sqrt{\pi}}$

[250]:
```
plot(density(X)(x), size=(4,4))
```

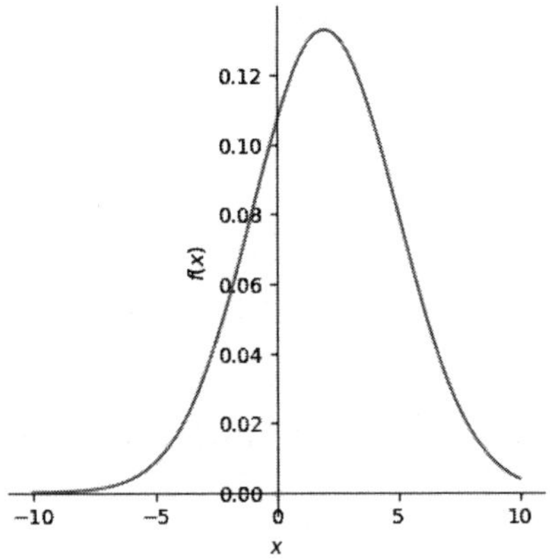

[250]: <sympy.plotting.plot.Plot at 0x1f14f2ad790>

[251]:
```
y=symbols('y')
eq1=Eq(y,density(X)(x))
eq2=Eq(x,2)
eq3=Eq(x,8)
plot_implicit(Or(eq1,eq2, eq3),(x,-10,10), (y,0,0.3), size=(4,4))
```

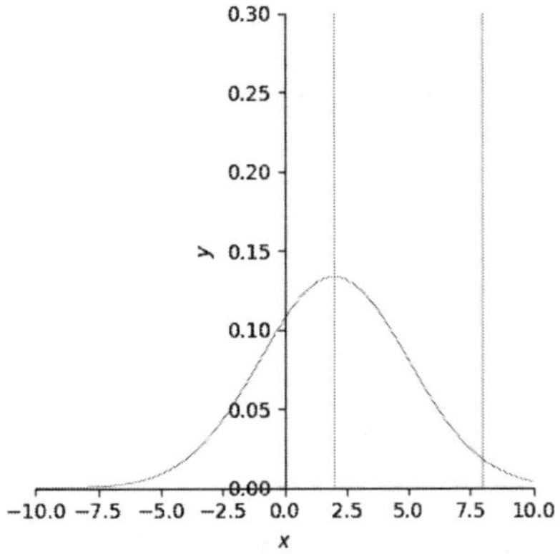

[251]: <sympy.plotting.plot.Plot at 0x1f14f32f390>

[252]:
```
cdf(X)(8)-cdf(X)(2)
```

[252]: $\dfrac{\operatorname{erf}\left(\sqrt{2}\right)}{2}$

[253]:
```
_.evalf()
```

[253]: 0.477249868051821

```
[254]: N(cdf(X)(8)-cdf(X)(2)) # 위와 같은 결과: (식).evalf() = N(식)
```

[254]: 0.477249868051821

(b)

```
[255]: y=symbols('y')
       eq1=Eq(y,density(X)(x))
       eq2=Eq(x,-1)
       plot_implicit(Or(eq1,eq2),(x,-10,10), (y,0,0.2), size=(4,4))
```

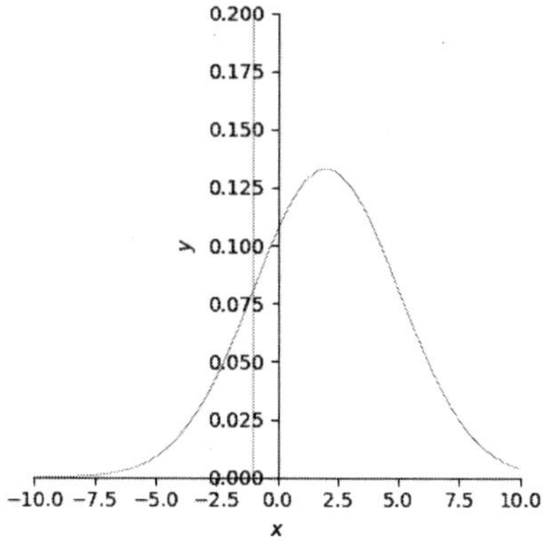

[255]: <sympy.plotting.plot.Plot at 0x1f150c3e090>

```
[256]: P(X<=-1)
```

[256]: $$\frac{\sqrt{2}\left(-\sqrt{2}\sqrt{\pi}\operatorname{erf}\left(\frac{\sqrt{2}}{2}\right)+\sqrt{2}\sqrt{\pi}\right)}{4\sqrt{\pi}}$$

```
[257]: _.evalf()
```

[257]: 0.158655253931457

예제 9.20] 동의은행에서 고객이 업무를 처리하는 데 걸리는 시간이 평균 30분이고 표준편차는 4분인 정규분포를 따른다. 동의은행에서 한 명의 고객이 업무를 보는 데 걸리는 시간이 22분 이하일 확률을 구하시오.

```
[258]: from sympy import *
       from sympy.stats import *
       x=symbols('x')
```

```
[259]: Y=Normal('ex27',30, 4) # 4는 표준편차이고, 평균은 30이다.
```

```
[260]: Y
```

[260]: ex_{27}

[261]:
```
density(Y)
```

[261]: NormalDistribution (30, 4)

[262]:
```
P(Y<=22)
```

[262]: $$\frac{\sqrt{2}\left(-\frac{\sqrt{2}\sqrt{\pi}\,\mathrm{erf}\left(\sqrt{2}\right)}{2}+\frac{\sqrt{2}\sqrt{\pi}}{2}\right)}{2\sqrt{\pi}}$$

[263]:
```
_.evalf()
```

[263]: 0.0227501319481792

예제 9.21] $X \sim N(5,2),\ Y \sim N(7,1)$을 따르는 확률밀도함수의 그래프를 그리고 그 교점을 구하시오.

[264]:
```
from sympy import *
from sympy.stats import *
x,y=symbols('x y')
```

[265]:
```
X=Normal('a', 5, 2)
```

[266]:
```
Y=Normal('b',7,1) # 이름 a, b를 같은 것을 사용해도 된다.
```

[267]:
```
pdf_a=density(X)(x)
```

[268]:
```
pdf_b=density(Y)(x)
```

[269]:
```
plot(pdf_a, pdf_b, size=(4,4))
```

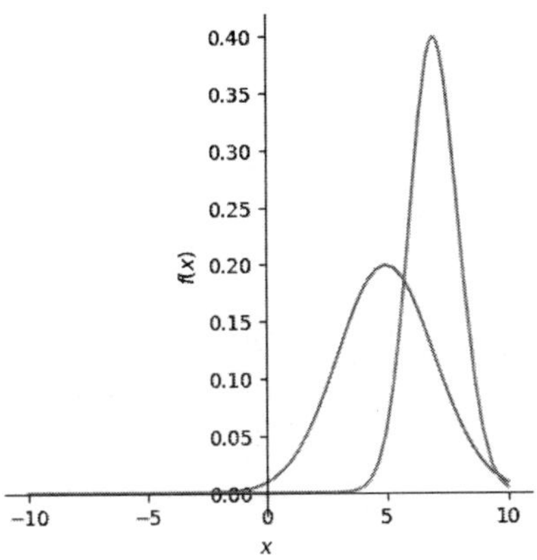

[269]: <sympy.plotting.plot.Plot at 0x1f150e43450>

[270]:
```
pdf_a.subs(x,7.5) # pdf_a(7.5)의 값
```

[270]: $\frac{0.114458340442904\sqrt{2}}{\sqrt{\pi}}$

[271]:
```
pdf_b.subs(x,7.5) # pdf_b(7.5)의 값
```

[271]: $\frac{0.441248451292298\sqrt{2}}{\sqrt{\pi}}$

[272]:
```
solve(Eq(pdf_a,pdf_b),x) # 두 pdf의 교점
```

[272]: [23/3 - 2*sqrt(4 + 6*log(2))/3, 2*sqrt(4 + 6*log(2))/3 + 23/3]

[273]:
```
# 두 개의 교점 중 인덱스 0의 교점의 값
solve(Eq(pdf_a,pdf_b),x)[0]
```

[273]: $\frac{23}{3} - \frac{2\sqrt{4+6\log(2)}}{3}$

[274]:
```
_.evalf()
```

[274]: 5.76241608985936

[275]:
```
# 두 개의 교점 중 인덱스 1의 교점의 값
solve(Eq(pdf_a,pdf_b),x)[1]
```

[275]: $\frac{2\sqrt{4+6\log(2)}}{3} + \frac{23}{3}$

[276]:
```
_.evalf()
```

[276]: 9.57091724347397

예제 9.22] 다음의 확률을 구하시오.

$P(-1.5 \leq Z \leq 0.5)$

[277]:
```
Z=Normal('c',0,1)
```

[278]:
```
density(Z)
```

[278]: NormalDistribution $(0, 1)$

[279]:
```
P(Z<=0.5)-P(Z<=-1.5)
```

[279]: $0.691462461274013 - 0.0472398250493041\sqrt{2}$

[280]:
```
_.evalf()
```

[280]: 0.624655260005155

[281]:
```
cdf(Z)(0.5)-cdf(Z)(-1.5) # 누적확률을 사용하면
```

[281]: $\frac{\operatorname{erf}\left(0.25\sqrt{2}\right)}{2}+\frac{\operatorname{erf}\left(0.75\sqrt{2}\right)}{2}$

[282]:
```
_.evalf()
```

[282]: 0.624655260005155

예제 9.23] 확률 $P(Z \leq z) = 0.9$를 만족하는 z값을 구하시오.

[283]:
```
from sympy import *
from sympy.stats import *
z=symbols('z')
```

[284]:
```
Z=Normal('d',0,1)
```

[285]:
```
eq=Eq(cdf(Z)(z),0.9)
```

[286]:
```
eq
```

[286]: $\frac{\operatorname{erf}\left(\frac{\sqrt{2}z}{2}\right)}{2}+\frac{1}{2}=0.9$

[287]:
```
solve(eq,z)
```

[287]: [1.28155156554460]

예제 9.24] 통계학을 수강한 100명의 성적은 평균이 75이고, 표준편차가 10인 정규분포를 따른다. 어느 학생이 상위 10% 안에 들려면 최소 몇 점을 받아야 하는가?

[288]:
```
from sympy import *
from sympy.stats import *
x=symbols('x')
```

[289]:
```
X=Normal('norm31',75,10)
```

[290]:
```
X
```

[290]: $norm_{31}$

[291]:
```
density(X)
```

[291]: NormalDistribution (75, 10)

[292]:
```
eq1=Eq(P(X>=x),0.1)
```

[293]:
```
eq1
```

[293]:

$$-\frac{5\sqrt{2}\left(-\frac{\sqrt{2}\pi(75-x)e^{\frac{(75-x)^2}{200}}\operatorname{erf}\left(\frac{\sqrt{2}\cdot(75-x)}{20}\right)}{20}-\frac{\sqrt{2}\pi(75-x)e^{\frac{(75-x)^2}{200}}}{20}\right)e^{-\frac{x^2}{200}+\frac{3x}{4}-\frac{225}{8}}}{\pi(75-x)}=0.1$$

[294]:
```
solve(eq1,x)
```

[294]: [87.8155156554460]

□ t분포

[295]:
```
from sympy import *
from sympy.stats import *
df, t=symbols('df t') # 수학변수로 자유도 df, 일반변수 t
```

[296]:
```
# StudentT('분포 이름', 자유도), T ~ t(df)를 따른다.
T=StudentT('t분포', df)
```

[297]:
```
T
```

[297]: t

[298]:
```
density(T)
```

[298]: $\text{StudentTDistribution}(df)$

[299]:
```
density(T)(t) # t분포의 확률밀도함수
```

[299]:

$$\frac{\left(1+\frac{t^2}{df}\right)^{-\frac{df}{2}-\frac{1}{2}}}{\sqrt{df}\,\mathrm{B}\left(\frac{1}{2},\frac{df}{2}\right)}$$

[300]:
```
cdf(T)(t) # t분포의 누적확률함수
```

[300]:

$$\frac{1}{2}+\frac{t\Gamma\left(\frac{df}{2}+\frac{1}{2}\right){}_2F_1\left(\begin{matrix}\frac{1}{2},\frac{df}{2}+\frac{1}{2}\\ \frac{3}{2}\end{matrix}\middle|-\frac{t^2}{df}\right)}{\sqrt{\pi}\sqrt{df}\,\Gamma\left(\frac{df}{2}\right)}$$

[301]:
```
P(T<=0)
```

[301]:

$$\begin{cases}\frac{\sqrt{\pi}\Gamma\left(\frac{df}{2}+1\right)}{\sqrt{df}\,\mathrm{B}\left(\frac{1}{2},\frac{df}{2}\right)\Gamma\left(\frac{df}{2}+\frac{1}{2}\right)\sqrt{\text{polar\_lift}(df)}} & \text{for } (\operatorname{re}(df)>0\wedge|\arg(df)|<\pi)\vee\left(\operatorname{re}(df)>0\wedge\frac{1}{df}\neq 0\right)\\ \int_{-\infty}^{0}\frac{\left(\frac{z^2}{df}+1\right)^{-\frac{df}{2}-\frac{1}{2}}}{\sqrt{df}\,\mathrm{B}\left(\frac{1}{2},\frac{df}{2}\right)}\,dz & \text{otherwise}\end{cases}$$

[302]:
```
cdf(T)(0)
```

[302]: $\frac{1}{2}$

[303]:
```
1-cdf(T)(0)
```

[303]: $\frac{1}{2}$

설명 예시]

[304]:
```
x=symbols('x')
```

[305]:
```
t=StudentT('t분포', 9)
```

[306]:
```
t
```

[306]: t

[307]:
```
pdf_t=density(t)(x)
```

[308]:
```
plot(pdf_t, size=(4,4))
```

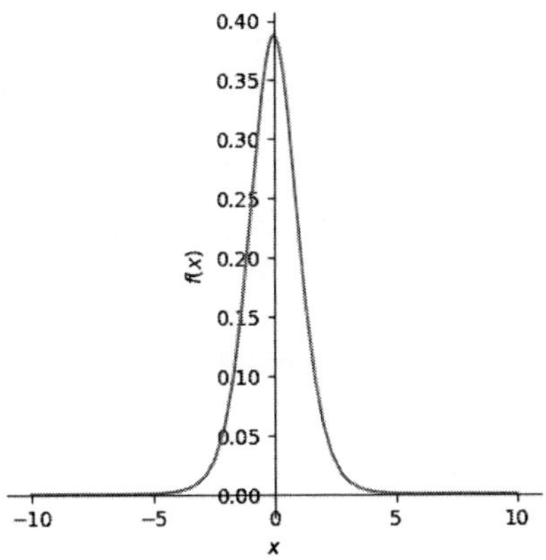

[308]: <sympy.plotting.plot.Plot at 0x1f150f12610>

[309]:
```
cdf(t)(-2.262)
```

[309]:

$$-\frac{2.75748571428571 {}_2F_1\left(\begin{matrix}\frac{1}{2}, 5\\ \frac{3}{2}\end{matrix}\middle| -0.568516\right)}{\pi}+\frac{1}{2}$$

[310]:
```
N(_)
```

[310]: 0.0250064227512272

◀ 9장 내용 끝

9.6 연습문제

문제1] 다음의 값을 구하시오.
$(a)\ {}_4P_3 \quad (b)\ {}_7C_5$

[ ]:

문제2] 다음 등식을 만족하는 자연수 n, r을 구하시오.
$(a)\ {}_{n+1}C_n = 12 \quad (b)\ {}_8C_r = {}_8C_{2r-1}$

[ ]:

문제3] 다음을 전개할 때 x^3의 계수를 구하시오.

$$\left(2x^2 + \frac{1}{x^3}\right)^4$$

[ ]:

문제4] 다음의 값을 구하시오.

$$\sum_{r=1}^{15} {}_{15}C_r$$

[ ]:

문제5] 빨간 공 5개와 파란 공 2개가 들어있는 주머니에서 임의로 공을 4개 꺼낼 때, 빨간 공 3개와 파란 1개가 나올 확률을 구하시오.

[ ]:

문제6] 동전을 5번 던졌을 때 앞면이 3번 나올 확률을 구하시오.

[ ]:

문제7] 남학생 5명, 여학생 3명 중 성별에 관계없이 2명을 뽑아 조를 만들려한다. 뽑힌 학생 중에서 여학생의 수를 확률변수 X라 할 때, X의 확률분포표를 만들고 평균과 분산, 표준편차를 구하시오.

[ ]:

문제8] 편의점에서 판매하는 음료수 한 잔의 양은 200mL, 표준편차 5mL인 정규분포를 따른다. 편의점의 음료수 한 잔의 양이 205mL 이하일 확률을 구하시오.

[ ]:

문제9] 휴대폰을 사용하는 사람들을 대상으로 휴대폰 만족도를 조사하니 60%가 만족한다고 응답했다. 이 사람들 중에서 2400명을 임의로 선택했을 때, 휴대폰을 만족한다고 응답한 사람이 1464명에서

1488명 사이일 확률을 구하시오.

```
[ ]:
```

문제10] 확률변수 X가 이항분포 $B(100, p)$를 따른다고 할 때 X의 평균이 10일 때 X^2의 평균을 구하시오.

```
[ ]:
```

제 10 장
평면 곡선과 응용

평면 곡선은 (1) 직교좌표 $y = f(x)$, $f(x, y) = 0$로 표시되는 것과 (2) 매개변수 $\{x = g(t), y = h(t)\}$로 표시되는 것, 그리고 (3) 극방정식(극형식) $r = f(\theta)$로 표시되는 것이 있다. 다음에서 이들의 상호관계에 대하여 공부를 한다.

10.1 직교 방정식

□ 쌍곡선 함수

쌍곡선 함수는 물리학, 공학, 이외에 많은 과학 분야에서 유용하게 사용된다. 예를 들어, 상대성 이론, 전기공학의 회로분석, 그리고 인공위성의 궤도 계산 등에 널리 사용된다.

쌍곡선 함수는 하이퍼볼릭 함수(hyperbolic function)라고도 불리며, 삼각함수와 비슷한 성질을 가지므로 사용하는 기호도 비슷하다. 그래서 쌍곡선 함수도 삼각함수처럼 6종류로 정의되고, 거기에 역함수를 더해서 총 12종류로 다음과 같이 정의된다.

정의 10.1] 쌍곡선 함수

다음과 같이 정의된 실변수 함수를 쌍곡선 함수라 한다.

(1) $\sinh(x) = \frac{e^x - e^{-x}}{2}$ (2) $\cosh(x) = \frac{e^x + e^{-x}}{2}$

(3) $\tanh(x) = \frac{\sinh(x)}{\cosh(x)} = \frac{e^x - e^{-x}}{e^x + e^{-x}}$ (4) $\coth(x) = \frac{1}{\tanh(x)} = \frac{e^x + e^{-x}}{e^x - e^{-x}}$ $(x \neq 0)$

(5) $\text{sech}(x) = \frac{1}{\cosh(x)} = \frac{2}{e^x + e^{-x}}$ (6) $\text{csch}(x) = \frac{1}{\sinh(x)} = \frac{2}{e^x - e^{-x}}$ $(x \neq 0)$

[1]:
```
from sympy import *
x=symbols('x')
```

[2]:
```
y1=sinh(x) # 쌍곡선 함수 정의
y1
```

[2]: $\sinh(x)$

[3]:
```
plot(y1, (x,-5,5), size=(4,4))
```

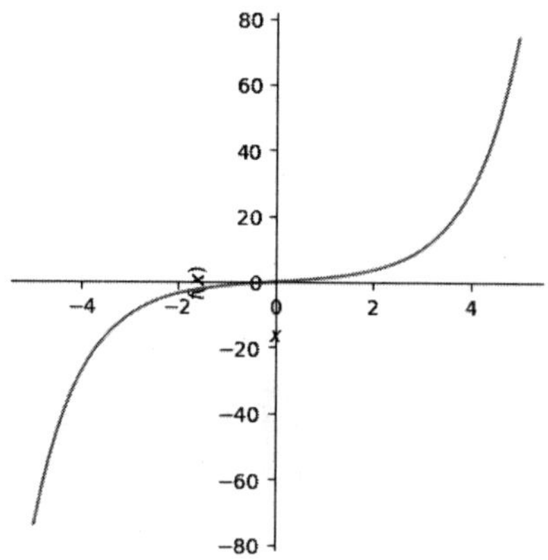

[3]: <sympy.plotting.plot.Plot at 0x1fe37bfd250>

□ 역쌍곡선 함수

쌍곡선 함수도 정의역을 제한하면 삼각함수와 마찬가지로 다음과 같이 역함수를 가진다.

정의 10.2] 역쌍곡선 함수

(1) $y = \sinh^{-1}(x) \Longleftrightarrow x = \sinh(y)\ (x, y \in R)$

(2) $y = \cosh^{-1}(x) \Longleftrightarrow x = \cosh(y)\ (x \geq 1, y \geq 0)$

(3) $y = \tanh^{-1}(x) \Longleftrightarrow x = \tanh(y)\ (|x| < 1, y \in R)$

(4) $y = \coth^{-1}(x) \Longleftrightarrow x = \coth(y)\ (|x| > 1, |y| > 0)$

(5) $y = \text{sech}^{-1}(x) \Longleftrightarrow x = \text{sech}(y) \sim (0 < x \leq 1, y \geq 0)$

(6) $y = \text{csch}^{-1}(x) \Longleftrightarrow x = \text{csch}(y)\ (|x| > 0,\ |y| > 0)$

[4]:
```
from sympy import *
x=symbols('x')
```

[5]:
```
y1=asinh(x) # 역쌍곡선  함수  정의
y1
```

[5]: $\text{asinh}\,(x)$

[6]:
```
plot(y1, (x,-5,5), size=(4,4))
```

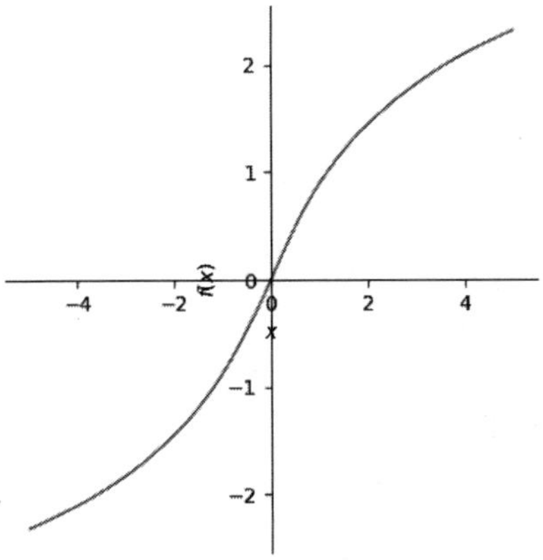

[6]: <sympy.plotting.plot.Plot at 0x1fe3b3b4c90>

정리 10.3] 쌍곡선 함수의 미분법

(1) $y = \sinh(x) \Longrightarrow y' = \cosh(x)$

(2) $y = \cosh(x) \Longrightarrow y' = \sinh(x)$

(3) $y = \tanh(x) \Longrightarrow y' = \text{sech}^2(x)$

(4) $y = \coth(x) \Longrightarrow y' = -\text{csch}^2(x)$

(5) $y = \text{sech}(x) \Longrightarrow y' = -\text{sech}(x)\tanh(x)$

(6) $y = \text{csch}(x) \Longrightarrow y' = -\text{csch}(x)\coth(x)$

[7]:
```
from sympy import *
x=symbols('x')
```

[8]:
```
y1=sinh(x) # 쌍곡선 함수 정의
y1
```

[8]: $\sinh(x)$

[9]:
```
Derivative(y1,x)
```

[9]: $\frac{d}{dx}\sinh(x)$

[10]:
```
_.doit()
```

[10]: $\cosh(x)$

[11]:
```
diff(y1,x)
```

[11]: $\cosh(x)$

[12]:
```
y5=sech(x) # 쌍곡선 함수 정의
y5
```

[12]: $\operatorname{sech}(x)$

[13]:
```
Derivative(y5,x)
```

[13]: $\frac{d}{dx}\operatorname{sech}(x)$

[14]:
```
_.doit()
```

[14]: $-\tanh(x)\operatorname{sech}(x)$

정리 10.4] 역쌍곡선 함수의 미분법

(1) $y=\sinh^{-1}(x) \Longrightarrow y' = \frac{1}{\sqrt{x^2+1}}$ $(-\infty < x < \infty)$

(2) $y=\cosh^{-1}(x) \Longrightarrow y' = \frac{1}{\sqrt{x^2-1}}$ $(x \geq 1)$

(3) $y=\tanh^{-1}(x) \Longrightarrow y' = \frac{1}{1-x^2}$ $(-1 < x < 1)$

(4) $y=\coth^{-1}(x) \Longrightarrow y' = \frac{-1}{\sqrt{x^2-1}}$ $(|x| > 1)$

(5) $y=\operatorname{sech}^{-1}(x) \Longrightarrow y' = \frac{-1}{x\sqrt{1-x^2}}$ $(0 < x < 1)$

(6) $y=\operatorname{csch}^{-1}(x) \Longrightarrow y' = \frac{-1}{x\sqrt{1+x^2}}$ $(|x| > 0)$

[15]:
```
y1=asinh(x) # 역쌍곡선 함수 정의
y1
```

[15]: $\operatorname{asinh}(x)$

[16]:
```
Derivative(y1,x)
```

[16]: $\frac{d}{dx}\operatorname{asinh}(x)$

[17]:
```
_.doit()
```

[17]: $\frac{1}{\sqrt{x^2+1}}$

10.2 매개변수 방정식

□ 매개변수 방정식

7장 미분에서 매개변수형의 미분에 대하여 공부를 했다. 이후의 내용은 매개변수형의 함수를 그래프로 그리고, 직교좌표와의 관계에 대하여 공부한다.

정의 10.5] 매개변수 방정식

직교좌표상의 변수 x, y에 대한 관계식을 새로운 매개변수 t를 이용하여 $\{x=f(t),\ y=g(t)\}$로 표현할 수 있다. $\{x=f(t),\ y=g(t)\}$를 매개변수 방정식이라고 한다.

[18]:
```
from sympy import *
from sympy.plotting import *
```

```
x,y,t=symbols('x y t') # 수학변수 선언
```

예제 10.1] 매개변수 방정식 $x = g(t) = 1 - 2t, y = h(t) = -3 + 4t$를 직교 방정식 $y = f(x)$로 나타내시오.

[19]:
```
eq1=Eq(x,1-2*t)
eq1
```

[19]: $x = 1 - 2t$

[20]:
```
s_t=solve(eq1,t)
```

[21]:
```
s_t[0]
```

[21]: $\frac{1}{2} - \frac{x}{2}$

[22]:
```
y=-3+4*t
y
```

[22]: $4t - 3$

[23]:
```
y.subs(t, s_t[0])
```

[23]: $-2x - 1$

(그래프 관찰)

[24]:
```
plot_parametric(1-2*t,-3+4*t, (t,-3,3 ), size=(4,4))
```

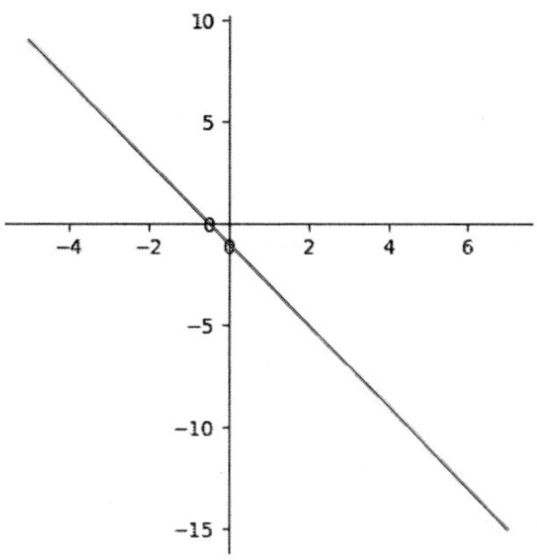

[24]: <sympy.plotting.plot.Plot at 0x1fe3bfae710>

예제 10.2] 구간 $I = [0, 2\pi]$와 실수 $r > 0$인 매개변수 방정식 $x = r\cos(t),\ y = r\sin(t)$를 직교 방정식 $f(x, y) = k(\ )$ 형태로 나타내시오.

[25]:
```
from sympy import *
from sympy.plotting import *
x,y,r=symbols('x y r') # 수학변수 선언
```

[26]:
```
x=r*cos(t)
y=r*sin(t)
```

[27]:
```
x**2+y**2
```

[27]: $r^2\sin^2(t) + r^2\cos^2(t)$

[28]:
```
simplify(_)
```

[28]: r^2

따라서 $x^2 + y^2 = r^2$ 임을 알 수 있다.
(그래프 관찰)

[29]:
```
plot_parametric(5*cos(t),5*sin(t),(t,0,2*pi), size=(4,4))
```

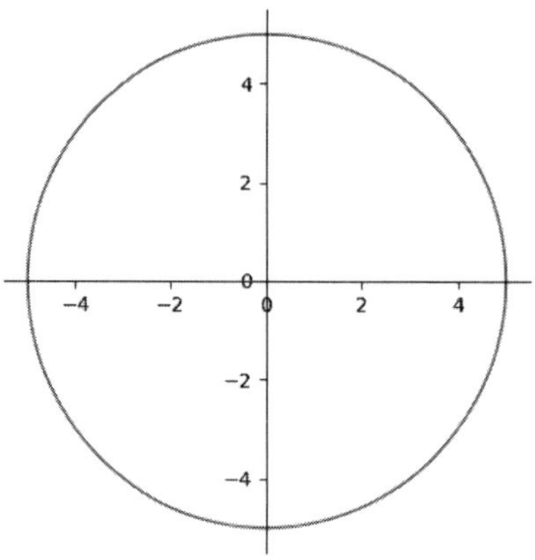

[29]: <sympy.plotting.plot.Plot at 0x1fe3c0041d0>

10.3 극방정식

정의 10.6]

좌표평면의 원점을 시점으로 양의 방향의 x축을 극축 또는 기선이라 한다. 원점을 시점으로 길이가 r인 선분이 기선의 반시계방향으로 각 θ의 위치에 있을 때 그 점을 (r, θ)로 표시하고, 그 점을 극좌표라 한다. 극좌표들의 r과 θ의 함수 관계 $r = f(\theta)$를 극방정식(극형식)이라고 한다.

파이썬의 심파이에는 극 방정식의 곡선을 그리는 plot_polar(2+2*cos*(*theta*),(*theta, 0, 2*pi))같은 함수가 없기에 매개변수 방정식으로 변환 후, 매개변수 방정식의 곡선을 그리는 plot_parametric(x,y,(theta,0,2*pi))를 이용하여 다음과 같이 극 방정식의 그래프를 그린다.

[30]:
```
from sympy import *
from sympy.plotting import *
theta=symbols('theta') # 수학변수 선언
```

[31]:
```
# 극좌표 함수 정의
r=2+2*cos(theta)
# 극좌표 함수를 x와 y의 매개변수 방정식으로 변환
x=r*cos(theta)
y=r*sin(theta)
# 파라메트릭 플롯 그리기
plot_parametric(x,y,(theta,0,2*pi), size=(4,4))
```

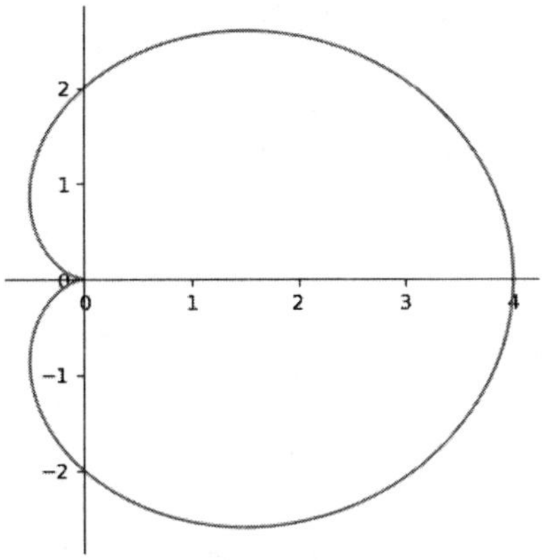

[31]: <sympy.plotting.plot.Plot at 0x1fe3c050bd0>

[32]:
```
# 극좌표 함수 정의
r=2*sin(2*theta)
# 극좌표 함수를 x와 y의 매개변수 방정식으로 변환
x=r*cos(theta)
y=r*sin(theta)
# 파라메트릭 플롯 그리기
plot_parametric(x,y,(theta,0,2*pi), size=(4,4))
```

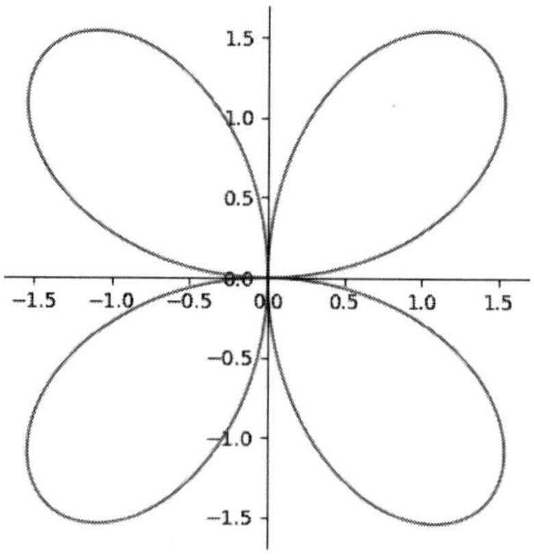

[32]: <sympy.plotting.plot.Plot at 0x1fe3d0a2e90>

다음은 $r^2 = 2\sin(\theta)$, $r^2 = 2\cos(\theta)$의 그래프를 보여준다.
파이썬은 $r = \sqrt{2\sin(\theta)}$, $r = \sqrt{2\cos(\theta)}$로 사용한다.

[33]:
```
# 극좌표 함수 정의
r=sqrt(2*sin(2*theta))
# 극좌표 함수를 x와 y의 매개변수 방정식으로 변환
x=r*cos(theta)
y=r*sin(theta)
# 파라메트릭 플롯 그리기
plot_parametric(x,y,(theta,0,2*pi), size=(4,4))
```

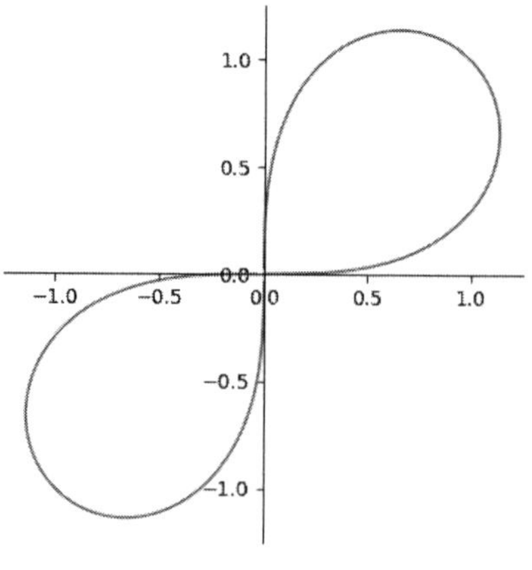

[33]: <sympy.plotting.plot.Plot at 0x1fe3d0e2590>

[34]:
```
# 극좌표 함수 정의
r=sqrt(2*cos(2*theta))
# 극좌표 함수를 x와 y의 매개변수 방정식으로 변환
```

```
x=r*cos(theta)
y=r*sin(theta)
# 파라메트릭 플롯 그리기
plot_parametric(x,y,(theta,0,2*pi), size=(4,4))
```

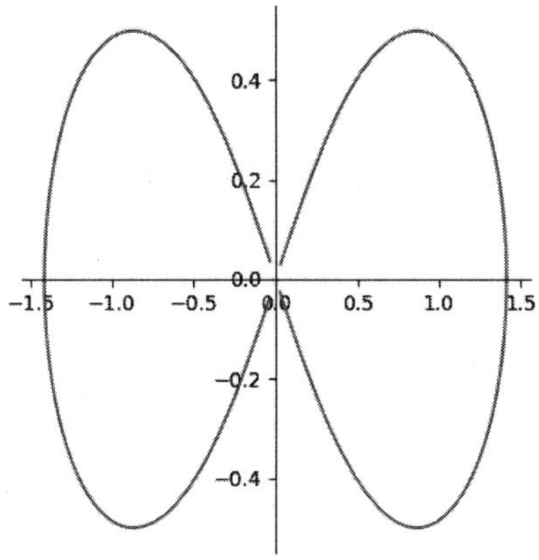

[34]: <sympy.plotting.plot.Plot at 0x1fe3d10bdd0>

10.4 변환식

좌표평면의 3가지 표현인 (1) 극 방정식, (2) 매개변수 방정식, (3) 직교 방정식의 변환방법에 대하여 알아본다.

(1) $\Longrightarrow$ (2)

극 방정식 $r = f(\theta)$에 $\{x = r\cos(\theta),\ y = r\sin(\theta)\}$을 대입하면 매개변수 방정식 $\{x = f(\theta)\cos(\theta),\ y = f(\theta)\sin(\theta)\}$을 얻는다.

(2) $\Longrightarrow$ (3)

매개변수 식을 제곱하고 정리하면 $x^2 + y^2 = f^2(\theta) = r^2$을 얻는다. 또는 공통된 매개변수를 제거하면 직교 방정식을 얻을 수 있다.

(3) $\Longrightarrow$ (1)

직교방정식에 $x^2 + y^2 = r^2, x = r\cos(\theta), y = r\sin(\theta)$등을 대입하면 극 방정식을 얻을 수 있다.

(직선 방정식을 매개변수 방정식으로 변환할 때: (3) $\Longrightarrow$ (2))

직선의 방향비 $m : n$와 직선을 지나는 한 점 (x_0, y_0)의 정보를 이용하여 다음 매개변수 방정식이 얻어진다.

$$\frac{x - x_0}{m} = \frac{y - y_0}{n} = t$$

예제 10.3] 직교 방정식 $x^2 + y^2 = a^2\ (a > 0)$을 극 방정식으로 구하시오.

[35]:
```
from sympy import *
x,y,a,r=symbols('x y a r') # 수학변수 선언
```

[36]:
```
eq=Eq(x**2+y**2,a**2)
eq
```

[36]: $x^2 + y^2 = a^2$

[37]:
```
eq.subs(x**2+y**2,r**2)
```

[37]: $r^2 = a^2$

따라서 극 방정식은 $r = a$이다.

예제 10.4] 직교 방정식 $x^2 + y^2 = ax$를 극 방정식으로 구하시오.

[38]:
```
from sympy import *
x,y,a,r=symbols('x y a r') # 수학변수
theta=symbols('theta')  # 수학변수
```

[39]:
```
eq1=Eq(x**2+y**2,a*x)
eq1
```

[39]: $x^2 + y^2 = ax$

[40]:
```
eq1.subs({x**2+y**2:r**2, x:r*cos(theta)})
```

[40]: $r^2 = ar\cos(\theta)$

[41]:
```
factor(_)
```

[41]: $r^2 = ar\cos(\theta)$

[42]:
```
solve(_,r)
```

[42]: `[0, a*cos(theta)]`

[43]:
```
Eq(r, _[1] )
```

[43]: $r = a\cos(\theta)$

예제 10.4] 매개 방정식 $\{x = 4 - 3t,\ y = 1 + t\}$을 직교 방정식으로 구하시오.

[44]:
```
from sympy import *
t=symbols('t')  # 수학변수
```

[45]:
```
eq1=Eq(x,4-3*t)
eq2=Eq(y,1+t)
```

[46]:
```
eq1
```

[46]: $x = 4 - 3t$

[47]:
```
eq2
```

[47]: $y = t + 1$

[48]:
```
solve(eq1,t)
```

[48]: [4/3 - x/3]

[49]:
```
eq2.subs(t, solve(eq1,t)[0])
```

[49]: $y = \frac{7}{3} - \frac{x}{3}$

[50]:
```
simplify(_) # 직교 방정식
```

[50]: $x + 3y = 7$

예제 10.5] 직교 방정식 $x - 2y + 3 = 0$을 매개변수 방정식으로 구하시오.

[51]:
```
from sympy import *
x,y,t=symbols('x y t') # 수학변수
```

[52]:
```
solve(Eq(x-2*y+3,0),y)[0]
```

[52]: $\frac{x}{2} + \frac{3}{2}$

(방향비는 2:1, 직선 위의 한 점 $(-1,1)$)

[53]:
```
eq5=Eq((x+1)/2, (y-1)/1)
```

[54]:
```
eq5
```

[54]: $\frac{x}{2} + \frac{1}{2} = y - 1$

[55]:
```
Eq(t,eq5.lhs)
```

[55]: $t = \frac{x}{2} + \frac{1}{2}$

[56]:
```
simplify(_)
```

[56]: $2t - x = 1$

[57]:
```
Eq(t, eq5.rhs)
```

[57]: $t = y - 1$

[58]:
```
simplify(_)
```

[58]: $t - y = -1$

(그래프 관찰)

[59]:
```
from sympy.plotting import *
x=-1+2*t
y=1+t
plot_parametric(x,y,(t,0,2*pi), size=(4,4))
```

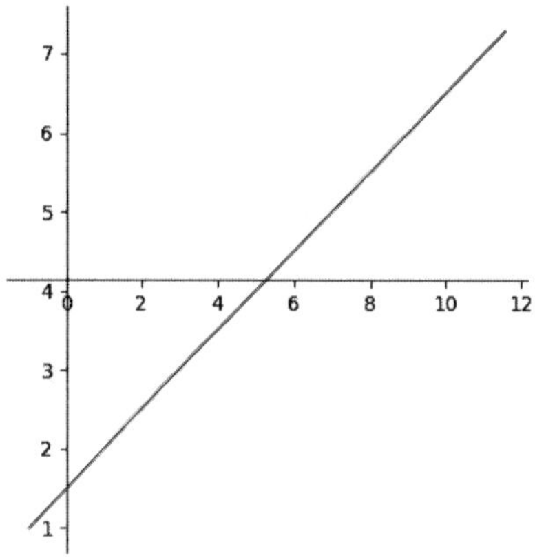

[59]: <sympy.plotting.plot.Plot at 0x1fe3d21a590>

예제 10.6] 다음 극 방정식을 직교 방정식으로 구하시오.

$$r = \frac{1}{\cos(\theta) + 3\sin(\theta)}$$

[60]:
```
from sympy import *
t,r,x,y=symbols('t r x y')
```

[61]:
```
Eq(r,1/(cos(t)+3*sin(t)) )
```

[61]: $r = \frac{1}{3\sin(t) + \cos(t)}$

[62]:
```
_.subs({cos(t):x/r, sin(t):y/r})
```

[62]: $r = \frac{1}{\frac{x}{r} + \frac{3y}{r}}$

[63]:
```
simplify(_)
```

[63]: $r = \frac{r}{x + 3y}$

따라서 $x + 3y - 1 = 0$을 얻는다.

예제 10.7] 다음 사이클로이드 곡선을 그리시오.

[64]:
```
from sympy import *
from sympy.plotting import *
t=symbols('t')
x=2*(t-sin(t))
y=2*(1-cos(t))
# 파라메트릭 플롯 그리기
plot_parametric(x,y,(t,0,5*pi), size=(4,4))
```

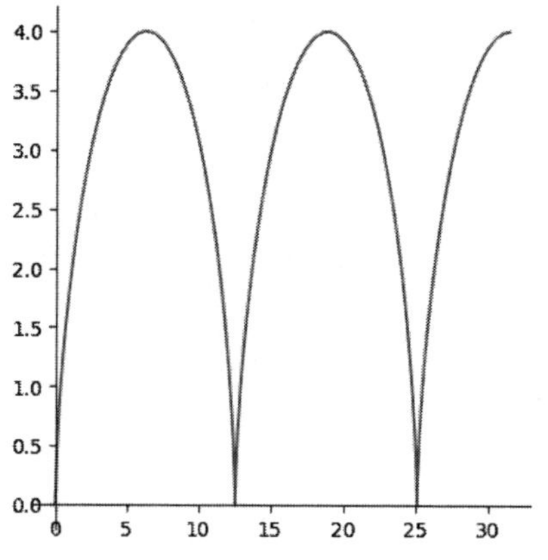

[64]: <sympy.plotting.plot.Plot at 0x1fe3d2e2250>

◀ 10장 내용 끝

10.5 연습문제

문제1] 다음을 직교 방정식으로 나타내시오.

$$x = 3\cos^2(t),\ y = 2\sin^2(t)$$

[ ]:

문제2] 다음 매개변수 방정식을 직교 방정식으로 나타내시오.

$$x = 2a\sin^2(\theta),\ y = 2a\sin^2(\theta)\tan(\theta)$$

[ ]:

문제3] 두 심장형 교점을 구하시오.

$$r = 1 + \sin(\theta),\ r = 1 + \cos(\theta)$$

[ ]:

문제4] 곡선 $r = 4\cos(\theta)$와 직선 $\theta = \frac{\pi}{3}$의 교점을 구하시오.

[ ]:

문제5] 다음 극 방정식을 직교 방정식으로 나타내시오.

$$r = \frac{4}{2 + 3\cos(\theta)}$$

[ ]:

참고 문헌

1. 김수환, **인공지능 속 수학**, 교우사, 2023
2. 이병준, **데이터 과학을 위한 기초수학**, 한빛, 2021
3. 천인국, **파이썬 Express**, 생능, 2020

찾아보기

생각하는 힘을 키우는 파이썬
심파이 수학

지은이 김수환
펴낸이 조경희
펴낸곳 경문사
펴낸날 2025년 2월 1일 1판 1쇄
등 록 1979년 11월 9일 제1979-000023호
주 소 04057, 서울특별시 마포구 와우산로 174
전 화 (02)332-2004 팩스 (02)336-5193
이메일 kyungmoon@kyungmoon.com

값 28,000원

ISBN 979-11-6073-749-3